JN418932

새로운 패러다임의
군사교리

새로운 패러다임의
군사교리

발행일 1판 1쇄 2019년 6월 21일 1판 2쇄 2019년 12월 1일 **발행인** 오덕성
저자 안재봉 **펴낸곳** 충남대학교출판문화원 **주소** 대전광역시 유성구 대학로 99
전화 042-821-6045 **홈페이지** http://www.cnupress.co.kr E-mail cnupress@cnu.ac.kr

ISBN 978-89-7599-140-0 93390
정가 18,000원

이 책의 내용을 사용하려면 반드시 저자와 충남대학교출판문화원의 동의를 얻어야 합니다.
잘못 만들어진 책은 구입하신 서점에서 교환하여 드립니다.

군사학총서 18

새로운 패러다임의 군사교리

안재봉

충남대학교출판문화원

추천의 글

지금 한반도를 둘러싼 안보환경은 지속가능한 평화 정착과 북한의 완전한 비핵화를 실현하기 위해 남·북, 한·미, 북·미, 북·중, 북·러 정상회담 등을 통하여 전방위·다차원적인 노력이 다양하게 전개되고 있습니다. 이는 지난 70여 년 동안 한 번도 경험해보지 못했던 것입니다. 우리 군은 정부가 추진하는 평화와 번영정책을 강력한 힘으로 뒷받침하고, 국민이 신뢰하는 강군을 건설하기 위해 「국방개혁 2.0」을 강도 높게 추진하고 있으며, 초연결(hyperconnectivity)과 초지능(superintelligence)으로 특징지어지는 4차 산업혁명 시대의 과학기술을 국방분야에 빠르게 접목시키기 위해 적극 노력하고 있습니다.

이와 같이 중차대한 시기에 평화와 번영의 새 시대를 열어가기 위해서는 그 어느 때보다도 강한 힘이 요구되고 있습니다. 강한 힘이 있어야 평화를 만들어 갈 수 있기 때문입니다. 그 강한 힘을 만들어가기 위해서는 우리 군을 하나로 결집시킬 수 있는 지식전략(knowledge strategy)이 필요합니다. 지식전략의 핵심은 군사교리(military doctrine)로서, 이를 통해 이등병부터 대장에 이르기까지 전 군이 하나의 가치공동체가 되어야 한다고 생각합니다.

저자(著者)는 이 책에서 걸프전쟁 이후 치러진 현대전의 수행 원리와 1990년 이후 연구를 거듭한 끝에 1997년도에 최초로 제정되어 세 차례 개정된 우리 군의 『군사기본교리』를 심도있게 분석하여 미국, 영국, 중국 등 주요 국가의 군사교리와 군사전략의 내용을 바탕으로, 미래 한반도 안보환경에 부합한 새로운 패러다임(paradigm)의 군사교리 발전방향을 제시하고 있습니다. 특히 「국방개혁 2.0」의 기본전투개념을 중심으로 현존 위협인 북한뿐만 아니라 미래 잠재적 위협과 비군사적 위협, 초국가적 위협에도 동시에 대비할 수 있는 군사교리의 필요성을 역설하고 있으며, 4차 산업혁명시대에 걸 맞는 미래 군사력의 건설방향과 군인으로서의 소명의식을 한국군의 윤리관으로 정립해야 한다는 점을 강조하고 있습니다.

한편, 국방개혁은 과거 정부에서도 여러 차례 추진했지만 번번이 실패하였습니다. 그 이유는 여러 가지가 있겠지만, 가장 큰 이유는 군사교리가 뒷받침 되지 못했기 때문입니다. 지금이 현재 추진하고 있는 「국방개혁 2.0」의 성공 보장과 머지않은 미래에 추진될 전시 작전통제권 전환을 앞두고, 우리 군의 싸워 이기는 방법(How to win?), 즉 군사교리를 새롭게 정립할 수 있는 골든타임(golden time)이라고 생각합니다.

이러한 측면에서 본 의원은 『새로운 패러다임의 군사교리』라는 책이 매우 시의적절한 때에 발간되었다고 생각합니다. 본 의원이 저자를 처음 알게 된 것은 10여 년 전으로 기억합니다. 당시 공군전투발전단 교리발전처장으로서 공군교리에 관하여 명쾌하게 대면(對面) 설명한 적이 있어 강한 인상을 받은 적이 있습니다. 2013년 말에 공군준장으로 전역(轉役)한 후에도 만학(晩學)으로 군사학 박사학위를 취득하고, 군 생활을 통해 축적한 경험과 전문성을 바탕으로 우리 군이 견지해야 할 새로운 패러다임의 군사교리 발전 필요성을 제시해 준 데 대해 국방위원장으로서 매우 기쁘게 생각하며, 저자의 요청을 받고 흔쾌히 추천의 글을 쓰게 되었습니다.

아무쪼록 군사 분야에 관심 있는 독자들이 이 책을 통하여 군사이론과 군사교리에 관한 이해와 공감의 폭을 넓히는데 도움이 되길 바라며, 일독(一讀)을 권합니다.

2019년 5월

대한민국 국회 국방위원장 안 규 백

머 리 말

"전쟁의 심장부에는 교리가 있다(At the very heart of war lies doctrine)"고 강조한 커티스 르메이(Curtis Emerson LeMay, 1906~1990, 전 미 공군참모총장) 장군의 어록(語錄)은 군사교리의 중요성을 웅변해 주고 있다. 저자(著者)는 군생활 중 많은 기간을 군사교리 발전과 전략기획분야에서 근무하였다. 1982년 소위로 임관하여 대구 공군기지에서 F-4D 팬텀(Phantom) 전투기 후방석 조종사로서 7년여를 비행하고, 국방대학원 석사과정을 졸업한 후 1990년 12월에 처음 받은 보직이 공군전투발전단 전쟁연구실 교리담당이었다. 이후 줄곧 공군본부와 합동참모본부에서 공군교리, 합동교리, 공군전략 및 합동전략기획 등 군사교리 발전과 전략기획분야에서 업무를 수행하였다. 특히 1991년 1월 17일에 발발(勃發)한 걸프전쟁과 1999년 3월 24일 발발한 코소보전쟁 분석팀에 참여하여 기존의 전쟁수행 패러다임(paradigm, 어떤 한 시대 사람들의 견해나 사고(思考)를 지배하고 있는 이론적 틀이나 개념의 집합체를 말함. p.24.의 주5) 참조)을 깬 새로운 전쟁수행개념과 첨단무기체계를 분석하다보니, 군사교리와 전략기획 전반에 대한 지식과 경험을 축적할 수 있었다.

그동안 군사교리와 군사전략업무를 수행하면서 느꼈던 소감은 군사교리나 군사전략기획업무는 군사이론에 대한 지식도 중요하지만, 업무경험을 바탕으로 그간의 과정과 역사(history)를 이해하고 있어야만 시행착오를 최소화할 수 있고, 업무효율성을 제고할 수 있다는 점을 깨달았다. 이와 같은 관점에서 2013년 12월에 공군연구분석평가단장(현 항공우주전투발전단장) 직을 끝으로 전역한 이후, 군에서 축적한 경험과 전문성을 바탕으로 군사교리에 관한 심도 있는 연구를 위해 충남대학교 대학원 군사학과 박사과정에 입학하였는데, 군사교리에 관한 연구를 통해 논문을 작성하여 후배들에게 군사교리 발전을 위한 담론(談論)을 형성하고 싶은 소망 때문이었다. 박사학위 논문을 작성하는 과정에서, 몇 번이고 중도에 포기하고 싶은 생각이 들었다. 왜냐하면 군사교리에 관한 대부분의 자료가 군사자료이다 보니, 논문을 작성할 만큼 충분치가 않았다. 미국이나 영국 등 주요 선진국에서는 인터넷을 통해 군사교리를 공개하고 있지만, 우리 군의 군사교리는 제한된 곳에서만 열람이 가능했다. 다행스럽게도 군에서의 교리발전 업무경험과 2015년부터 2년간 공군사관학교에서 초빙교수로 강의를 하면서 열람할 수 있었던 자료를 바탕으로 「한국군의 군사기본교리 정립방안에 관한 연구」라는 논문을 완성할 수 있었고, 2017년 8월에 군사학 박사학위를 취득하였다.

박사학위를 수여 받고 나면 학문적으로 이제 끝인 줄 알았는데, 군사학의 태두이신 풍석(風石) 이종학 교수님께서 저자의 논문을 읽으시고는 군사학을 공부하는 후학(後學)들을 위해 '군사학 총서'로 발간할 것을 권유하셨다(이종학 교수님께서는 올해로 구순(九旬)의 연세에도 불구하고, 최근까지도 젊은 교수들보다도 더 열성적으로 강의를 하고 계셨다). 이것이 '군사학 총서'를 집필하게 된 가장 큰 동인(動因)이다. 그 외에도 몇 가지 이유가 있는데, 대학이나 사관학교에서 군사학을 공부하는 후학들에게 군사교리가 무엇인지 일깨워 주고 군사교리의 중요성을 인식시켜 줌으로써, 임관하기 전에 군사교리에 대한 최소한의 개념을 형성시켜 주고 싶었다. 아울러, 최근 국방부를 중심으로 합참, 육·해·공군 및 해병대가 경쟁적으로 적용하고자 하는 4차 산업혁명시대의 과학기술 수준에 부합한 군사교리 정립안을 제시하는데 있다. 또한 「4·27 판문점 선언」 이후 도래하고 있는 한반도의 평화 번영시대에 국가 정책을 강력한 힘으로 뒷받침하기 위해서는 유형(有形)전력도 중요하지만 무형(無形)전력이 더욱 중요하기 때문에, 이에 걸맞는 군사교리가 정립되어야 한다는 점이다. 특히 『국방개혁 2.0』이 추진되고 있는 시점이라, 미래 불특정위협과 초국가적 위협 그리고 잠재적 위협에 동시 대비하기 위해서는 군사력의 정예화와 합동성 강화를 위한 새로운 군사교리의 재정립이 매우 중요하다고 생각한다. 마지막으로 빼놓을 수 없는 중요한 이유는 국방부가 2019년 1월 11일 발표한 『2019~2023 국방중기계획』과 동년 1월 15일 발표한 『2018 국방백서』에서 2016년 9월 9일, 북한의 5차 핵실험 이후 공식적으로 사용해 왔던 '3축체계'라는 용어 대신에 '핵·WMD 대응체계'라는 용어를 새롭게 사용하면서 3축체계를 구성하는 주요 전력과 작전용어가 변경됨에 따라 군사교리의 발전 소요가 발생하였다는 점이다. 이와 같은 발간 취지에 따라, 이 책에서는 총 5개 장(章)으로 나누어 구성하였다.

I 장은 군사이론에 관한 내용으로 군사이론체계에서의 군사교리, 전쟁의 본질 및 수준, 용병술, 전쟁의 수준과 용병술체계에 관하여 소개하였다. 또한 군사교리에 관한 폭넓은 이해를 도모하기 위해 교리의 어원, 군사교리의 개념 및 역할, 군사교리의 수준에 관하여 고찰하고, 군사교리 발전에 영향을 주는 요소를 도출하였다.

II 장에서는 전쟁의 새로운 패러다임을 제시한 걸프전쟁과 항공력만으로 전승을 달성한 코소보전쟁 그리고 산악지형에서의 대(對)테러전을 수행한 아프간전쟁, 사막지형에서의 대(對)테러전을 수행한 이라크전쟁을 분석하여 현대전의 수행원리와 군사교리 측면에서 교훈을 식별하였다.

Ⅲ장에서는 한국군의 군사교리체계와 군사기본교리를 중심으로 고찰하였다. 특히 군사기본교리에 대해서는 1990년 최초로 정립한 『군사기본교리연구(Ⅰ)』과 이후 세 차례 개정되었던 군사기본교리의 주요 내용을 분석하여 한국군의 새로운 『군사기본교리』 발전을 위한 전략적 함의(含意)를 도출하였다.

Ⅳ장에서는 세계 최강대국이자 선진 군사교리를 적용하고 있는 『미국 군사기본교리』(2013)와 1918년 세계에서 가장 먼저 독립한 영국공군의 『영국 항공우주력교리』(2009) 그리고 한국의 주변국이면서 미래의 잠재적 위협으로 평가받고 있는 중국이 2015년 5월에 발간한 『중국의 군사전략』(2015)을 분석하여 한국군의 군사교리 발전에 주는 시사점을 식별하였다.

Ⅴ장은 이 책의 결론으로, 미래 한국군의 새로운 전투패러다임으로서의 『군사기본교리』 정립안을 제시하였다. 주요 내용은 크게 세 가지로 한국군의 군사교리체계, 군사교리발전에 영향을 주는 요소, 한국군의 전쟁수행개념(How to win?)에 관하여 제시하였다.

원고를 완성하고 나니, 아직도 많이 부족하다는 생각이 파도처럼 밀려온다. 그럼에도 불구하고 한국군의 새로운 패러다임의 군사교리 발전방향을 모색하기 위해 오랜 시간 고민하고 숙고(熟考)했음을 위안삼아 탈고(脫稿)하고자 한다.

그동안 부족함을 채워주신 고마운 분들께 깊이 감사인사를 전하고 싶다. 먼저, 구순의 연세에도 불구하고 열정적인 지도편달을 통해 졸고(拙稿)를 '군사학 총서'로 발간할 수 있도록 인도해 주신 군사학의 태두 풍석(風石) 이종학 교수님께 감사드립니다. 그리고 원고를 감수·편집해 주신 서라벌 군사연구소 최정화 연구위원님께도 감사드립니다. 아울러, 충남대학교 대학원 박사과정 논문지도교수로서 저를 학문의 길로 이끌어 주신 길병옥 교수님과 이 책의 발간취지를 들으시고 군사학의 발전과 한국군의 군사교리 발전에 초석(礎石)이 되기를 바라는 마음으로, 흔쾌히 추천의 글을 써 주신 국회 국방위원장 안규백 의원님께 감사드립니다. 또한 이 책을 발간하는데 협조해 주신 충남대학교출판문화원장 김정태 교수님과 양광준 과장, 김현순·김보라 직원들에게 감사드립니다.

원고를 완성하는 동안 온통 너저분하게 널려 있는 서재를 볼 때마다 깨끗하게 정리정돈하고 싶어도, 원고가 완성될 때까지 꾹 참아 준 아내 김경원 여사와 어느덧 어엿한 어른으로 성장해 준 아들 선규, 그리고 며느리 수아에게도 고마운 마음과 함께 사랑한다는 말을 전합니다. 또한 군생활 중에 사위로서 자주 찾아뵙지 못해 늘 송구한 마음뿐인 존경하는 장모님과 양가(兩家)의 형제자매님들께도 진심으로 감사의 마음을 전합니다.

끝으로 이 원고를 집필하는 중에 소천하신 어머님과 하늘나라에서 저를 자랑스럽게 지켜보고 계실 아버님과 빙부님께 이 책을 바칩니다.

2019년 기해 초하지절에

안 재 봉

영어 약어표

- AAA (Anti-Aircraft Artillery) : 대공포
- A2AD (Anti-Access Area Denial) : 반접근 및 지역거부
- ADD (Agency for Defense Development) : 국방과학연구소
- ADIZ (Air Defense Identification Zone) : 방공식별구역
- AGM (Air to Ground Missile) : 공대지미사일
- AI (Artificial Intelligence) : 인공지능
- ALB (Air Land Battle) : 공지전투
- ALCM (Air Launched Cruise Missile) : 공중발사순항미사일
- ALO (Air Land Operations) : 공지작전
- ATO (Air Tasking Order) : 항공임무명령서
- C4I (Command, Control, Communications, Computers, Intelligence) : 지휘, 통제, 통신, 컴퓨터 및 정보
- C4ISR (Command, Control, Communications, Computers, Intelligences, Surveillance and Reconnaissance) : 지휘, 통제, 통신, 컴퓨터, 정보 및 감시 정찰
- CADIZ (China Air Defense Identification Zone) : 중국방공식별구역
- CAS (Close Air Support) : 근접항공지원
- CIA (Central Intelligence Agency) : 중앙정보국
- CoG (Center of Gravity) : 중심
- DIME (Diplomatic, Informational, Military, Economic) : 외교, 정보, 군사, 경제
- DIRLAUTH (Direct Liaison Authorized) : 승인된 직접 연락권
- EBO (Effects Based Operations) : 효과중심작전
- EMP (Electro Magnetic Pulse Bomb) : 전자기 펄스탄
- EO (Electro Optical) : 전자광학
- EW (Electronic Warfare) : 전자전

- FORSCOM (United States Army Forces Command) : 미 전력사령부
- GBU (Guided Bomb Unit) : 레이저유도폭탄
- GEF (Guidance for Employment of the Force) : 군사력 운용지침서
- GPS (Global Positioning System) : 범세계위치식별체계
- ICT (Information and Communication Technologies) : 정보통신기술
- IED (Improvised Explosive Device) : 급조폭발물
- IoT (Internet of Things) : 사물인터넷
- IR (Infrared) : 적외선
- ISR (Intelligence Surveillance Reconnaissance) : 정보 감시 정찰
- IT (Information Technology) : 정보기술
- IW (Information Warfare) : 정보전
- JADIZ (Japan Air Defense Identification Zone) : 일본방공식별구역
- JDAM (Joint Directed Attack Munition) : 합동정밀직격탄
- JIACG (Joint Interagency Coordination Group) : 합동 유관기관 협조단
- JSCP (Joint Strategic Capabilities Plan) : 합동 군사전략능력기획서
- JSOW (Joint Stand Off Weapon) : 합동원거리무기
- JSTARS (Joint Surveillance and Target Attack RADAR System) : 합동 감시 및 표적공격 레이더체계
- KADIZ (Korea Air Defense Identification Zone) : 한국방공식별구역
- KAI (Korea Aerospace Industries) : 한국항공우주산업(주)
- KAMD (Korea Air and Missile Defense) : 한국형 미사일방어체계
- KARI (Korea Aerospace Research Industries) : 한국항공우주연구원
- KIDA (Korea Institute Defense Analyses) : 한국국방연구원
- KLA (Kosovo Liberation Army) : 코소보 해방군
- KMPR (Korea Massive Punishment & Retaliation) : 대량응징보복
- MIT (Massachusetts Institute of Technology) : 메사추세츠 공과대학
- MLRS (Multiple Launch Rocket System) : 다련장포
- MOAB (Massive Ordnance Air Blast) : 초강력 대형 폭탄
- NATO (North Atlantic Treaty Organization) : 북대서양조약기구
- NCOE (Network Centric Operations Environment) : 네트워크중심작전환경

- NCW (Network Centric Warfare) : 네트워크 중심전
- NDS (National Defense Strategy) : 국방전략서
- NMS (National Military Strategy) : 국가 군사전략서
- NORAD (North American Aerospace Defense Command) : 북미우주사령부
- NSS (National Security Strategy) : 국가안보전략서
- OODA (Observe, Orient, Decide, Act) : 관찰, 방향설정, 결정, 실행
- OPCOM (Operational Command) : 작전지휘
- OPCON (Operational Control) : 작전통제
- OSCE (Organization for Security and Cooperation in Europe) : 유럽안보협력기구
- PAPF (People's Armed Police Force) : 중국 무장경찰부대
- PGM (Precision Guided Munitions) : 정밀유도무기
- PKO (Peace Keeping Operation) : 평화유지활동
- PLA (People's Liberation Army) : 중국 인민해방군
- PNT (Position, Navigation and Timing) : 위치, 항법 및 시간
- R&D (Research and Development) : 연구 개발
- RDO (Rapid Decisive Operation) : 신속결정작전
- RMA (Revolution In Military Affairs) : 군사혁신
- SA (Strategic Attack) : 전략적 공격
- SAR (Synthetic Aperture Radar) : 합성개구레이다
- SAM (Surface to Air Missile) : 지대공미사일
- SCM (Security Consultative Meeting) : 한미안보협의회의
- SEAD (Suppression of Enemy Air Defenses) : 적 방공망제압
- SecDef (Secretary of Defense) : 국방장관
- SLBM (Submarine Launched Ballistic Missile) : 잠수함발사탄도탄
- SLOC (Sea Lines of Communications) : 해상교통로
- SOFA (Status of Forces Agreement) : 한미행정협정
- SOG (Special Operations Group) : 특수작전단
- TACON (Tactical Control) : 전술통제
- THAAD (Terminal High Altitude Area Defense) : 고고도미사일방어체계
- TOR (Terms of Reference) : 위임사항

· TRADOC (United States Army Training and Doctrine Command) : 미 육군훈련교리사령부
· UCP (Unified Command Plan) : 통합사령부 기획서
· UN (United Nations) : 국제연합
· WCMD (Wind Corrected Munitions Dispenser) : 바람수정 확산탄
· WEF (World Economic Forum) : 세계경제포럼
· WHNS (Wartime Host Nations Support) : 전시지원협정
· WMD (Weapons of Mass Destruction) : 대량살상무기
· WTO (Warsaw Treaty Organization) : 바르샤바조약기구

목 차

Chapter
Ⅱ 현대전 수행 원리 : How to win? / 87

Chapter
Ⅲ 한국군의 군사교리 / 137

Chapter
Ⅳ 주요 국가의 군사교리 / 207

Chapter V

미래 한국군의 새로운 전투 패러다임 : 『군사기본교리』 / 283

시작하면서

지금의 안보상황은 「4·27 판문점 선언」[1]을 계기로 남북관계 개선, 전쟁 위험 해소, 비핵화[2]를 포함한 항구적 평화체제 구축을 위한 노력이 군사적, 비군사적 채널을 통하여 다양하게 전개되고 있다. 이와 함께 인공지능(AI), 빅 데이터(Big Data), 클라우드 컴퓨팅(Cloud Computing),[3] 사물인터넷(IoT), 모바일 등 첨단 정보통신기술(ICT)을 이용한 융·복합으로 초연결(Hyperconnectivity), 초지능(Superintelligence)을 특징으로 하는 4차 산업혁명(The Forth Industrial Revolution)의 기술이 국방분야에 빠르게 접목되고 있다.

한편, 국방부에서는 정부가 추진하는 평화 번영정책을 강력한 힘으로 뒷받침하기 위해 '국민과 함께 평화를 만드는 강한 국방'을 표방하면서, 굳건한 한·미 연합방위태세를 토대로 현존위협을 포함하여 미래 잠재적·초국가적·비군사적 위협에 전방위적으로 대응할 수 있는 「국방개혁 2.0」[4]을

---

1) 2018년 4월 27일, 문재인 대통령과 김정은 북한 국무위원장이 판문점 평화의 집에서 발표한 남북정상회담 합의문을 말한다. 이 선언문을 통해 핵 없는 한반도 실현, 연내 종전 선언, 남북공동연락사무소 개성 설치, 이산가족 상봉 등을 천명하였다.

2) 비핵화(非核化, Nuclear disarmament, Denuclearization)는 핵무기를 폐기하는 것으로서, 북한의 비핵화는 모든 핵무기와 기존의 핵무기 프로그램을 완전하고, 검증가능하며, 불가역적으로 폐기(PVID : Permanent, Verifiable, and Irreversible Denuclearization)하는 것을 말한다. 일반적인 비핵화 과정은 '동결(Freezing)⇒신고(Declaration)⇒불능화(Disablement)⇒검증(Verification)⇒폐기(Dismantlement)' 절차에 따라 진행되며, 불능화는 상황에 따라 생략될 수도 있고, 관련 국가 간 합의에 따라 비핵화 과정 순서가 변경될 수도 있다. 합동참보본부, 『비핵화에 대한 이해 I』(서울 : 합동참모본부, 2018), pp.9~18.

3) 인터넷(Internet) 상의 서버(Server)를 통하여 데이터(Data) 저장, 네트워크(Network), 콘텐츠(Contents) 사용 등 정보기술(IT) 관련 서비스를 한 번에 사용할 수 있는 컴퓨팅 환경을 말한다.

4) 2018년 7월 27일 발표한 『국방개혁 2.0』의 핵심 목표는 크게 세 가지로서, 첫째, 싸워서

적극 추진하고 있다. 이처럼 중차대한 시점에서 대한민국의 안전보장은 물론 국민의 생명과 재산을 수호하기 위한 새로운 패러다임(paradigm)[5]의 한국군의 『군사기본교리』 발전방향을 모색하고자 본 책을 발간하게 되었다.

미국의 메사추세츠 공과대학(MIT : Massachusetts Institute of Technology)의 베리 포젠(Barry R. Posen, 1952~)은 "군사교리가 만일 당시의 정치적 환경이나 적의 능력, 또는 유용한 군사기술 등의 변화에 제대로 대응하지 못한다면, 그리고 국제정치의 경쟁적이고 역동적인 환경에 맞추어 적절히 혁신하지 못한다면 그 국가의 안보에 피해를 줄 수 있고, 전쟁이 발발한다면 패전의 요인이 된다."[6]고 지적하였다. 이는 곧 현재의 안보상황에서 정부의 지속 가능한 평화 번영정책을 강력한 힘으로 뒷받침하기 위한 강력한 군사력의 구축도 중요하지만, 그에 합당한 군사교리의 정립이 동시에 이루어져야 한다는 점을 뒷받침해 주고 있다.

교리(敎理, Doctrine)라는 용어의 사전적 의미는 종교적인 원리나 이치 또는 각 종교의 종파가 진리라고 규정한 신앙의 체계를 말한다. 이는 신앙의 진리로서 공인된 종교적인 신조라는 의미를 지니고 있지만, 종교계뿐만 아니라 정치, 군사 등 사회의 여러 분야에서 활용된다. 정치적인 의미로는 정치적 기본방향을 제시하는 중요한 지침이라는 의미를 내포하고 있다. 예컨

이기는 군대 육성, 둘째, 스스로 책임지는 국방태세 구축, 셋째, 국민이 신뢰하는 군으로의 체질 개선이다.

5) 패러다임이란 어떤 한 시대 사람들의 견해나 사고를 지배하고 있는 이론적 틀이나 개념의 집합체로서, 미국의 과학사학자이자 철학자인 토머스 쿤(Thomas Kuhn, 1922~1996)이 그의 저서 *The Structure of Scientific Revolution* (1962)에서 새롭게 제시하여 널리 통용된 개념이다. '패러다임'이라는 용어는 '사례·예제·실례·본보기' 등을 뜻하는 그리스어 파라데이그마(paradeigma)에서 유래한 것으로, 언어학에서 빌려온 개념이다. 즉 으뜸꼴·표준 꼴을 뜻하는데, 이는 하나의 기본 동사에서 활용(活用)에 따라 파생형이 생기는 것과 마찬가지다. 이런 의미에서 토머스 쿤은 패러다임을 한 시대를 지배하는 과학적 인식·이론·관습·사고·관념·가치관 등이 결합된 총체적인 틀 또는 개념의 집합체로 정의하였다.

6) Barry R. Posen, *The Sources of military doctrine : France, Britain, and Germany between the World Wars* (New York : Cornell University Press, 1986), pp.29~31.

대, 1947년 3월 미국의 트루먼(Harry S. Truman, 1884~1972) 대통령이 미 의회에서 선언한 외교정책에 관한 원칙으로, 공산주의 세력의 확대를 저지하기 위하여 자유와 독립의 유지에 노력하며 소수자의 정부지배를 거부하는 의사를 가진 여러 나라에 대하여 군사적·경제적 원조를 제공한다고 선언한 트루먼 독트린(Truman Doctrine)과 1969년 7월에 미국의 닉슨(Richard Nixon, 1913~1994) 대통령이 괌(Guam)에서 밝힌 대(對) 아시아정책으로서 닉슨독트린(Nixon Doctrine) 등이 있다. 따라서 교리란 종교, 정치, 군사 등 특정 분야에 국한된 의미가 아니라, 해당 분야에 필요한 원리와 원칙, 기본방향, 지침 등을 포괄하는 근원적이고 기본적이며, 핵심적인 원칙을 의미하는 것이라 할 수 있다.

군사교리(軍事敎理, Military Doctrine)는 교리를 작성하는 기관에 따라 또는 학자들의 관점에 따라 여러 가지로 정의하고 있으나, 한국군의 최고 군령기관인 합동참모본부에서 발간한 『합동·연합작전 군사용어사전』(2014)에 의하면, "군사력으로 국가목표를 달성하기 위하여 공식적으로 승인된 군사행동의 기본원칙과 지침. 권위는 있으나 적용 시에는 판단이 요구됨. 군사교리에는 합동교리와 각 군 교리가 있음."[7]으로 정의하고 있다. 여기서 확실하게 짚고 넘어가야 할 것이 목적과 목표[8]에 관한 것으로, 국가목적(National Purpose)과 국가목표(National Objectives)에 관한 용어이다. 『군사용어사전』(2012)에 따르면, 국가목적은 한 주권국가의 생존과 번영을 성취하기 위한 국민적 또는 국가적 열망을 이론적 체계화 과정을 거쳐 헌법, 법률 및 선언 등을 통

---

7) 합동참모본부, 『합동·연합작전 군사용어사전』(서울 : 합동참모본부, 2014), p.73.

8) 한 국가가 추구하는 궁극적인 목적은 국가의 생존과 번영에 있다. 따라서 국가의 모든 활동은 이 목적에 부합해야 하며, 전쟁에 있어서 목적(Purpose)·목표(Objective)·수단(Means)의 관계는 전쟁수행을 고찰함에 있어서 매우 중요하다. 목적이란 전쟁에 의해서 달성하고자 하는 전쟁목적, 즉 정치적 목적을 말하며, 목표란 전쟁에 있어서 달성하고자 하는 군사목표를 의미한다. 즉 전쟁의 정치적 목적 그리고 군사적 목표를 어떻게 달성하는가를 연구하는 분야가 군사학이며, 전략(Strategy)과 전술(Tactics)이다. 이종학, 『군사고전의 지혜를 찾아서』(대전 : 충남대학교 출판문화원, 2013), pp.302~308. 따라서 저자는 국가목적과 국가목표를 명확하게 구분하여 사용하고자 한다. 다만, 기존의 군사교리에 명시된 문구를 인용할 경우에는 원문에 충실해서 사용하고자 한다.

하여, 표방하는 한 주권국가의 존립에 있어 양보할 수 없는 목적을 말하며, 국가목표는 국가목적과 이익을 달성하기 위해 그 국가의 제반 노력과 자원을 집중해 나가고 적용되어야 할 지향점을 말한다.[9] 따라서 군사적 수준에서 달성해야 할 국가목표체계는 광의(廣義)의 개념인 국가목적 보다는 국가목표 또는 국가안보전략목표가 보다 합당하다.

군사교리를 발간하는 목적은 국가목표를 군사력으로 달성하기 위해 수행하는 군사행동이나 군사력을 운용하는 원칙과 지침을 의미하며, 군사교리는 권위 있는 국가기관에서 발행하지만 실전(實戰)과 실무(實務)에 적용할 경우에는 당시의 상황에 따라 현장 지휘관의 판단에 의해 적용해야 한다고 명시함으로써 융통성(flexibility)[10]을 강조하고 있다. 또한 군사교리는 육·해·공군이 합동으로 적용하는 합동교리와 각 군의 군사력 운용에 적용되는 각군 교리로 구분되며, 전쟁의 수준과 용병술(用兵術) 체계에 맞도록 기본교리, 작전교리 또는 운용교리, 전술교리 또는 세부 운용교리로 분류한다.

앨빈 토플러(Alvin Toffler, 1928~2016)는 『전쟁과 반전쟁(*War and Anti War*)』에서 미래의 전쟁 형태는 사회현상의 변화에 따라 바뀌게 될 것이라고 가정하고, 미래에는 정보와 지식을 바탕으로 한 정보전의 형태가 보편화 될 것이며, 모든 국가는 이에 대비해 나가야 한다고 강조하였다.[11] 이 같은 관점에서 보면, 미래전을 수행하기 위해서 요구되는 전사(戰士)들은 한때 영화의 주인공으로 각광 받았던 람보(Rambo), 터미네이터(Terminator)와 같이 힘세고 강력한 군인이 아니라, 고도로 숙련된 기술과 전문지식, 정보력을 구비한 현명하고 지략(智略)이 뛰어난 군인, 즉 지식전사(knowledge warriors)를 필요로

9) 이태규, 『군사용어사전』(서울 : 일월서각, 2012), p.59.

10) 융통성은 변화하는 상황에 신속하게 적응하여 전장을 원하는 방향으로 조성하도록 하는 특성이다. 융통성은 군사력의 공세적 운용으로 극대화되며, 전장에서 주도권을 확보하고 유지하는 것과 밀접한 관계가 있으며, 융통성을 효과적으로 발휘하기 위해서는 중앙집권적 통제와 분권적 임무수행이 이루어져야 한다.

11) Alvin & Heidi Toffler, *War and Anti War : Survival at the dawn of the 21st Century* (New York: Little, Brown and Company, 1993), pp.139~144.

하며, 이와 함께 정보집약적 지식전략(knowledge strategy)의 수립이 요구된다고 주장하였다. 지식전략의 핵심은 군사교리이다.

군사교리의 연구를 통해 강한 군으로 거듭 난 사례는 몇 가지가 있지만, 가장 대표적인 사례가 1982년에 미군의 공지전투(ALB : Air Land Battle) 개념을 창안해 낸 미 육군으로부터 찾을 수 있다. 공지전투개념은 냉전기 미국을 중심으로 한 북대서양조약기구(NATO : North Atlantic Treaty Organization) 소속의 국가들에 의해 창안된 작전개념이다. 당시 NATO와 바르샤바조약기구(WTO : Warsaw Treaty Organization)는 가까운 시일 내에 구(舊)동독과 서독의 국경에 위치한 풀다(Fulda) 지역에서 결전(決戰)을 벌일 것으로 상정되었다. 그런데 유럽 대륙에서는 미국의 육군전력은 구(舊)소련은 물론 동독에 비해서도 수적으로 열세였고, 지정학적인 거리의 이격(離隔)으로 반응시간 면에서도 불리했다. 따라서 새롭고 획기적인 작전개념과 전술을 창출하지 않고서는 구소련을 상대로 이길 수 없다는 것이 중론이었다.

이에 미국의 정치관료, 학자, 고위 장교들의 힘을 한 데 모았다. 새로운 개념과 군사교리를 연구하여 현존 전투력을 극대화하겠다는 의도에서 미 육군은 1973년에 드푸이(William E. DePuy, 1919~1992) 장군을 사령관으로 하여 육군훈련교리사령부(TRADOC : United States Army Training and Doctrine Command)[12]를 창설하였다. 미국의 육군훈련교리사령부의 창설은 군사교리 연구에 대한 관심을 확산시켰으며, 특히 월남전 패배의 분석과 중동전쟁에서 기갑부

12) 육군훈련교리사령부는 1973년 7월 1일, 미 전력사령부(FORSCOM : United States Army Forces Command)와 더불어 미 육군의 주요 사령부 중 하나로 버지니아주의 포트 먼로(Fort Monroe)에 창설되었다. 본디 대륙 육군사령부의 부서였으나 베트남전 이후 대륙 육군사령부의 임무가 너무 광범위해짐에 따라 해단(解團)되면서 육군 교육사령부와 육군사령부로 분리됨에 따라, 대륙 육군사령부의 전술개발사령부의 직무이던 개별 훈련임무와 소속 군교육학교도 물려받게 된 반면, 육군사령부는 본토 육군사령부가 맡고 있던 미 본토 주재 사령부 산하 군단 및 사단들의 작전수행태세 임무를 물려받게 되었다. 주요 임무는 군인들과 지휘관, 그리고 민간 군무원들의 교육 및 훈련, 개발 등을 통해 각 부대들의 작전능력, 부대 구성과 다양한 장비들의 효율적인 통합을 지원함으로써 미 육군을 최상의 군대로 강화시키는 데 있다.

대의 성공적인 운용사례 등을 분석하여 기동전을 바탕으로 한 공지전투의 확산을 가져오는 계기가 되었다.

스태리(Donn A. Starry, 1925~2011) 장군이 이끄는 연구팀은 이러한 새로운 개념의 전쟁을 '제3물결전쟁(Third Wave War)'[13]이라는 용어로 설정하고, 새로운 방법으로 사고(思考)하고 싸울 수 있도록 군사교리를 재정립하여 새롭게 정립된 군사교리에 따라 군인들을 훈련시키고, 그들이 필요로 하는 무기체계를 식별해 내는 일에 집중하였다. 이에 힘입어 지상전 연구를 위한 각종 프로젝트와 연구소가 발족되었고 지휘참모대학의 위상이 강화되었으며, 후에 미 육군의 군사교리 개혁의 구심점이 된 고등군사학교의 신설 등이 추진되었다. 또한 군사-전쟁연구 분야에 충분한 예산과 제도, 인력을 투입한 것과 때를 같이하여 다련장포(MLRS : Multiple Launch Rocket System), AH-64 공격형 헬기, A-10 지상공격지원 항공기 등과 같은 우수한 공격형 무기들도 본격적으로 전력화되기 시작했다. 미 육군으로부터 전폭적인 지원을 받아 선발된 장교단들은 풀다(Fulda) 평원에서의 전투를 전혀 다른 방향에서 바라볼 수 있도록 풀다 갭(Fulda Gap)[14] 워게임을 개발하였다. 이들은 평면적이고 단선적이었던 결정적인 시간과 장소에서 구소련과 바르샤바 조약국들을 상대로 우세를 달성하여 전역(戰役, campaign)에서 승리할 수 있는 기반을 마련

---

13) 앨빈 토플러(Alvin Toffler)는 '제1물결 시대의 전쟁' 형태는 백병전이나 근접 전투였고, '제2물결 시대의 전쟁'은 대량파괴 또는 대량 살육(殺戮) 전쟁이었으며, '제3물결 시대의 전쟁'은 걸프전쟁과 같은 하이테크 전쟁으로 정의하였다.

14) '풀다 갭(Fulda Gap)'이란 1985년 독일에서 가상으로 일어난 나토(NATO)와 바르샤바 동맹(WTO) 국과의 전투를 배경으로 한 전략적 워게임(War Game)을 말한다. 풀다(Fulda) 지역은 독일 영토의 정중앙에 해당되는 곳으로서, 동서남북 어디로든 교통의 요충지에 해당된다. 나폴레옹이 러시아 정벌을 떠날 때 풀다지역을 거쳐서 갔고, 라이프치히 전투에서 패하여 퇴각할 때도 풀다를 거쳐 갔다. 이러한 전략적 요충지로서의 중요성 때문에 동서독 분단 시절에는 풀다가 군사적 요충지이기도 했다. 당시 풀다는 서독 영토의 동쪽 끝, 즉 동독과의 국경에 거의 인접한 도시였다. 당시 소련군이 서쪽으로 침략하는 통로가 될 수 있어서 미군이 풀다를 특히 집중적으로 방어하였고, 이 침략 루트를 도시 이름을 따서 '풀다 갭'이라고 부르기도 한다.

하였다. 그 결과, 미 육군훈련교리사령부의 창설과 함께 1980년대부터 1990년대까지 주요 작전개념으로 자리 잡았던 적극방어와 종심전장(deep battlefield) 개념의 공지전투교리가 개발되었다. 이는 모토(motto)나 캠페인(campaign), 구호와 정책으로서 이루어진 것이 아니라, 군사교리 연구에 대한 투자로부터 시작되었다.

공지전투교리의 핵심은 전투지역을 확대하고, 전장 전체에 걸쳐서 공중과 지상작전의 동시 통합을 강조한다. 주요 개념은 주도권(initiative), 종심(depth), 민첩성(agility), 동시통합성(synchronization)을 적용하는 것으로서 특히 주도권의 확보를 중시하였다. 공지전투는 과거의 전쟁경험 요소들을 통한 상대적 기동을 중시함에 따라 전략과 전술을 연계시켜 주는 작전술(作戰術, Operational Art) 개념을 도입하였다. 공지전투교리가 처음 등장한 이래로 여러 차례 보완되거나 재정립되었고, 교리의 명칭도 변경되었다. 최초에 정립되었던 공지전투가 적의 후방부대들을 와해시키는 것을 목표로 한 데 반해, 보다 발전된 개념인 공지작전(ALO : Air Land Operations) 교리는 아예 전쟁 초기부터 항공작전을 수행하여 적의 후방부대들이 편성되지 못하게 하도록 강요하는 개념이다. 이 작전의 연구는 1987년부터 시작하여 사담 후세인이 쿠웨이트를 침공하여 세계를 놀라게 한 지 1년 후인 1991년 8월 1일에야 공식적인 군사교리로 정립되었다. 이 교리의 가장 두드러진 특징은 군사력을 고속으로 적 종심에 투입할 수 있는 역량을 강조했으며, 각 군의 합동작전과 동맹군 간 연합작전의 필요성을 역설하였다. 그리고 주도권 장악 범위의 확대와 우수한 군인들에 대한 더 많은 의존을 촉구했다. 또한 이 교리는 시간을 가장 중요한 관심사항으로 제기하면서 동일보조의 동시적 공격(synchronized simultaneous attacks)과 실시간의 지휘 통제를 강조했다. 또한 지휘관들은 작전 템포(tempo)를 통제해야 하며, 가장 중요한 것은 개선된 정보 및 통신을 바탕으로 한 지식의 절대적인 중요성을 강조했다.

한편, 한국군은 1948년 10월 1일 창설된 이래, 군사력을 운용하는 기본지침을 제시해 주는 국군의 최상위 교리인 『군사기본교리』를 정립하지 않은 채, 당시의 정책 결정자 및 최고 지휘관의 지휘지침에 따라 운용되어 오다가 1990년부터 현재의 합동군제 합동참모본부[15]가 자리 잡게 됨에 따라, 각 군의 기본교리를 근간(根幹)으로 하여 1990년 12월에 한국군의 최상위 교리인 『군사기본교리연구(Ⅰ)』을 발간하게 되었다. 이후, 1997년에 『군사기본교리』(1997)를 제정하여 한국군의 최상위 교리로 발간한 이래, 세 차례[16]의 개정을 거쳐서 현재는 2014년 12월에 개정, 발간한 『군사기본교리』(2014)를 적용하고 있으나, 교리를 개정할 때마다 표준화된 원칙이 없이 당시의 상황과 지휘관의 의도에 따라 개정되어 왔다.

따라서 이 책의 연구범위는 시기적으로 한국군이 『군사기본교리』를 공식적으로 연구하기 시작한 1990년부터 2017년까지를 대상으로 한다. 전쟁사례 연구는 현대전의 개념을 완전히 변모시킨 1991년의 걸프전쟁과 20세기 마지막 전쟁으로 평가받았던 1999년의 코소보전쟁 그리고 9·11테러 이후 2001년부터 수행한 아프가니스탄전쟁과 이라크전쟁을 전쟁의 원인, 작전경과 및 특징, 군사교리 측면에서의 교훈 중심으로 분석하였다.

문헌연구는 한국군의 최상위 교리인 『군사기본교리』를 근간으로 각 군의 기본교리를 집중적으로 분석하고, 미군의 최상위 군사교리인 『미국 군

15) 합동참모본부는 1948년에 연합참모본부, 1954년에는 합동참모회의, 1961년에는 연합참모국으로 국방부 내 비상설기구로 설치 운영되어 오다가 1963년 합동참모본부로 창설되었다. 주요 임무는 전투를 주 임무로 하는 작전부대를 작전지휘 및 감독하여 합동작전과 연합작전을 수행한다.

16) 『군사기본교리』는 1990년 12월에 연구안이 제정된 이후, 1994년도에 국군의 최상위 교리로서 합동교리 및 각 군 교리에 지침과 기준을 제공하기 위해 초안이 제정되었다. 이후, 1997년 9월에 초안을 바탕으로 최초의 교리가 발간되었고, 2002년 12월에 제1차 개정교리가 발간되었다. 2009년 10월에는 육·해·공군의 노력의 통일과 합동성 및 동시성을 촉진시킨다는 명목으로 『합동기본교리』로 명칭을 변경하여 제2차 개정교리를 발간하였다. 2014년 12월에는 전시(戰時) 작전통제권 전환에 대비하여 한국군 주도(主導)의 작전수행능력 구비를 목표로 국가안보전략지침과 국가전쟁지도지침 등 상위 기획문서의 지침을 구현하고 하위교리인 합동교리 및 각 군 교리에 기본원칙과 지침을 제공하기 위해 『군사기본교리』로 명칭을 환원하여 제3차 개정교리를 발간하였다.

사기본교리(*Doctrine for the Armed Forces of the United States*)』와 세계에서 가장 먼저 독립(1918. 4. 21.)한 영국 공군의 기본교리인 『영국 항공우주력교리(*British Air and Space Power Doctrine*)』, 그리고 미래의 잠재적 위협인 중국이 2015년 5월에 공표한 『중국의 군사전략(中國的軍事戰略, *China's Military Strategy*)』의 주요 내용을 중점적으로 분석하고자 한다.

이상에서 기술한 내용을 그림으로 나타내면 [그림 1]과 같다.

[그림 1] 새로운 패러다임의 『군사기본교리』 정립을 위한 연구 흐름도

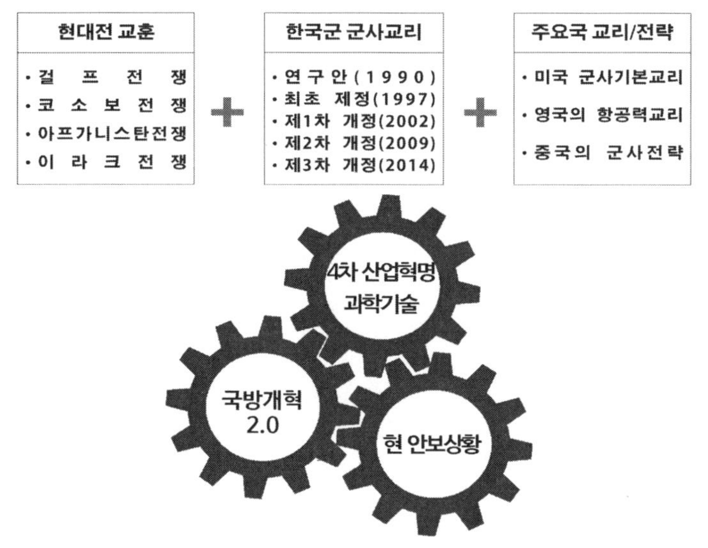

새로운 패러다임의 『군사기본교리』

이 책의 연구방법은 객관성과 신뢰도를 제고하기 위하여 사회과학분야의 조사방법 중에서 문헌조사방법을 이용하여 객관적 자료 분석과 해석적 연구방법을 적용하였다. 또한 사례연구로서 군사교리 발전을 주도하고 있는 미국을 비롯한 다국적군이 수행한 걸프전쟁, 코소보전쟁, 아프가니스탄전쟁, 이라크전쟁 등 현대전을 분석하여 새로운 작전수행개념과 신무기체계의 개발 그리고 교리발전 과정을 분석하여 한국군의 교리발전을 위한 개념 정립에 반영하였다.

Chapter

Ⅰ. 군사이론이란?

1. 군사이론의 논의
2. 군사교리란 무엇인가
3. 군사교리 발전에 영향을 주는 요소

1997년도에 합동참모본부에서 발간한 『군사기본교리』(1997)에 의하면, 군사이론은 "전쟁의 원인과 결과를 분석하여 법칙성을 도출해 낸 논리적 지식체계로서 국가목표 달성에 기여하기 위한 군사력의 역할, 운용, 발전, 유지 및 지원과 이에 관련된 국방요소 간의 상호관계를 규명하며, 용병과 양병문제를 주요 대상으로 하고 있다."[1]라고 제시하고 있다. 또한 군사교리란 "군사이론을 한 국가의 국가목적, 국가목표, 전쟁환경 등 특정 상황과 조건에 맞도록 구체화하여 실질적인 군사행동의 지침으로 공식화한 실천적 차원의 행동체계"[2]라고 명시하고 있다.

이를 종합하면, 군사이론과 군사교리는 상호보완적이고 유기적으로 작용하며, 군사사상을 모체로 하여 군사이론이 구체화 되고, 군사이론이 권위 있는 기관에 의하여 군사교리로 채택됨으로써 보다 현실성을 갖게 되는 순환적 관계를 이루고 있다.

따라서 본 장에서는 군사이론 중에서도 "전쟁이란 무엇인가?", "전쟁에서 어떻게 승리할 것인가?", "전쟁 준비를 어떻게 할 것인가?"에 중점을 두고 기술하고자 한다.

---

1) 합동참모본부, 『군사기본교리』(서울 : 합동참모본부, 1997), p.4.

2) 상게서, p.4.

1. 군사이론의 논의

네이버(NAVER) 어학사전에 따르면, 이론의 사전적 의미는 "사물의 이치나 지식 따위를 해명하기 위하여 논리적으로 정연하게 일반화한 명제의 체계" 또는 "실증성이 희박한, 순 관념적으로 조직된 논리"를 말한다.

신현실주의 대표적 학자로 널리 알려진 왈츠(Kenneth N. Waltz, 1924~2013)는 이론을 "우리의 눈에 들어오는 수많은 사실 가운데 무엇이 중요한지를 판별해 주는 단순화 장치"라고 하였다.

존 베일리스(John Baylis, 1946~)는 "이론은 가설과 가정으로 이루어진 거창한 공식 모델이 아니라, 오히려 어떤 사실이 중요하고 어떤 사실은 그렇지 않은지를 우리가 결정할 수 있게 만들어 주는 일종의 단순화 장치"라고 하면서, "이론은 색깔이 다른 렌즈를 끼운 색안경에 비유될 수 있다. 즉, 세상은 빨간색 안경을 쓰면 빨갛게 보이고, 노란색 안경을 쓰면 노랗게 보인다."라고 하였다. 이와 같은 맥락에서 저자는 군사이론을 논의하고자 한다.

줄리안 라이더(Julian Lider, 1918~1988)의 『군사이론(*Military Theory*)』에 의하면, 군사이론이란 용어는 군사문제에 관한 연구뿐만 아니라, 군사문제의 개념(concepts), 범주(categories), 명제(propositions) 그리고 법칙(laws) 및 일반 원리 등을 포함한다. 합동참모본부에서 발간한 『합동·연합작전 군사용어사전』(2014)에 따르면, 군사이론이란 "전쟁을 효과적이고 효율적으로 수행하기 위해 '군사력을 어떻게 건설하고, 어떻게 운용할 것인가?'에 대한 논리적 지식체계"로 정의하고 있다. 이처럼 군사이론에 대한 분석적 틀과 군사이론의 개념, 군사이론분야의 주제, 범위, 구조 그리고 사회과학 학문에 있어서 위치 등은 시간이 흐름에 따라 상당한 변화가 있었다.

고대에는 군사문제 연구의 초점이 '전쟁이란 무엇인가?' 그리고 전쟁에서 '어떻게 승리할 것인가?' 하는 두 가지 질문에 놓여 있었다. 전자(前者)에 대한 답변은 간혹 전쟁철학이라고도 불렀고, 후자(後者)는 전략이라고 불렀다. 여기서 전략이란 용어는 전쟁수행의 이론과 실제 그리고 군사작전에 있어서 군대의 운용을 의미하였다.

클라우제비츠(Carl von Clausewitz, 1780~1831)는 『전쟁론(*Vom Kriege*, 1832)』의 '제2장 전쟁이론'에서 전략이론에 대해 이야기하면서, 이론이란 "장차 지휘관이 될 이들의 정신을 교육하는 것, 좀 더 정확히 말하면 이들이 스스로 학습할 수 있도록 이끄는 것이지, 전장까지 그를 따라가는 것을 의미하지 않는다."[3]고 했다. 즉 이론은 반드시 행동의 지침이 되는 교리일 필요는 없으며, 사람들에게 어디에서나 길을 밝혀 주고 발걸음을 가볍게 해 주며, 판단력을 길러 주고 그들이 잘못된 길에 빠지지 않도록 보호해 주는 역할을 한다는 것이다.

산업사회의 발달과 함께 군의 역할이 확대되면서 군사문제에 관한 연구가 활발해지고, 군사문제의 중요성이 부각됨에 따라 정책의 수단으로서의 전쟁철학, 특정 전쟁형태의 전략, 군대의 사회적 위상에 관한 이론, 억제이론, 군사경제학, 전쟁의 원인 및 사회발전에 있어서의 전쟁의 역할 등에 관한 중요성이 대두되었다. 그 결과 군사이론의 구조는 최소한 ① 전쟁이란 무엇인가?(What is war?) ② 전쟁에서 어떻게 승리할 것인가?(How is war to be won?) ③ 전쟁 준비를 어떻게 할 것인가?(How should war be prepared for?)에 대한 질문에 해답을 요구하고 있다. 또한, 핵무기의 출현에 따라 억제이론과 억제전략을 포함시켜야 하는 현대적 요구에 부응하기 위해서는 "어떻게 전쟁을 방지할 것인가?(How can war be prevented?)"에 대해서도 해답을 제시해야 한다.

위에서 살펴본 "전쟁이란 무엇인가?"라는 질문은 결국 전쟁의 원인과 성격 그리고 전쟁형태의 분석과 전쟁의 사회적 결과에 대한 연구, 전쟁에 영

---

[3] Carl von Clausewitz, *ON WAR*, Edited and Translated by Michael Howard and Peter Paret(Princeton, New Jersey : Princeton University Press, 1989), p.141.

향을 미치는 사회적 요소의 연구, 그리고 여러 가지 형태의 전쟁 발발(勃發)을 방지하는데 수반된 문제점의 분석에 관한 것이다.

"전쟁에서 어떻게 승리할 것인가?"라는 질문은 전략·작전술·전술 등 용병술에 관한 사항과 전쟁 수행을 위한 군수체계 및 군사기술의 발전, 그리고 군대의 조직 및 교육훈련의 문제에 관한 것이다.

"전쟁 준비를 어떻게 할 것인가?"에 관한 질문은 군사교리의 형성에 관련된 사항으로서 미래전의 개념과 이에 관련된 정치와 군사전략, 그리고 전쟁에 대비한 국가적 정책과 군대의 훈련 등을 포함한다. 이상의 3가지 기본적 질문들을 군사력 중심의 분석 틀에 넣어서 다른 형식으로 표현하자면, ① 군사력이란 무엇인가? ② 전·평시 군사력을 어떻게 효과적으로 사용할 것인가? ③ 군사력의 효과적 사용을 위하여 우리는 어떻게 준비할 것인가에 대한 해답을 제시해야 한다. 이는 오늘날 각 국가가 자국의 최상위 군사교리로 정립하고 있는 『군사기본교리』의 주요 내용과 같은 맥락이다.

1) 군사이론체계에서의 군사교리

군사이론의 범주는 군사전략, 작전술, 전술 등 용병분야 뿐만 아니라 이를 효과적으로 지원하기 위한 군제(軍制), 군사과학, 교육훈련, 군수지원, 인사 및 체계관리 등 관리지원분야 그리고 정치, 경제, 사회, 심리 등 제반 국력 요소와 군사지리, 군사사학 등이 광범위하게 포함한다.[4] 즉 군사이론은 군사학(military art and science)의 범주로서 전쟁의 본질 및 수준 등 전쟁 관련 이론과 전략, 작전술, 전술 등 용병술을 포함한 지식체계를 말하며, 군사교리는 군사이론을 내면화하고 행동으로 옮기는 행동체계를 말한다.

4) 육군교육사령부, 『군사이론연구(용병체계 중심)』(대전 : 육군교육사령부, 1987), pp.18~19.

[그림 Ⅰ-1] 군사이론체계에서의 군사교리

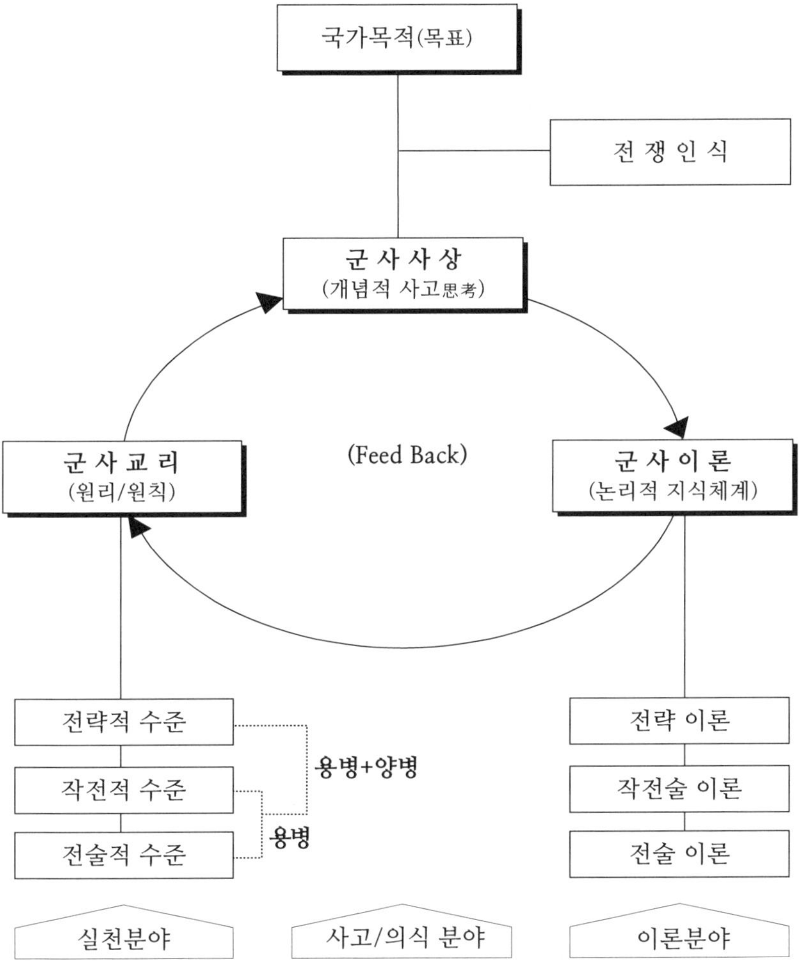

국가목적(목표)

전 쟁 인 식

군 사 사 상
(개념적 사고思考)

군 사 교 리
(원리/원칙)

(Feed Back)

군 사 이 론
(논리적 지식체계)

전략적 수준
작전적 수준
전술적 수준

용병+양병
용병

전략 이론
작전술 이론
전술 이론

실천분야
사고/의식 분야
이론분야

* 출처 : 「군사기본교리(초안)」(1994), pp.7~8의 내용을 토대로 작성.

군사사상과 군사이론, 군사교리와의 관계를 살펴보면, [그림 Ⅰ-1]에서 보는 바와 같이 이들은 상호보완적이고 유기적으로 작용하며, 순환적 관계를 이루고 있다. [그림 Ⅰ-1]에서 보는 바와 같이, 군사사상은 전쟁에 대한 올바른 인식을 토대로 '전쟁을 어떻게 준비하고 지도하며 수행할 것인가?'에 대한 의지적 측면으로서의 전쟁지도 및 수행개념과 이를 바탕으로 한 군사력 건설 및 운용에 관한 개념적 사고(思考)분야로서 군사이론과 군사교리의 사상적 기조(基調)를 제공한다.

군사이론은 군사문제에 관한 주장, 관념, 사고의 영역으로서 군사사상을 논리적으로 규명하여 이론적으로 체계화함으로써 지식의 단계로까지 구체화한 논리적 지식체계이다. 즉 군사이론은 전쟁의 원인과 결과를 분석하여 법칙성을 도출해 낸 논리적 지식체계로서 국가목표 달성에 기여하기 위한 군사력의 역할, 운용, 발전, 유지 및 지원과 이에 관련된 국방요소 간의 상호관계를 규명하며, 용병과 양병 문제를 주요 대상으로 하고 있다.

군사교리는 군사사상과 군사이론을 한 국가의 국가목적, 국가목표, 국가안보목표, 전쟁환경 등 특정 상황과 조건에 맞도록 구체화하여 국가의 권위 있는 기관에 의하여 공식적으로 채택된 실질적인 군사행동의 지침으로 공식화한 용병과 양병의 기본적인 원리와 원칙이다. 따라서 군사사상, 군사이론 및 군사교리는 상호보완적이고 유기적으로 작용하며, 군사사상을 모체로 하여 군사이론이 구체화 되고, 군사이론이 권위 있는 기관에 의해 군사교리로 채택됨으로써 순환적 관계(feed back)를 갖고 있다.

2) 전쟁의 본질 및 수준

국가가 군사력을 보유하는 궁극적인 목적은 국가의 생존과 번영을 위하여 전쟁을 억제하고, 억제 실패 시에는 전쟁에서 승리하기 위한 국력의 수단으로 사용하는데 있다. 합동참모본부에서 발간한 『군사기본교리』(2014)에 의하면, "전쟁은 상호 대립하는 2개 이상의 국가 또는 이에 준하는 집단이 정치적 목적을 달성하기 위해서 자신의 의지를 상대방에게 강요하는 조직적인 폭력행위이며 대규모의 지속적인 전투"라고 정의하고 있다. 전쟁이란 외교적 수단을 이용하여 분쟁을 해결하는 데 실패하는 경우에 발생할 수 있다. 일부 철학자들은 전쟁을 인간 본능의 연장선으로 인식하였다.

토머스 홉스(Thomas Hobbes, 1588~1679)는 인간은 본성적으로 개인의 이익, 안전 그리고 명성을 획득하기 위해 투쟁한다고 주장하였다.

투키디데스(Thucydides, B.C.460~B.C.400년경)는 두려움, 명예 그리고 이익이 국가 간 분쟁의 공통 원인이라고 거의 같은 내용을 순서만 다르게 기술하고 있다.[5]

클라우제비츠는 『전쟁론』(1832)에서 "전쟁은 우리의 의지를 실현하기 위해 적에게 굴복을 강요하는 물리적 폭력행위"라고 정의하였다. 여기서 폭력, 즉 물리적 폭력은 수단(means)이며, 적에게 우리의 의지를 실현키 위해 굴복을 강요하는 것이 목적(object)이다. 또한 클라우제비츠는 "전쟁이란 하나의 정책행위에 지나지 않는 것이 아니라, 진정한 하나의 정치적 도구로서 다른 수단에 의해 이루어지는 정책의 연속"이라고 함으로써 한 국가의 정책목표 달성을 위한 수단으로 전쟁이 수행된다고 주장하였다. 클라우제비츠는 전쟁이 국민, 군대, 정부 등 3요소를 구성하는 주요 행위자들과 연결된 힘의 3요소, 즉 감성(emotion), 기회(chance), 이성(reason)의 변화하는 상호작용에 의해 특징지어진다고 믿었으며, 전쟁의 수행에는 마찰(friction), 기회(chance), 불확실성(uncertainty)이 결합된다고 하였다. 때때로 이러한 변수들이 결합되어 "전쟁의 안개(the fog of war)"를 유발한다는 것이다.[6] 이와 같은 관찰은 오늘날에도 진리로 남아 있으며, 지휘관들에게 기회를 포착하고 취약점을 감소시키기 위해 실시간의 즉응성, 융통성, 적응성을 유지해야 하는 부담을 주고 있다.

손자(孫子, B.C.6~5세기경)에 따르면, 전쟁은 "국가의 존망에 대한 중대사, 삶 혹은 죽음의 영역, 생존 또는 파멸에 이르는 길"이라고 했다. 전쟁의 본질적 요소를 평가하는 데 있어서 손자는 정신적 영향, 기상, 지형, 지휘 그

5) Joint Chiefs of Staff of the United States, *Doctrine for the Armed Forces of the United States* (Joint Publication 1, 2013. 3. 25.), p.I-2.

6) *Ibid.*, p.I-3.

리고 교리라는 5가지의 기본 요소를 통해 전쟁을 분석하도록 제안하고 있다. 손자는 더 나아가 "전쟁에서 가장 중요한 것은 적의 전략을 공격하는 것"이라고 단정하고 있다.

『옥스퍼드 영어사전(*Oxford English Dictionary*)』에 따르면, 전쟁은 "민족, 국가, 통치자들 또는 동일한 민족이나 국가 내의 당파 간에 수행되는 무장세력(armed force)에 의한 적대적 투쟁"[7]으로 정의하고 있다.

이처럼 전쟁은 인간의 역사와 함께 존재해 왔으며, 과학기술의 발달에 따라 무기체계 및 정보자산이 급속도로 발전하였고, 그 결과로 전쟁의 수준도 세분화 되었다.

전쟁(Warfare)의 수준은 전쟁을 수행하는 주체별로 담당해야 할 영역과 수행해야 할 과업을 용병술체계에 따라 구분하는 것으로서, [그림 Ⅰ-2]에서 보는 바와 같이 전략적(strategic), 작전적(operational), 전술적(tactical) 수준으로 나누어진다. 이러한 전쟁의 수준은 과거에는 지휘관의 계급이나 부대의 규모 등에 따라 구분하기도 하였고, 첨단 정밀무기체계의 발달에 따라 사용되는 특정 무기 또는 공격하는 표적을 기준으로 구분하였으나, 최근에는 공격을 통하여 달성하고자 하는 효과를 기준으로 구분한다. 예컨대, 공군의 F-15K 전투기를 운용할 경우를 상정해 보자. 즉 F-15 전투기를 투입하여 지상의 표적을 공격할 경우에, 표적이 무엇인가와 공격을 통하여 얻고자 하는 효과(결과)가 '전략적 수준인가?' 또는 '작전적 수준인가?' 또는 '전술적 수준인가?'에 따라 임무의 성격과 수준이 결정된다는 것이다.

전쟁의 수준과 다양한 형태의 수행방법은 구체적인 군사행동으로 표현되지만 궁극적으로는 전쟁의 전략적 수준, 작전적 수준, 전술적 수준의 군사행동들을 국가정책의 달성으로 연결시켜 준다.

---

7) *Oxford English Dictionary*, War, http://dictionary.oed.com(검색일: 2018. 10. 2.)

[그림 Ⅰ-2] 전쟁의 수준

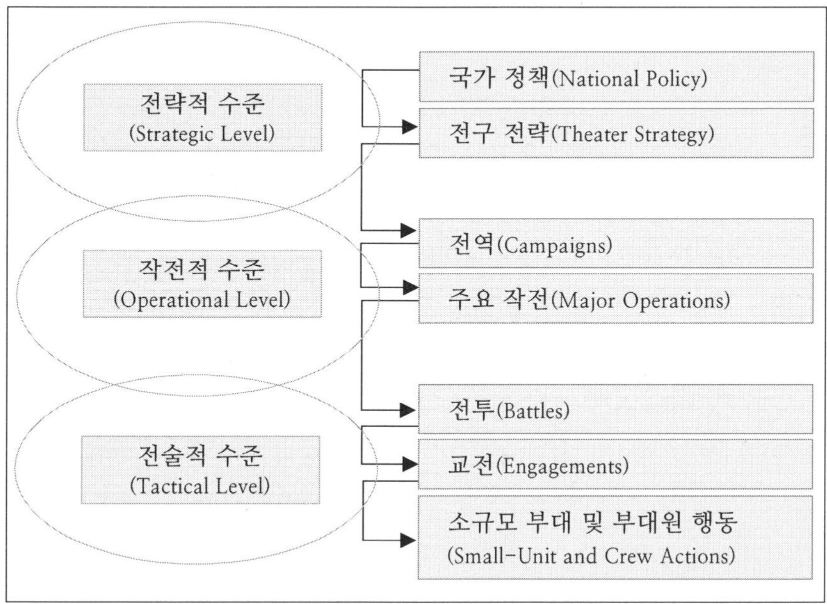

* 출처 : *Doctrine for the Armed Forces of the United States* (2013), p.12.

전쟁의 전략적 수준은 국가전략목표 달성을 지원하기 위하여 국가적 차원에서 전쟁을 기획하고 지도하며 자원과 수단을 준비하는 활동으로서, 국가전략적 수준[8)]과 군사전략적 수준[9)]으로 구분하여 수행된다. 전쟁의 전략적 수준에서 나타나는 효과는 일반적으로 적의 전쟁수행 능력과 교전 능력에 영향을 미친다. 전략적 효과는 적의 중심(重心, center of gravity)을 무력화시켜야 한다. 전쟁의 전략적 수준에서는 우리가 왜(why?) 그리고 무엇을 가

---

8) 국가전략적 수준의 활동은 전쟁 수행 및 지도기구가 주관이 되어 전쟁의 목적을 설정하고, 전쟁 수행개념을 구상하여 전쟁 수행을 지도하며, 국제협력과 국가동원을 보장하는 것이다. 또한 정부의 각 부처와 기관에 과업을 부여하고, 정부 부처와 기관의 모든 노력이 전쟁목적 달성에 기여할 수 있도록 조정, 통제하는 것이다.

9) 군사전략적 수준의 활동은 국방장관과 합동참모의장이 군사력 운용을 위한 전략지침과 전략목표를 수립하여 하달하고 군사력 운용을 지도한다.

지고(with what) 싸우는지, 적이 왜(why?) 우리와 싸우는지에 관한 문제를 다룬다.[10)]

전쟁의 작전적 수준은 전략목표 달성을 지원하기 위하여 군사작전을 계획하고 시행함으로써 전략지침을 군사작전으로 전환하고, 전술부대에 대한 행정 및 군수를 지원하고 전술적 성공을 보장하기 위한 수단을 제공하는 등 전술활동을 조직하고 지도함으로써 전략적 수준과 전술적 수준을 연계시키는 활동이다. 작전적 수준에서는 작전술(operational art)[11)]을 적용하여 전구(theater) 또는 작전지역 내에서 전략적 목표를 달성하기 위해 전역(campaign)과 주요 작전을 설계, 기획, 수행, 유지, 평가, 조정한다. 이러한 군사활동은 시간적 또는 공간적으로 전술보다는 더 넓은 차원을 다룬다. 전쟁의 작전적 수준에서는 우리가 어떤 방책으로, 어떤 순서로, 얼마 동안에, 어떤 자원을 가지고 무엇에 영향을 미칠 것인지에 관한 문제를 다룬다.

전쟁의 전술적 수준은 작전목표 달성을 지원하기 위하여 전술부대가 전투(Combat)나 교전(engagement)[12)] 또는 기타 활동을 계획하고 수행하며 평가하는 활동이다. 전술적 수준에서는 주어진 군사목표를 달성하기 위하여 적 또는 아군 부대의 상황에 따라 전투력을 질서 있게 배치하고 기동하는데 중점을 둔다. 그러므로 지휘관과 참모는 교전을 포함한 전투가 전역과 주요 작전에 직간접적으로 기여할 수 있도록 교전과 또 다른 교전, 교전과 전투, 전투와 또 다른 전투 간에 상호 연계성을 유지하도록 해야 한다. 전쟁의 전술적

---

10) United States Air Force HQ, *Air Force Basic Doctrine, Organization, and Command* (Washington D.C. : United States Air Force HQ, 2011), p.25.

11) 작전술은 전략지침에 대한 명확한 이해를 기초로 전역(Campaign) 및 주요 작전을 계획하고 시행함으로써 전략지침을 군사작전으로 전환하며, 전투를 연속적·동시적으로 조직하고 전투를 위한 유리한 여건 조성과 전술적 성과의 확대 등을 통해 전술활동을 조직 및 지도함으로써 전략과 전술을 연계시키는 역할을 수행한다.

12) 교전(Engagement)은 적과의 접촉상태에서 이루어지는 공격 행동 또는 적대행위로서 소부대가 참가하는 비교적 단기간의 전투를 말하며, 전투(Combat)는 일련의 연계된 교전으로 이루어진다. 따라서 전투는 교전보다 장기간 지속되고 대규모 부대가 투입되며, 통상 전역과 주요 작전의 수행에 영향을 미친다.

수준에서는 우리가 '어떻게 싸워야 하는가?'의 문제를 중점적으로 다룬다.

3) 용병술

용병술(用兵術, military art)은 전략, 작전술, 전술을 총칭하는 용어로 사용한다. 용병술이란 원래의 뜻은 주어진 수단, 즉 무장되고 장비된 전투력을 투쟁에 사용하는 술(術)로서 전쟁술(art of war)이라고도 한다. 이러한 의미의 용병술은 전쟁수행(conduct of war)이라는 명칭이 가장 적합하다. 이에 반하여 광의의 용병술은 전쟁을 위한 모든 활동이 여기에 속한다. 따라서 군사력을 창설하는데 필요한 전반적인 활동, 즉 징병(raising), 무장, 장비 및 훈련이 이에 속한다. 협의의 용병술은 전략과 전술로 구분되었으며, 전술이란 전투에 있어서 군사력을 사용하는 것을 말하고, 전략이란 전쟁의 목적을 달성하기 위해서 전투를 사용하는 것을 말한다. 이는 클라우제비츠가 『전쟁론』(1832)을 집필할 당시의 개념 구분으로서, 통상 용병술이란 협의의 의미로 사용된다.

오늘날 광의의 의미로 사용되고 있는 용병술은 "전쟁을 준비하고 수행하는 제반 활동으로서, 국가안보목표를 달성하기 위한 군사전략, 작전술 및 전술을 망라한 이론과 실제"[13]를 말한다. 용병술체계란 "국가목표를 달성하기 위하여 국가 통수권자로부터 전투부대에 이르기까지 군사력을 운용하는 군사전략, 작전술, 전술의 계층적 연관체계"를 말한다. 클라우제비츠는 용병술을 협의의 개념으로 사용하여 "전쟁수행의 이론" 또는 "군사력 운용의 이론"으로 보고, 전략과 전술로 구분하였다. 용병술을 광의의 개념으로 사용하여, 국가전략과 연관시켜 생각해야 한다고 주장하는 학자도 있다. 그 이유는 나폴레옹전쟁을 기초로 하여 만든 『전쟁론』(1832)의 제약인데, 그 후 과학기술의 발달과 산업사회의 등장으로 전쟁 규모의 확대와 복

13) 합동참모본부, 『군사기본교리』(서울 : 합동참모본부, 2014), p.331.

잡성 그리고 장기화는 전쟁에 대한 문제를 용병술에만 국한시킬 수 없었고, 경제·심리·정치적 분야까지 고려해야 하는 전면전쟁으로 변했기 때문이라고 지적한다. 따라서 용병술이란 "국가전략의 개념에 입각하여 전쟁을 준비하고 수행하는 활동으로서 국가목적 달성을 위한 군사전략, 작전술, 전술에 대한 이론체계"[14]로 확대된 광의의 개념으로 이해해야 한다는 것이다.

군사전략은 국가안보전략의 하위 개념으로서 국가목표 또는 국방목표를 달성하기 위하여 군사력을 건설하고 운용하기 위한 술(art)과 과학(science)이다. 즉 군사전략은 국력의 여러 요소 중에서 군사력을 사용하여 전쟁에서 승리를 달성할 수 있는 방법을 모색하는 과정이며, 군사전략의 수립, 자원의 할당, 군사력의 사용조건 제시, 전쟁계획 발전 등의 임무를 수행한다. 또한 전쟁 전반에 대하여 다루며 작전술을 통해 전쟁목표를 달성한다. 현존하는 전략과 관련된 문헌은 전략에 대하여 다양한 정의를 담고 있다. 클라우제비츠는 전략을 '전쟁의 목적을 달성하기 위해 교전(交戰)을 사용하는 것'이라고 했고, 그레이(Colin S. Gray, 1943~)는 '정책의 목표를 위해 무력 또는 무력사용의 위협을 활용하는 것'이라고 했으며, 앙드레 보프르(André Beaufre, 1902~1975)는 '대적하는 두 의지가 분쟁을 해결하기 위해 무력을 사용하는 변증법적 술(術)'이라고 정의함으로써 교전자 간의 역동적인 상호작용을 강조하였다. 데이비드 J. 론스데일(David J. Lonsdale, 1944~)은 클라우제비츠와 그레이, 앙드레 보프르의 정의에 기초하여 '전략이란 정책목표를 달성하기 위해 지능 있는 적들에 맞서 군사력을 사용하는 술'이라고 하였다.

한편, 이종학·길병옥은 『군사학개론』(2009)에서 군사전략이란 "국가목적을 달성하기 위해 전·평시를 막론하고 군대를 건설·유지하며, 전쟁을 준비하고 군대를 사용하는 기술"이라고 정의한다. 이러한 군사전략이 학문적으로 다루어야 하는 이론영역으로는 "① 무력전을 지배하는 일반적 여러 방책, ② 미래전쟁의 상황과 성격, ③ 국가·국군의 전쟁 준비의 이론적 원

14) 이종학·길병옥, 『군사학 개론』(대전 : 충남대학교 출판부, 2009), p.18.

칙과 전쟁계획의 여러 원칙, ④ 국군의 각 군종(육·해·공군)과 그 전략적 운용의 기초, ⑤ 무력전 수행의 여러 방책, ⑥ 무력전에 대한 물질적·산업기술적 기초, ⑦ 국군의 지도 및 일반 전쟁수행의 여러 원칙, ⑧ 잠재적 적국의 전략적 여러 견해"를 들고 있다.

작전술은 군사전략의 하위개념으로서 군사전략목표를 달성할 수 있도록 전역(campaign) 또는 주요 작전을 구상하고, 군사력을 조직하고 운영하기 위해 숙련된 능력과 지식, 경험을 창의적으로 적용하는 것을 말한다. 작전술은 전략과 전술의 중간 영역으로서 "어떻게 싸울 것인가?"를 구상하고 실제 작전을 수행한다. 즉 작전술은 작전구상을 통해 군사작전 수행의 시기, 장소, 목적, 조건과 방법을 결정하며, 전략목표 달성을 위해 부대의 전개, 부대의 투입과 철수, 일련의 성공적인 전술적 행동을 통제하는 실질적인 군사력 운용분야이다. 이종학·길병옥은 작전술이란 "군사전략에 입각하여 작전의 계획단계로 전략과 전술의 중간 단계이다. 즉 합동참모본부에서 '한국의 군사전략'이 수립되고, 그것에 입각하여 각 군 본부에서 군사전략이 수립되면, 육군에서는 야전군 사령부, 해·공군에서는 작전사령부에서 작전계획을 수립하는데, 이 작전계획의 수립·지도가 작전술의 영역이고, 작전계획에 입각하여 예하부대가 전투를 실시하는 것이 전술"[15]의 영역이라고 주장한다.

전술은 작전술의 하위 개념으로서 가용한 전투력을 통합하고 적을 격멸하기 위하여 전투 또는 교전에서 적용하는 제반 조치와 군사활동을 말한다. 전술은 전투와 교전에서 승리하는 술(術)이며 실제적인 군사활동을 통해 승리를 모색하는 전투의 영역이다. 간략히 이야기 하면 전술이란 전장에서 전투의 실행방법이라고 할 수 있으며, 용병술의 영역을 개념적으로 간략하게 요약한다면, 군사전략은 구상의 단계요, 작전술은 계획의 단계이며, 전술은 실행의 단계라고 설명할 수 있다.

---

15) 상게서, p.19.

4) 전쟁의 수준과 용병술체계

앞에서 살펴본 용병술의 전략, 작전술, 전술은 상호 밀접하게 연관되어 있으며, 그 영역과 한계는 일부 중복되어 [그림 Ⅰ-3]에서 보는 바와 같이, 칼로 두부를 자르듯이 명확하게 선을 그을 수는 없다.

[그림 Ⅰ-3] 전쟁의 수준과 용병술체계의 상관관계

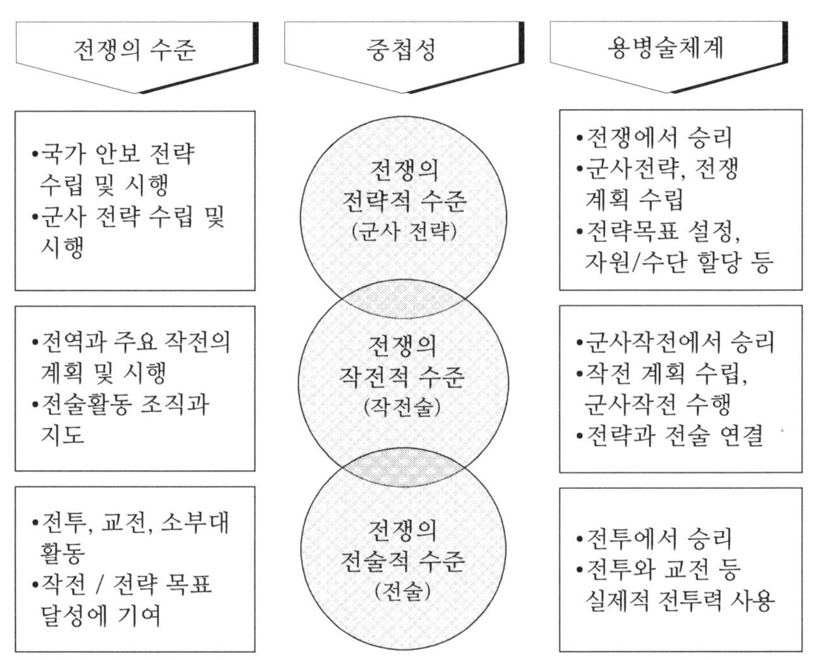

[그림 Ⅰ-3]에서 보는 바와 같이, 전략이 전쟁에서 승리를 창출하는 분야이고, 전술이 전투를 수행하는 분야라면, 작전술은 그 연결고리로서 전략을 군사작전으로 전환하는 실질적인 작전 구상 및 수행분야라고 할 수 있다. 이와 같이, 전쟁의 수준을 구분하는 것은 국가전략목표를 구체화시키고, 전쟁의 수준별 활동을 연계시키며 각종 기획 및 작전계획의 수립을 보

다 용이하게 함으로써 전쟁을 효과적으로 준비하고 수행하기 위한 것이다.

용병술체계는 국가통수기구로부터 전투부대에 이르기까지 군사력을 효율적으로 운용하기 위한 계층적 연관관계로서 전략, 작전술, 전술로 나누어지나, 명확히 구분되지 않고 이들 간에는 상호 중첩된 영역이 있다. 군사전략은 목표를 제시함으로써 전쟁 수행의 방향을 결정해 주며, 작전술은 전략이 제시해 준 목표와 방향에 따라 작전계획을 수립하고 작전을 수행한다. 이러한 작전계획을 전술에 적용하여 전투에서 승리함으로써 궁극적으로는 전략목표를 달성하게 된다.

따라서 전쟁의 수준과 용병술체계는 상호 밀접한 연관성을 갖고 있으며, 이를 상호보완적이고 효율적으로 구사함으로써 군사력 운용의 시너지 효과(synergy effect)를 창출할 수 있다. 이와 같은 맥락에서 군사력을 운용하는 군사교리도 전략적 수준의 교리, 작전적 수준의 교리, 전술적 수준의 교리로 구분하여 발간하고 있다.

2. 군사교리란 무엇인가?

1) 교리의 어원(語源)

교리는 경험으로부터 도출된 철학과 지식의 총체로서 발전되어 왔다. 영어의 독트린(doctrine)이라는 용어는 라틴어의 'doctrina'에 뿌리를 두고 있으며, 그 의미는 '가르치는 것(teaching)'이다. 가르치는 행위 자체를 의미하는 'doctrina'는 '무엇을 가르칠 것인가?'라는 내용 중심으로 초점이 전환되어 'doctrine'으로 정착되었다. 더 잘 가르치기 위해서는 더 좋은 내용이어야 하며, 더 좋은 내용이란 가르치는 사람이 보편타당한 불변의 진리라고 믿는 것들이다. 이러한 일반적인 교리의 의미는 〈표 Ⅰ-1〉에서 보는 바와 같이, 철학적 진리로서의 교리, 종교계에서는 믿음의 본체로서의 교리, 정치적으로는 정책의 기조로서의 교리, 이데올로기(ideology)로서의 교리 등 다양한 의미로 사용하고 있다.

〈표 Ⅰ-1〉 교리의 일반적 개념

구 분	내 용
철학적	사상의 근거를 이루는 명제
종교적	신앙내용의 진리로써 공인된 신념, 교조
정치적	정부의 공식적인 정책에 대한 선언
이데올로기적	사회발전을 지배하는 지도원리, 주의(主義)
공통 의미	인간의 행동을 지도하는 원리와 원칙

고대의 철학자들은 일반적으로 사상의 근간을 나타내는 명제를 '교리'라는 용어로 사용하였다. 그 후 교리라는 용어는 주로 신앙의 진리로서 공인되어 있는 교의(教義)[16] 또는 교조(教條)[17]라는 뜻으로 사용되었다. 그리고

'주의나 사상의 핵심 원리'라는 뜻으로 사용되었으며, 보다 광의의 개념으로는 뚜렷한 권위가 있는 주의(主義)의 선언이나 정책도 교리의 일종으로 보았다. 예컨대, 1947년 3월 트루먼 대통령이 미 의회에서 선언한 트루먼 독트린(Truman Doctrine)[18]과 1969년 7월에 미국의 닉슨 대통령이 괌에서 밝힌 닉슨 독트린(Nixon Doctrine)[19] 등이 있다.

오늘날에는 어떤 일을 할 때, 그것을 합리적이고 효율적으로 수행하기 위해 행동을 지도해 주는 원리와 원칙을 교리라고 말한다. 즉 교리란 인간이 어떠한 행동을 지도하는 원리와 원칙 또는 필수적으로 가르쳐야 할 지도원리라고 할 수 있다.

---

16) 교의(教義)란 어떤 종교에서 진리라고 믿는 가르침을 말한다.

17) 교조(教條)란 종교상의 신조를 말한다.

18) 1947년 3월 미국 대통령 H.S.트루먼이 의회에서 선언한 미국외교정책에 관한 원칙으로서, 주요 내용은 공산주의 세력의 확대를 저지하기 위하여 자유와 독립의 유지에 노력하며, 소수자의 정부지배를 거부하는 의사를 가진 여러 나라에 대하여 군사적·경제적 원조를 제공한다는 것이었다. 이 원칙에 입각하여 당시 공산세력으로 인하여 직접적인 위협에 직면하고 있던 그리스와 터키의 반공(反共) 정부에 대하여 미국의 경제적·군사적 원조가 제공되었다. 이 원칙은 그 후 미국 외교정책의 기조가 되었으며, 유럽부흥계획과 북대서양조약으로써 구체화 되어 갔다.

19) 미국의 리처드 닉슨(Richard Nixon) 대통령이 1969년 7월 25일 해외 순방 중 괌에서 발표한 대외 안전보장책의 하나로, 아시아에 대한 새로운 안보전략이다. 발표된 곳의 지명을 따서 괌 독트린(Guam Doctrine)이라고도 불린다. 1960년대의 미국과 소련을 중심으로 한 동서냉전체제는 1970년을 전후해서 자유진영과 공산진영 간에 평화공존체제가 형성되기 시작하였다. 이러한 국제정세 변화는 닉슨 행정부의 등장과 함께 급속히 진전되어 닉슨 독트린이 발표되기에 이르렀다. 1970년 2월 닉슨은 국회에 외교교서를 보내어 닉슨 독트린을 세계 만방에 알렸으며, 그 주요 내용은 아시아 각국이 스스로 안보를 책임질 수 있어야 하고, 미국은 다만 동맹국이나 중요한 관계가 있는 국가들에 핵우산을 제공한다는 것이었다. 미국은 월남전의 개입 실패와 국제적 데탕트 무드에 따라 가능한 한 국제적 분쟁에 개입을 하지 않고, 이미 약화된 미국의 군사적 부담을 경감하고자 하였다. 닉슨 독트린은 아시아 방위책임을 일차적으로 아시아국가들 자체가 지게 하고, 미국은 핵우산을 제공함으로써 대소봉쇄전략을 추구한다는 것이다. 아시아 각국에 보다 축소된 역할만을 수행하려는 미국의 전략은 '베트남전의 베트남화(Vietnamization of the Vietnam War)'라는 표현으로 대표된다. 이에 따라 한국에 대해서도 '한국 안보의 한국화(Koreanization of Korea Security)'가 추진되었고, 미군 철수 및 감축은 미국과 한국 정부 간 갈등의 주요 원인이 되었다.

2) 군사교리의 개념 및 역할

교리의 개념이 광의로 사용되면서 군사교리가 탄생하였다. 군사교리는 전쟁을 통하여 끊임없이 발전되어 왔으며, 군사력을 운용하여 "어떻게 싸워 이길 것인가?"와 "어떻게 전쟁을 준비할 것인가?"에 대한 기본적인 원리와 원칙, 즉 양병과 용병에 대한 기본 원칙을 제공한다. 군사교리란 미래 안보환경 변화에 부합한 군사력의 건설과 운용에 관한 공식적인 기본원칙과 지침으로서 영구불변적인 것이 아니라, 변화하는 안보환경과 국제정세 그리고 국가의 사회적, 경제적, 기술적 수준과 능력의 변화에 따라 지속적으로 발전되고 변화되어야 한다.

1918년 4월 21일 세계에서 최초로 지상군으로부터 독립한 영국 공군의 『항공력 교리(*Air Power Doctrine*)』에 의하면, "전쟁의 심장부에는 항상 교리가 있다. 군사교리는 전쟁에서 승리를 쟁취하기 위해 중심이 되는 신념과 중심사상으로서 인원, 장비, 전술 등을 실전에 적용한 경험을 통해 강화된 믿음과 지식의 집합이다. 따라서 적용 시에는 건전한 판단이 기초가 되어야 한다."[20]고 기술하고 있다.

미국 합동참모본부에서 발간한 용어사전에 의하면, "군사력으로 국가목표 달성을 지원하기 위한 군사행동의 기본 원칙과 지침으로서 권위는 있으나 적용 시에는 판단이 요구된다."[21]고 명시하고 있다.

미 공군의 『공군기본교리 : 조직 및 지휘(*Air Force Basic Doctrine, Organization, and Command*)』에 의하면, "교리는 개인의 신념이 아니라 공식적으로 승인되거나 공동 비준된 것으로, 신중하게 개발되고 인가된 사상의 조합이다."[22]라고 기술함으로써 공식적인 기관에 의해 발간된다는 점을 강조하고 있다. 또한 "기본원칙은 현재까지의 경험을 기초로 하여 일을 처리하는 최적의

---

20) Royal Air Force, *Air Power Doctrine(AP 3000)*(London : Royal Air Force, 1993), p.7.

21) Joint Chiefs of Staff U.S.A., *Department of Defense Dictionary of Military and Associated Terms(JP 1-02)*(Washington D.C. : Joint Chiefs of Staff USA, 2010), p.93.

22) United States Air Force HQ(2011), *op.cit.*, p.1.

방법에 관하여 정확하다고 판단되는 것들이다."[23]고 기술함으로써 교리는 군사행동을 함에 있어 활동의 지침이지 정해진 규칙이 아니며, 특정한 방책을 권고할 수는 있지만 명령을 내리는 것은 아니라고 강조하고 있다.

영국과 미국의 군사교리에 대한 용어 정의를 살펴보면, 군사교리는 군사력을 운용하는데 있어서 가장 기본적이고 근본적인 원리와 원칙을 기술하고 있으나, 실제로 전장이나 훈련에 적용할 때에는 현지 상황에 가장 정통한 현장의 지휘관이 당시의 상황을 종합적으로 고려하여 건전한 판단에 따라 적용되어야 한다는 것이다.

한편, 한국군의 최상위 교리인 『군사기본교리』(1997)가 1997년도에 최초로 제정된 이후 세 차례의 개정을 통해 수정 발간되었으나, 군사교리에 관하여 가장 잘 설명하고 있는 교리는 최초 제정 교리인 『군사기본교리』(1997)이다. 『군사기본교리』(1997)에 따르면, "군사교리는 '군사'와 '교리'가 결합된 용어이다. 군사는 군대, 군비 및 전쟁 등에 관한 일로서 전쟁을 전제로 하여 평시에는 가장 합리적으로 군사력을 건설, 유지 및 관리하고, 유사시에는 준비된 군사력을 사용하여 당면한 국가적 위협을 배제하거나 국가목표를 달성하는 수단에 관한 것이며, 교리의 일반적인 의미는 어떤 사물을 운용하는데 필요한 원칙이나 지침으로, 권위 있는 기관에 의해 공식적으로 승인된 행동체계를 말한다. 그러므로 군사교리는 군사문제에 관한 원칙이나 원리로서 전쟁에 대한 인식을 토대로 이에 대비한 군사력의 건설, 유지 및 관리 그리고 군사력의 사용에 대하여 공식적으로 승인된 원칙과 행동지침이다."[24]고 정의하고 있다.

2014년 12월에 발간한 『합동·연합작전 군사용어사전』에 의하면, "군사력으로 국가목표를 달성하기 위하여 공식적으로 승인된 군사행동의 기본원칙과 지침. 권위는 있으나 적용 시에는 판단이 요구됨. 군사교리에는 합

---

23) *Ibid.*, p.1.

24) 합동참모본부(1997), 전게서, p.3.

동교리와 각 군 교리가 있음."[25]이라고 정의하고 있다. 또한 합동참모본부에서 발간한 『합동교리발전업무 훈령』(2012)에 의하면, "군사교리라 함은 군부대와 그 구성원들이 국가목표를 달성하기 위하여 적용해야 할 공식적으로 승인된 군사력 운용의 기본원칙과 행동이다."고 정의하고 있다.

이상을 종합해 보면 〈표 Ⅰ-2〉에서 보는 바와 같이, 군사교리란 군사력으로 국가목표 달성을 지원함에 있어 그 행동지침이 되는 공인된 기본원칙으로서 군사력 건설과 운용에 있어 지침을 제공해 주는 문서이며, 적용 시에는 주어진 여건과 상황에 따라 건전하고 적절한 판단을 필요로 한다.

〈표 Ⅰ-2〉 군사교리의 개념

구 분	내 용
내 용	군사력으로 국가목표 달성을 지원하는 기본 원칙으로서 군사력 건설 및 운용을 위한 기준과 원칙을 제시 ·평시 : 군사력을 어떻게 준비(養兵)하고 운용(用兵)할 것인가? ·전시 : 어떻게 싸워 이길 것인가?(用兵)
문서의 성격	공식 기관(정부, 군)에서 발행된 권위 있는 문서 ·군인의 성서, 성경, 불경과 같은 권위 있는 문서의 성격을 지님
교리의 적용	적용 시 건전한 판단 요구 : 융통성 부여
적용 대상	군부대와 그 구성원
종합 의미	전쟁에 대한 올바른 인식을 토대로 군부대와 그 구성원들에게 국방목표를 달성하기 위해 공식적으로 승인된 군사행동의 기본원칙과 행동지침으로서 권위는 있으나 적용 시에는 판단이 요구됨.

여기에서 중요한 것은 군사교리는 공인된 기본원칙이지만 적용 시에는 전장 상황에 따라 현장의 지휘관에 의해 적용할 수 있도록 '융통성'을 강조

---

25) 상게서, p.73.

하고 있다는 점이며, 평시에는 군사력을 "어떻게 준비하고 운용할 것인가?"에 대한 최선의 방법을 제시해 주고, 전시에는 적과 "어떻게 싸워서 이길 것인가?"에 대한 원칙을 제시해 주는 군인들에게 있어 종교인의 성서, 성경, 불경이라고도 할 수 있다.

다음은 군사교리의 역할을 살펴보도록 한다. 군에서 가장 많이 사용하고 있는 용어 중의 하나가 '교리'이다. 중요한 작전과 훈련을 할 때마다 지휘관들은 "교리에 입각해서…" 또는 "교리에 따라서…"라는 용어를 많이 사용하고 있다. 또한 어떤 지휘관은 "교리를 근거로…" 또는 "…교리대로 실시하라."는 용어를 사용하기도 한다. 이렇듯 군사교리는 군사력을 운용함에 있어서 매우 중요한 역할을 수행하고 있음은 주지의 사실이다. 군사교리의 역할은 주장하는 사람에 따라서 다양하나, 저자는 그동안의 교리발전업무의 실무경험을 바탕으로 다음과 같이 정리하고자 한다.

첫째, 군사교리는 구성원들에게 권위 있는 지침을 제공한다. 군사교리는 국가목표 달성을 지원하기 위한 모든 군사활동의 지침을 제공하는 기본적인 원리와 원칙들로 구성되어 있다. 따라서 구성원들에게 건전한 사고와 적절한 판단을 할 수 있도록 기본적인 지침과 원칙을 제공한다. 또한 지휘관의 결심을 지원하기 위한 일반화된 사고의 틀을 제공할 뿐만 아니라, 사고의 과정에서 요구되는 기본적인 원칙들-전쟁의 원칙, 군사작전의 원칙, 작전운용 중점 등-을 제시하여 창의적인 작전계획과 실천계획을 수립하는데 논리적인 판단근거를 제공한다.

둘째, 군사교리는 구성원들의 노력의 통일에 기여한다. 군사교리는 구성원들에게 음악의 악보와 같은 역할을 한다. 다양한 구성원들에게 군사력 운용에 관한 공통된 철학, 공통된 언어, 공통된 목적을 제공하여 공통된 생각을 갖도록 함으로써 노력의 통일을 도모한다. 예컨대, 구성원들에게 국가안전보장의 개념 및 목표, 국방목표, 군사력의 특성, 전쟁의 본질, 전쟁의 원칙 등을 상세하게 설명해 줌으로써 정체성을 확립해 주고, 군사력을 사용하는 행동의 근거와 원칙을 공유하도록 해서 노력의 통일을 달성한다.

셋째, 군사교리는 전쟁에서 승리할 수 있는 최상의 군사력 운용 원칙을 제공한다. 따라서 군사교리는 독선적이어서는 안 되며 상상력과 창의력이 부족하고 경직된 사고를 주도해서도 안 된다. 군사교리는 전쟁에서 군사력을 운용하는 방법에 대한 집합이며, 구성원들이 수용할 수 있는 조언들을 제시하고 있다. 특히 군사교리는 군사작전의 지휘 및 통제, 작전계획 및 실행에 관한 기본적인 지침을 제시함으로써 적과 "어떻게 싸워 이길 것인가?"에 대한 기본지침을 제공한다. 이밖에도 군사교리는 교육 훈련을 위한 최선의 원칙을 제공하며, 군사력 운용에 대한 이해가 부족한 타 정부기관과 다국적군에게도 상호 이해의 기반을 제공하여 합동 및 연합작전의 효율성을 증진시킨다.

3) 군사교리의 수준

군사교리는 군사작전을 수행함에 있어서 군사력의 사용 방법과 지침을 제공한다. 즉 군사교리의 궁극적인 목적은 작전의 효율성을 증대시키는데 있다. 군사력을 운용하여 "어떻게 싸워 이길 것인가?"에 대한 사고의 기본틀을 제시하고, 구성원들에게 노력의 통일을 도모하여 작전을 효율적으로 수행하도록 한다.

미국은 월남전 패배의 원인을 찾던 중 용병술체계의 문제점을 식별하고 전략과 전술로 구분하여 사용되어 왔던 용병술체계에 작전술(operational art) 개념을 새롭게 포함하여 재정비하였다. 또한 공지전투(Air-Land Battle) 개념을 연구하여 기동과 화력을 상호 연계시켜서 항공력과 지상 기동전력으로 신속하게 적의 종심 깊은 곳에 전투력을 투사하는 새로운 전법(戰法)을 개발하였다. 이러한 일련의 사례들이 미군의 교리를 새롭게 발전시키는 역할을 수행하였으며, 전쟁의 수준(levels of war)과 용병술체계에 부합한 교리체계를 재정립하여 [그림 Ⅰ-4]에서 보는 바와 같이 전략적 수준의 교리, 작전적 수준의 교리, 전술적 수준의 교리로 정립하였다.

[그림 Ⅰ-4] 교리체계

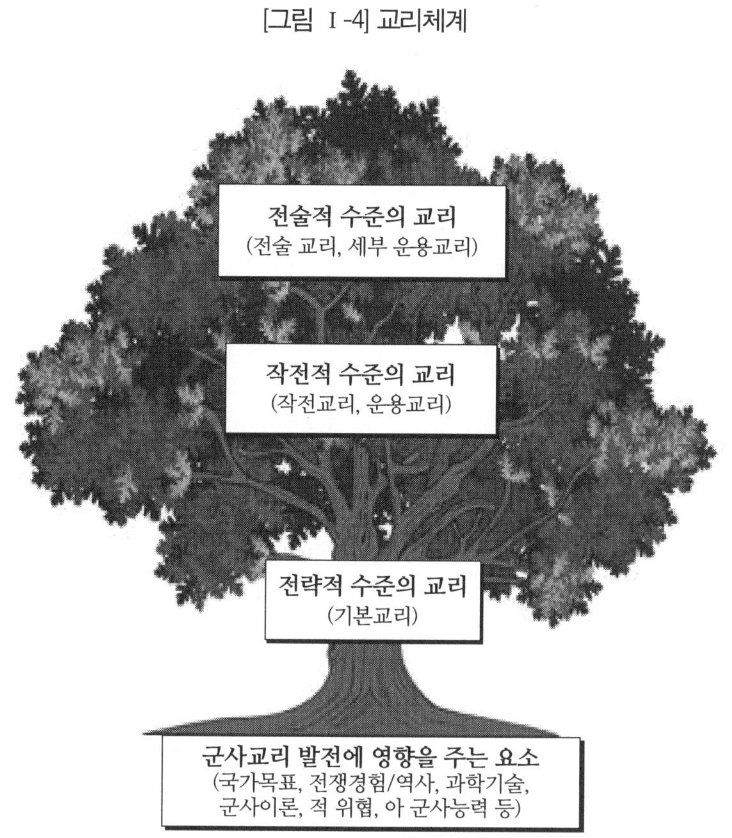

* 출처 : Dennis M. Drew, Donald M. Snow, *Making Strategy* (1988), p.171. 내용을 참조하여 저자가 작성하였음.

전략적 수준의 교리는 [그림 Ⅰ-4]에서 보는 바와 같이, 나무의 골격을 지탱해 주는 몸통에 해당한다. 즉 국가의 최상위 교리로서 통상 『군사기본교리』로 발간되며, 합동 및 연합교리, 육·해·공군의 교리발전을 위한 기반을 형성하기 때문에 그 범위는 넓고 그 개념은 추상적이다. 기본교리는 근본적으로 전쟁의 속성, 국가안전보장, 군사력의 유지 목적, 군사력과 다른 수단과의 관계 등에 관한 기본적인 원칙과 지침을 제공한다. 예컨대, "전쟁은 다른 수단에 의해서 행해지는 정책이다. 전쟁은 정책의 실패이다. 전쟁의 목적은 적의 적대 의지를 꺾는 것이다. 전쟁의 목적은 더 나은 상태의 평화이다."[26] 등과 같이 영속적인 성격과 군사력 건설 및 운용에 관하여 가장 기본적이고 지속적인 원리와 원칙을 제시한다.

작전적 수준의 교리는 [그림 I-4]에서 보는 바와 같이, 나무의 줄기에 해당하는 것으로 전략적 수준의 교리에서 제시하고 있는 원칙을 토대로, 주어진 환경 내에서 작전을 수행하기 위한 군사력 운용 원칙과 우선순위, 군사력 운용 중점 그리고 군사력 운용에 관한 작전 지침 등을 제시해 준다. 또한 지상전력, 해상전력, 공중 및 우주전력, 사이버전력 등 특정한 작전환경 조건에서 군사력 운용에 관한 원칙을 제공한다. 예컨대, 합동작전, 제공작전, 전략목표공격작전, 근접항공지원작전 등 작전형태별로 나누어 교리를 발간하고 있다.

전술적 수준의 교리는 [그림 I-4]에서 보는 바와 같이, 나무의 작은 가지와 잎에 해당하는 것으로 상위 교리인 전략적 수준, 작전적 수준의 원칙과 지침을 세분화하여 세부 군사목표를 달성하기 위해 요구되는 특정 무기체계의 전술, 전기(戰技), 운용지침, 절차 등을 제시해 준다. 예컨대, 공군의 경우에는 F-15K 전투기 운용전술, KF-16 공대공 전술 등 각 무기체계별 세부 운용지침을 수록한 것이 전술교리이다. 이와 같이 상호 연계성을 갖고 있는 군사교리는 국가목적 및 국가목표, 전쟁경험 및 역사, 과학기술, 군사이론, 적 위협, 군사능력 등 다양한 요소로부터 영향을 받아 끊임없이 발전한다.

---

26) Dennis M. Drew & Donald M. Snow, *MAKING STRATEGY : An Introduction to National Security Processes and Problems* (Alabama: Air University Press, 1988), p.168.

3. 군사교리 발전에 영향을 주는 요소

군사교리는 전쟁을 통하여 끊임없이 발전해 왔다. 첨단 과학기술의 발달과 용병술의 발전은 전쟁을 수행할 때마다 군사력을 운용하는 기본 지침인 군사교리의 발전을 지속적으로 요구해 왔다. 혹자는 무기체계의 발달이 군사교리를 선도한다고 말하고, 혹자는 이와는 반대로 군사교리가 무기체계를 선도한다고도 말한다. 이러한 논쟁은 '닭이 먼저냐? 계란이 먼저냐?'에 대하여 논쟁하는 것과 다를 바 없다. 그러나 분명한 사실은 과학기술의 발달 정도에 따라 무기체계와 군사교리가 상호 연관성을 갖고 하나의 생명체와 같이 지속적으로 보완되고 발전하는 과정을 거친다는 점이다.

군사교리 발전에 영향을 주는 요소에 대한 주장은 군사이론가 및 학자들에 따라, 또는 각 국의 국방여건에 따라 매우 다양하다.

스웨덴의 줄리안 라이더는 『군사이론』(1983)이라는 저서를 통해 군사문제의 사회·정치적 분석, 군사력 사용 이론, 군사정책의 선별된 제반 문제 등 3부(Part)로 나누어 제시하면서, 군사교리에 관한 사항을 제3부에서 기술하고 있다. 즉, 제3부에서 군사교리에 관한 서방의 논점(western debate)과 구소련의 교리, 그리고 군사정책에 관한 이론으로서의 군사교리의 개념과 문제를 제시하고 있다.[27] 특히, 군사교리는 정치적 목적을 위한 군사력의 사용에 관한 것으로 ① 장차전에 대한 개념(장차전에 대비하기 위한 국가와 군비의 수단과 방법, 전략, 교리), ② 전쟁을 예방하고 또한 전쟁을 수행하기 위한 군사력 사용의 개념, ③ 평시에 대외정책을 지원하기 위한 군사력 사용의 개념, ④ 대내 생활에 있어서의 군사력의 역할에 대한 개념 등을 포함해야 한다고 주장한다.

---

27) Julian Lider, *Military Theory : Concept, Structure, Problems* (England : Gower publishing company limited, 1983), pp.306~376.

미국의 베리 포젠(Barry R. Posen, 1952~)은 『군사교리의 원천(*The Sources of Military Doctrine*)』이라는 저서를 통해 "군사교리는 국가안보정책이나 대전략의 결정적인 요소이며, 대전략은 정치-군사, 수단-목적의 연결고리로서 한 국가가 자체의 안전보장을 이룩하기 위한 최선의 방법에 관한 이론"[28)]이라고 하였다. 이러한 관점에서, 양차(兩次) 세계대전 동안 프랑스와 영국, 독일의 전투력 운용사례를 분석하여 군사교리의 중요성과 1940년대 전투에 관하여 군사교리 측면에서 분석하고 있다. 특히 양차 대전의 전장에 적용된 독일의 전격전(電擊戰, Blitzkrieg)과 영국의 대공방어체계 그리고 실패사례 중의 하나였던 마지노선(Maginot Line) 구축 사례 등 프랑스의 수세적 교리에 역점을 두고 군사교리의 세 가지 관점-공세적, 수세적, 억제적 특성-에서 조직이론과 세력균형이론을 사용하여 분석하고 있다. 특히 군사교리의 중요성에 대하여 "한 체제 내에서 국가들에 의해 채택된 교리들은 국제정치 활동의 질(質)에 영향을 끼친다. 즉, 군사교리가 공세적이냐, 수세적이냐, 억제적이냐에 따라 군비경쟁과 전쟁의 가능성 그리고 위협의 강도 등에 영향을 미친다."고 하였다. 또한 "채택된 수단의 군사적, 정치적 적절성에 의하여 군사교리는 그것을 채택한 국가의 안전보장에 영향을 미친다."고 함으로써 군사교리의 중요성을 강조하고 있다.

미 워싱턴대학의 엘리자베스 키어(Elizabeth Kier, 1958~)는 『상상의 전쟁 : 양차 대전 사이의 영국과 프랑스의 군사교리(*Imagining War : French and British Military Doctrine between the Wars*)』에서 양차 대전을 통하여 프랑스와 영국의 군사교리 발전과정을 연구하여 군사조직은 본질적으로 공세적 교리를 선호한다고 주장한다. 또한 1차 세계대전의 교훈으로 인해 2차 세계대전은 공세적 교리보다는 수세적(방어적) 교리를 취하게 된다는 점을 강조하면서, 문화(culture)와 교리의 관계를 설명하고 있다.[29)] 특히 공세적 교리를 선택할 것인

---

28) Barry R. Posen, *The Sources of military doctrine : France, Britain, and Germany between the World Wars* (New York : Cornell University Press, 1986), p.13.

29) Elizabeth Kier, *IMAGINING WAR : French and British Military Doctrine between the Wars*

가, 수세적(방어적) 교리를 선택할 것인가를 결정하는 기준은 문화이며, 그 이유로 문화는 기본적으로 조직 구성원의 가치, 규범, 신념 그리고 공식적인 지식을 공유하고 있기 때문이라고 지적한다. 이 책은 군사교리의 구조 및 기능, 문화와 군사교리, 프랑스 군사교리에 대한 설명, 문화와 프랑스 군사교리, 영국 군사교리에 대한 설명, 문화와 영국 군사교리에 대하여 제시하고 있다.

미국의 드류(Dennis M. Drew, 1942~)와 스노우(Donald M. Snow, 1943~)는 『전략의 수립(*Making Strategy*)』이라는 저서를 통하여 군사교리란 무엇인가, 교리의 원천(source of doctrine), 교리발전의 문제, 교리의 유형 그리고 교리와 전략과의 관계 등에 관하여 제시하고 있다.[30] 그는 군사교리란 "우리가 군사업무를 가장 잘 수행하기 위한 방법에 대한 믿음이다. 더 짧게 말하면, 교리는 우리가 일을 하기 위한 최선의 방법에 대한 믿음"이라고 하였다. 또한 군사교리 발전에 있어서 가장 중요한 요소는 경험이라고 하였으며, 군사교리의 유형에는 기본교리, 환경적 교리, 조직교리가 있다고 하였다. 경험적인 측면을 강조한 것은 군사교리는 과거에 수행했던 전쟁을 통하여 성공적으로 적용한 군사력 운용개념을 문서로 정리해 놓은 것이라고 인식하기 때문이다. 즉, 과거의 성공적인 군사력 운용개념은 현재와 미래에도 연관성이 있을 것이라는 믿음이 있기 때문이다. 그러나 분명한 것은 과거의 성공적이었던 경험이 현재는 연관성이 있더라도 미래에는 연관성이 없을 수도 있으며, 현재에는 연관성이 없지만 미래에 연관성이 있을 수도 있다. 이처럼 군사교리는 끊임없이 성장하고 발전하는 것이다. 군사교리 중에서 과거의 전쟁교훈을 기초로 교리적 믿음으로 일반화한 것이 전쟁의 원칙(principles of war)이다. 그렇다고 교리가 단순히 전쟁경험의 결과만으로 발전된 것은 아니다. 스스로의 경험은 유용성의 한계를 갖기 때문에, 중요한 것은 경험한 역사를

(New Jersey : Princeton University Press, 1997), pp.21~38.

30) Dennis M. Drew & Donald M. Snow(1988), *op.cit.*, pp.163~174.

냉철하게 분석하여 그 속에 내재하고 있는 양면성을 정확히 분석하고 해석하는 것이다.

한편, 군사교리 발전에 영향을 주는 요소를 연구한 국내 학자들의 주장을 살펴보면, 이종학·길병옥은 『군사학개론』(2009)에서 "군사교리란 미래전의 성격에 관한 군사력의 건설과 발전방향, 전쟁목적과 국가의 사회적·경제적·기술적 및 군사적 능력에서 생겨나는 무력전의 방법과 형태 및 수행에 대한 공식적인 기본 원칙과 지침"으로 설명하고 있다. 또한 군사교리는 영구불변한 것이 아니라, 정세와 능력의 변화에 따라 언제나 발전하고 변화되어야 한다고 주장하면서, 군사교리 발전에 영향을 주는 요소에 대해 "군사교리는 경제적·기술적·군사적 요인과 그 때의 군사학(military art and science)을 기반으로 하여 작성되어야 한다. 또한 군사교리의 기본적인 주제는 건군(建軍)에 있어서의 주요한 방향의 책정, 미래전의 성격에 대한 견해의 통일, 국가의 방위 및 가상 적의 침략을 저지 혹은 격퇴를 위한 준비에 대해 결정을 해야 한다."[31]고 주장하고 있다. 박휘락은 『전쟁, 전략, 군사 입문』(2005)에서 "군사교리는 실전 경험, 타 국가의 전례(戰例), 훈련시의 적용결과 등을 통하여 그 타당성이 입증되어 전체 군대에 통일적으로 적용되고 있는 내용"[32]이라고 정의하면서 군사교리는 실전경험, 타 국가의 전쟁 사례, 훈련시의 적용 등을 통하여 발전되어야 한다고 주장한다.

이명환·이성만은 공저(共著)인 『항공우주시대 항공력 운용 : 이론과 실제』(2010)에서 군사교리에 대하여 "국가목표를 달성하기 위해 군사작전을 지도하는 근본적인 원칙"이라고 정의하고, 군사교리는 "전략적 수준으로부터 작전술 및 전술 수준을 망라하며, 전술 수준에 있어서 부대 편성과 작전을 지도하는 원칙들을 설정한다. 또한 전투를 승리로 이끌기 위한 전투수행과 행동의 지침을 제공한다."고 기술하고 있다. 그럼에도 불구하고 교리에 대

31) 이종학·길병옥(2009), 전게서, p.31.

32) 박휘락, 『전쟁, 전략, 군사 입문』(서울 : 법문사, 2005), pp.136~137.

한 이해가 부족하여 때로는 혼란스럽기까지 하다고 꼬집으면서 "① 군사업무를 수행할 때 가장 잘 수행하기 위한 방법에 대한 믿음, ② 국가목표를 달성하기 위해 국가적 여건을 고려하여 공식적인 군사행동의 지침으로 승인된 군사행동체계, ③ 국가목표를 달성하기 위해 공식적으로 승인된 군사행동의 기본원칙과 지침"[33] 등으로 설명하고, 군사교리 발전을 위한 원천으로 경험, 역사적 교훈을 들고 있다.

군사교리에 관한 단행본으로는 남보람의 『전쟁이론과 군사교리 : 군사-전쟁 현상의 이론적 탐구』(2011)가 유일하다. 그는 현실주의적 관점에서 군사와 전쟁 현상에 대한 이론적 접근을 시도하였다. 그는 군사교리에 대하여 "한 국가가 가진 군사력을 어떻게 사용할 것인가에 대한 일종의 색인(index) 역할을 해 왔다."고 강조하면서, 그 국가의 안보환경과 자국의 능력에 꼭 들어맞는 군사교리가 아니면, 유사시 자국의 안보에 도리어 해가 된다고 지적하고 있다.[34] 또한 저서(著書)에서 군사교리 발전에 영향을 미치는 요소에 대해 직접적으로 언급하고 있지는 않으나, 전쟁사를 통하여 군사교리가 발전하였음을 강조하고, 한국군의 군사교리 문제점으로 모방(模倣)전략의 한계를 지적하고 있다. 즉 한국군이 적용하고 있는 대부분의 교리는 미군의 교리를 모방한 관계로 한국군만의 독자적인 교리로 발전하지 못했다는 것이다. 아울러, 그는 저서에서 한국적 상황에 부합한 군사교리 발전을 위해서는 전략문화, 적의 위협, 한국군의 능력, 군사이론, 전쟁사(경험) 등에 관심을 가져야 한다고 주장하고 있다. 이상에서 살펴본 군사교리 발전에 영향을 주는 요소를 종합하면, 〈표 Ⅰ-3〉과 같다.

---

33) 이명환·이성만 외 공저, 『항공우주시대의 항공력 운용 : 이론과 실제』(서울 : 도서출판 오름, 2010), pp.82~83.

34) 남보람, 『전쟁이론과 군사교리 : 군사-전쟁현상의 이론적 탐구』(서울 : 지문당, 2011), p.160.

〈표 Ⅰ-3〉 군사교리 발전에 영향을 주는 요소 : 학자들의 주장

구 분	Julian Lider	B. R. Posen	Eliza-beth Kier	D. M. Drew, D. S. Snow	이종학, 길병옥	박휘락	이명환, 이성만	남보람
대전략		○						
정치체제		○						
정치이념	○							
국가재정(경제)	○				○			
역사적 전통	○							
경험(교훈)	○			○		○(○)	○	○
기 술		○			○			
군사사상/이론	○							○
군사학					○			
한국군의 능력								○
문화(전략문화)			○					○
훈련/연습 결과						○		
적 능력(위협)		○						○
적의 군사교리	○							
지리적 영향		○						
군사적 요인					○			
군간(軍間) 경쟁	○							

한편, 미 공군에서 발간한 공군기본교리는 교리 발전에 영향을 미치는 요소, 즉 교리의 원천(sources of doctrine)에 대하여 이론(theory), 경험(experience), 기술(technology)을 들고 있으며, 교리는 빠르게 변화하는 정책과 첨단 기술, 특정 인물, 예산 획득, 정치적 유행에 알맞은 문구(文句)에 의해 발전되기보다는 정밀한 분석과 전쟁경험에 의한 교훈을 기초로 발전되어야 한다고 기술하고 있다. 즉 교리가 정치적이고 정책적인 입장을 정당화하거나, 맞춤형 조직을 성문화하기 위해 작성되어서는 안 된다는 것이다. 만약 전쟁경험

이 부족하거나 경험을 축적하기가 어렵고 빈도가 낮은 사례의 경우에는 훈련, 워게임, 전투실험 등의 분석을 통하여 교리를 발전시킬 수 있고, 타국의 전쟁경험도 참고해야 한다.

[그림 Ⅰ-5] 군사교리화 과정

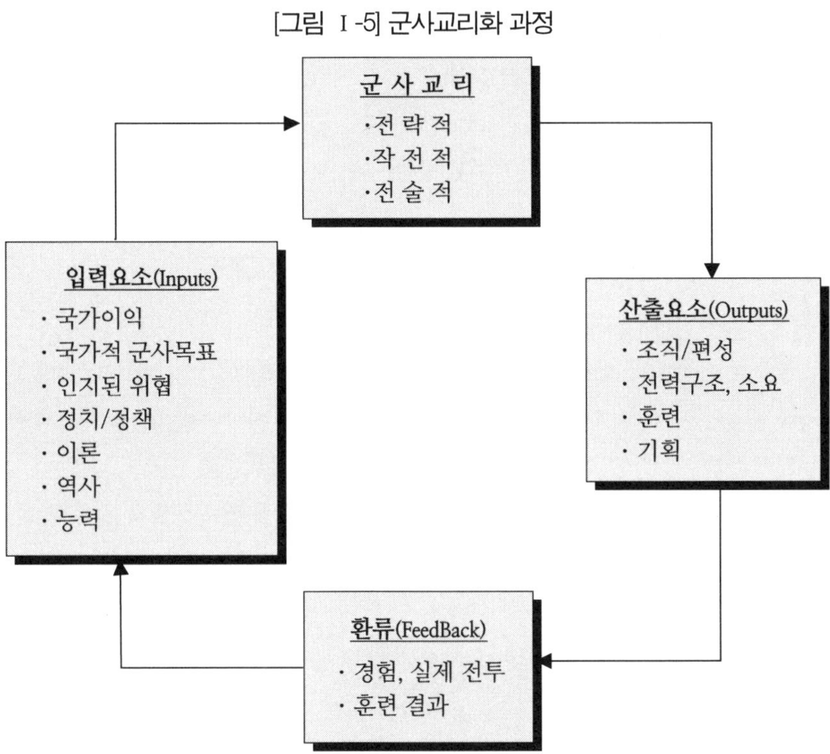

* 출처 : *Air Power Doctrine, Chief of the Air Staff Air Force U.K.*(1993), p.129.

영국의 *Air Power Doctrine* (1993)은 [그림 Ⅰ-5]와 같이, 교리화 과정을 설명하면서 입력(inputs) 요소로 국가이익, 국가적 군사목표, 인지된 위협(perceived threat), 정치, 정책, 이론, 역사, 능력 등을 들고 있다. 여기에서 특이한 점은 군사교리화 과정을 설명하면서 군사교리는 입력요소를 통하여 전략적, 작전적, 전술적 수준의 교리로 작성되며, 각 수준별 교리를 통하여 군의 조직 및 편성, 전력구조 및 소요, 훈련, 기획 등 제반 산출물(outputs)이 만들어지고, 이는 다시 경험 및 실제 전투, 훈련 결과를 통해 입력 요소로 환류(feedback) 되어 끊임없이 발전한다는 점을 명시하고 있다.

한국군은 합동참모본부 및 각 군의 기본교리와 교리발전 규정에서 군사교리 발전에 영향을 미치는 요소를 제시하고 있다. 『군사기본교리』(2014)는 군사교리 발전에 영향을 주는 요소로 국가이익, 군사목표, 적의 위협, 군사정책, 군사사상과 군사이론[35], 역사적 경험, 군사능력 등을 들고 있다.[36]

또한 한국군 최초의 군사기본교리 연구안으로 발간되었던 『군사기본교리 연구(Ⅰ)』(1990)에서는 군사사상, 지리적 환경, 무기체계와 전쟁양상, 전쟁인식과 이념·체제, 의식구조, 위협과 적의 교리, 국력과 국가목표 등을 교리발전의 영향요소로 들고 있다.[37]

육군은 『교리발전업무 규정』(2013)에서 전쟁수행개념의 변화, 전투수행기능별 운용개념 발전, 지상작전 수행에 영향을 미치는 위협요소의 변화와 무기체계의 발전 등 작전환경의 변화가 교리발전 소요를 도출하고 발전시키는데 영향을 미친다고 기술하고 있다. 해군은 『해군 교리발전업무 규정』(2012)에서 미래 전장환경, 전략 및 작전 개념, 신무기체계 도입 등에 의해 교리발전 소요가 결정된다고 기술하고 있으며, 공군은 『공군기본교리』(2015)에서 이론, 경험, 기술의 상호작용과 관계가 공군교리의 형성과 발전에 있어 핵심적인 영향요소라고 기술하고 있다.

군사교리의 특성상 교리에 관한 연구논문이라기 보다는 정책보고서 또는 연구보고서 형식의 단편적 연구는 비교적 활발한 편인데, 주로 국방대학

---

35) 군사사상(*Military Thought*)이란 전쟁에 대한 올바른 인식을 토대로 "전쟁을 어떻게 준비하고 지도하며 수행할 것인가?"라는 의지적 측면으로서의 전쟁 지도 및 수행 개념과 이를 바탕으로 한 군사력 건설 및 운용에 관한 개념적 사고체계이다. 군사이론이란 전쟁을 효과적이고 효율적으로 수행하기 위해 "군사력을 어떻게 건설하고, 운용할 것인가?"에 대한 논리적 지식체계이다. 합동참모본부(2014), 전게서, p.1-20.

36) 상게서, p.1-20.

37) 한국국방연구원, 『군사기본교리연구(Ⅰ)』(서울 : 한국국방연구원, 1990), p.50.

교 또는 합동참모대학에서 교육 중인 현역 중·대령급 장교의 수준에서 이루어지고 있다. 군사교리 발전에 영향을 주는 요소에 대한 경향성을 군사이론가 및 학자들의 주장과 비교 분석하기 위해, 이를 정리해 보면 〈표 Ⅰ-4〉에서 보는 바와 같다.

〈표 Ⅰ-4〉 군사교리발전에 영향을 주는 요소 : 군사교리문헌

구 분	미 공군	영국 공군	한국군 교리				정책/연구보고서			
			합참	육군	해군	공군	이정석	안재봉	이원태	박일수
국가이익		○	○							○
국가/군사목표		○	○					○	○	○
정치적 선택, 정책		○	○					○		○
경험/역사	○	○	○			○	○	○	○	○
지리적 환경			○							
과학 기술	○					○	○	○	○	
군사사상/이론	○	○	○			○		○	○	○
적 위협(능력, 의도)			○	○			○	○	○	○
군사능력/무기체계		○	○	○	○			○	○	○
전쟁수행개념 변화				○	○					
전장 환경 변화				○	○					

이정석은 「한국 군사교리 발전방향에 관한 연구 : 북한 군사위협 분석을 중심으로」(1994)에서 군사교리의 일반적 고찰, 교리의 입력 요소로서 북한의 군사위협을 분석하여 이에 대한 대응방안과 군사교리 발전방향을 제시하면서 군사교리의 원천으로 과학기술, 전쟁경험, 적의 위협을 들고 있다. 안재봉은 「한국군의 군사교리 발전방향 연구 : 합동교리를 중심으로」(1998)에서 군사교리의 이론적 고찰, 미래전 양상 및 북한의 군사전략과 한국군의

군사교리를 분석하여 미래 한국군의 군사교리 발전방향을 합동교리를 중심으로 제시하면서 군사교리 발전에 영향을 주는 요소로 군사목표, 적의 위협, 군사정책, 군사사상 및 이론, 역사적 경험, 군사능력, 과학기술의 수준 등을 들고 있다.

이원태는 「장차전에 부합된 합동교리 발전방향」(2009)에서 합동전장의 특성 및 교리발전 영향요소 등을 분석하여 한국적 작전환경에 부합한 합동교리 발전방향을 제시하면서 군사교리 발전에 영향을 주는 요소로 군사목표, 위협, 군사이론, 역사적 경험, 군사능력, 과학기술 등을 들고 있다. 박일수는 「장차전 양상에 부합한 합동교리 발전방향」(2012)에서 한국군의 합동교리 실태를 분석하여 합동교리 발전방향을 제시하면서 군사교리 발전을 위한 영향요소로 국가이익, 국가 군사목표, 적의 위협, 정치 및 군사정책, 군사이론, 역사적 경험, 군사능력을 들고 있다.

군사이론가 및 학자들의 관점과 주요 국가의 군사교리 문헌에서 제시하고 있는 군사교리 발전에 영향을 주는 요소, 즉 교리발전을 위한 영향요소를 종합하면, 9가지 범주로서 〈표 Ⅰ-5〉와 같다. 군사이론가 및 학자들의 주장과 교리 문헌상의 주장을 비교해 보면, 큰 차이점을 발견할 수 있다. 즉 학자들의 주장은 거시적 관점에서 주로 전략적 차원에 중점을 두고 있는 반면, 군사교리 문헌과 현역장교들의 주장은 현실적인 수준에서 우선 고려할 수 있는 적의 위협과 아군의 능력, 미래전 수행개념 등 주로 군사적인 분야에 중점을 두고 있음을 식별할 수 있다.

군사이론가 및 학자들의 주장은 국가전략 및 정책적 요소로서 대전략, 군사목표, 정치이념, 국가재정(경제)을 들고 있으며, 전쟁 경험적 요소로서 역사적 전통과 경험을, 과학기술적 요소로서 기술을, 군사사상 및 군사 이론적 요소로서 군사학, 그리고 문화 및 전략문화가 군사교리 발전에 영향을 미친다고 주장하고 있다. 군사교리 문헌이나 현역장교들의 주장은 경험 및 역사, 과학기술, 군사사상 및 군사이론 등은 학자들의 주장과 대동소이하나, 적의 위협요소로서 적의 군사력, 군사능력 및 무기체계 등을 들고 있으며, 아 능력으로서 군사능력과 무기체계를, 미래전 수행개념으로서 전쟁수행 개념의 변화와 전장환경 변화 등의 요소를, 그리고 적의 위협(의도, 능력), 아 군사능력 및 무기체계, 전쟁수행 개념의 변화, 지리적 환경 등이 군사교리 발전에 영향을 주는 요소라고 기술하고 있다.

〈표 Ⅰ-5〉 군사교리 발전에 영향을 주는 요소 종합

구 분	군사이론가 및 학자들의 주장	군사교리 문헌
국가이익/목표, 군사목표, 정책	대전략	국가이익
	군사목표	국가목표/정치체제
	정치이념	정치적 선택/정책
	국가재정(경제)	
전쟁 경험/역사	역사적 전통	경험/역사
	경험(전쟁사례, 전쟁교훈)	
과학기술	기술	과학기술
군사사상/군사이론	군사사상/군사이론	군사사상/군사이론
	군사학	
문화	문화(전략문화)	
지리적 환경		지리적 환경
적 위협(의도, 능력)	적의 능력(의도)	적의 능력(의도)
		적의 군사력(의도, 능력)
아(我) 군사능력	군사적 요인, 훈련/연습 결과	군사능력/무기체계
	군간 경쟁	
미래전 수행 개념	전쟁에 대한 인식	전쟁 수행개념 변화
		전장 환경 변화

여기에서 중요한 것은 국가목적과 국가목표 그리고 국가안보목표에 관한 사항으로서, 군사력을 운용하여 달성하고자 하는 것이 무엇을 구현하고

자 하는가에 관한 문제이다. 한 국가가 추구하는 궁극적인 목적은 국가의 생존과 번영이며, 국가의 모든 활동은 이 목적에 부합해야 한다. 이에 따라 국가는 국내외의 각종 군사적 위협, 정치·외교·경제·사회·문화·과학기술적 위협으로부터 국민, 주권, 영토를 수호해야 한다. 국가목표는 한 국가가 국가이익을 보호하고 증진하기 위하여 국가정책과 전략이 지향되고 국가의 모든 노력과 자원이 집중되어야 할 목표이다. 국가목표는 국가이익의 대상과 범위를 구체화한 것으로서 내용상으로는 국가이익과 동일하다. 또한 국가목표는 비교적 장기적인 성격을 가지며 국가정책과 전략수립의 바탕이 된다. 국가안보목표는 국가이익의 핵심적 요소인 국가안보를 달성하기 위해 설정되며, 당면한 안보환경 하에서 국가의 모든 역량을 활용하여 반드시 달성해야 할 목표이다.[38] 이를 그림으로 표시하면 [그림 Ⅰ-6]과 같다.

[그림 Ⅰ-6] 국가목표와 국가안보목표와의 관계

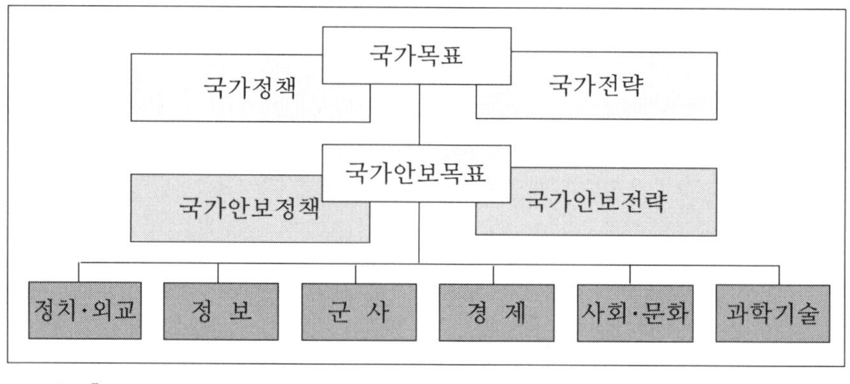

* 출처 : 『군사기본교리』(2014), p.1-11.

이상에서 분석한 내용을 바탕으로, 군사교리 발전에 영향을 주는 요소를 객관화하고 공론화하여 담론(談論)을 형성하기 위해 〈표 Ⅰ-6〉과 같이 정립하였다.

---

38) 합동참모본부(2014), 전게서, pp.1-9~11.

〈표 Ⅰ-6〉 군사교리 발전에 영향을 주는 요소

· 국가목표/국가안보목표	· 전쟁 경험 / 역사
· 과학기술	· 군사사상 / 군사이론
· 적 위협(의도, 능력)	· 아 군사능력
· 미래전 수행 개념	

1) 국가목표 및 국가안보목표

국가목표는 국가이익을 실현하고 증진시키기 위해 국가가 설정하고 달성하고자 하는 목표를 의미한다. 국가가 추구하고 달성하고자 하는 국가목표를 결정할 때에는 여러 개의 제시된 대안들 중에서 최선의 것을 선택하게 되는데, 이때 선택의 기준이 되는 것이 바로 국가이익(national interest)[39]이다. 국가이익과 국가목표를 동일시 하는 경우도 있으나, 국가이익은 국가목표를 추구하고 달성하기 위해 국가의지를 결정할 때 기준이 되는 것이다. 국가이익은 국가가 처한 국내외 정세 변화에 따라 내용이 달라질 수 있고, 국가이익의 변화에 따라 국가목표 또한 변할 수 있다. 국가이익 중에는 시기와 환경의 변화에 관계없이 지속적으로 가치를 지니는 생존과 번영, 안전보장[40] 등 영속적인 국가이익과 국가 간의 이해관계 또는 동맹관계 등 다양한 환경적인 요인에 따라 변화될 수 있는 국가이익이 있다. 국가이익의 종류에

---

39) 국가이익은 헌법에 반영된 기본정신에 따라 국가의 존립과 발전에 도움이 되는 것을 의미하며, 어떠한 경우에서도 최우선적으로 추구해야 할 기본적인 가치이며, 국가목표 설정 및 선택의 기준이 된다.

40) 안전보장은 개인 및 집단의 핵심 가치에 대한 위협이 없는 상태라는 데에 공감대가 기본적으로 형성되어 있지만, 논의의 초점이 개인, 국가, 국제적, 지구적 안전보장 중에서 어디가 중점이 되어야 하는지에 대해서는 견해차가 있다. 배리 부잔(Barry Buzan)은 자신의 저서 『국민, 국가 그리고 공포(People, States and Fear)』(1983)에서 군사적 측면뿐만 아니라 정치, 경제, 사회, 환경 같은 제반요소들을 포함하고 더 넓은 국제적 맥락에서 정의된 안전보장 개념을 제시했다. John Baylis, Steve Smith, and Patricia Owens, *THE GLOBALIZATION OF WORLD POLITICS : An Introduction to International Relations* (United Kingdom: Oxford University Press, 2014), pp.177~178.

는 이익의 강도 및 수준에 따라 생존이익(survival interest), 사활적 이익(vital interest), 중요한 이익(important interest), 부차적 이익(peripheral interest)으로 분류한다.[41]

국가 차원의 의사결정은 국가이익을 최우선으로 하며 국가이익과 외교정책은 상관관계를 갖고 있다. 국가이익은 국가정책을 수립하기 위한 토대이며 지침으로 이용된다. 한스 모겐소(Hans Morgenthau, 1904~1980)는 "정치가들은 국가이익 측면에서 생각하고 행동한다."[42]고 함으로써 국가정책을 결정하거나 정치적 선호의 판단에 가장 큰 영향을 미치는 요소가 국가이익이라고 했다. 국가정책이란 국가목표를 달성하기 위하여 국가 차원에서 채택한 광범위한 방책 또는 지침이다. 국가정책을 구현하기 위한 방편으로 국가전략이 수립된다. 국가전략이란 국가정책을 지원할 수 있도록 분야별 위협에 대응하여 정치·외교, 정보·군사, 경제·과학기술, 사회·문화 등 국가의 여러 국력의 수단을 발전시키고, 이를 효과적으로 운용하는 술(術)과 과학이다. 국가전략은 국가에 따라 국가안보전략 또는 국가대전략 등으로 상이하게 표기되기도 하며, 국가전략을 군사력으로 달성하기 위하여 군사정책이 수립된다. 군사정책은 군사교리를 형성하는 요소 중에서 가장 중요한 요소로써, 군사력의 건설, 유지에 관한 기본적인 방향을 제시하고 국방목표를 달성하기 위한 정치적 절차, 예산 집행의 우선순위 결정 등 군사행동의 방향과 규모를 결정해 준다. 이에 따라 군사목표 달성을 위한 군사정책과 군사교리는 상호 연관성을 유지한 채 발전되어야 한다.

한편, 대한민국의 국가목표는 1972년 국무회의에서 의결하였으며, 그 내용은 "첫째, 자유민주주의 이념 하에 국가를 보위하고 국토를 통일하여 영

---

41) The White House, *A National Security Strategy for a Global Age* (Washington D. C. : U.S. Government Printing Office, Dec. 2003), p.4., Dennis M. Drew & Donald M. Snow, *Making Twenty-First-Century Strategy : An Introduction to Modern National Strategy Processes and Problems* (Maxwell AFB : Air University Press, 2006), pp.31~34.

42) Hans Morgenthau, *Politics Among Nations : The Struggle for Power and Peace*, 2nd Ed.(New York : Alfred A. Knopf, 1954), p.5.

구적 독립을 보전한다. 둘째, 국민의 자유와 권리를 보장하고 조국근대화를 추진함으로써 복지사회를 실현한다. 셋째, 국제적인 지위를 향상하여 국위를 선양하고 국제평화의 유지에 공헌한다."고 정립되어 있다.[43] 한 국가의 군은 국가이익을 증진하고 국가정책을 지원하기 위하여 존재하며, 이를 위하여 "군을 어떻게 건설하고 준비해야 하는가?"에 대하여 군사전략서, 국방백서 등을 통하여 군사목표와 구현 방법을 제시하고 있다. 또한 군이 존재하는 목적과 군이 나아가야 할 방향을 명확하게 인식하고, 이를 효율적으로 달성하기 위한 기본 원칙과 지침을 군사교리로 작성한다.

대한민국의 국가안보전략은 5년 주기로 작성되며, 외교·통일·국방, 위기관리분야 정책에 관한 기본지침을 제공한다.[44] 2018년 12월에 발간한 『문재인 정부의 국가안보전략』에 따르면, 정부는 대내외 도전과 기회 속에서 국익을 증진하고 국가 비전을 달성하기 위해 ① 북핵 문제의 평화적 해결 및 항구적 평화 정착, ② 동북아 및 세계 평화·번영에 기여, ③ 국민 안전과 생명을 보호하는 안심사회 구현을 국가안보 목표로 선정하였다.[45] 이를 구현하기 위한 국가안보전략기조는 ① 한반도 평화·번영의 주도적 추진, ② 책임국방으로 강한 안보 구현, ③ 균형 있는 협력외교 추진, ④ 국민의 안전 확보 및 권익보호 등 네 가지를 선정하였다.[46]

이를 보다 구체적으로 살펴보면, 첫째, 북핵 문제의 평화적 해결 및 항구적 평화정착을 위해 국제사회와 공조하여 한반도 비핵화와 평화체제를 구축하고 남북한 간 신뢰구축 및 군비통제를 포괄적으로 추진한다는 것이다.

---

43) 최기출, 『전략의 이론과 실제』충남대학교 대학원 군사학 박사과정 교재, p.380.

44) 과거에도 정부 출범 시마다 국가안보전략을 발표해 왔다. 국가안보전략을 최초로 발간한 노무현 정부(2004년)는 '평화번영과 국가안보'를 발간해 한반도와 동북아의 공동번영을 강조했고, 이명박 정부(2009년)는 '성숙한 세계국가'에서 상생 공영의 남북관계와 실리적 외교를 지향했다. 박근혜 정부(2014년) 때에도 '희망의 새 시대 국가안보전략'에서 한반도 신뢰프로세스와 통일시대 준비를 목표로 제시한 바 있다.

45) 국가안보실, 『문재인 정부의 국가안보전략』(서울 : 국가안보실, 2018), pp.25~27.

46) 상게서, pp.27~31.

또한 굳건한 한미동맹을 바탕으로 우리의 국방역량을 강화함으로써 한반도의 평화를 뒷받침한다는 것이다. 둘째, 동북아 및 세계 평화·번영에 기하기 위해서는 긴밀한 한미 공조를 토대로 역내 국가 간 협력을 통해 한반도 문제를 주도적으로 해결하고, 인도·아세안·유라시아 국가들과의 정치·경제 협력 강화, 지역협력 제도화를 통해 평화와 안정, 공동번영에 기여하며, 기후변화, 국제테러, 사이버안보 등 국제사회가 직면하고 있는 글로벌 안보현안의 해결에도 참여를 확대한다는 것이다. 셋째, 국민안전과 생명을 보호하는 안심사회 구현을 위해서는 국민의 눈높이에서 국민 개개인의 재산과 권익을 보호하는 한편, 사이버 위협, 테러, 재난, 생활안전 등 다양한 위협과 위험으로부터 국민의 안전과 생명을 보호하는 데 만전을 기한다는 것이다.[47]

군사목표인 국방목표는 "외부의 군사적 위협과 침략으로부터 국가를 보위하고, 평화통일을 뒷받침하며, 지역의 안정과 세계평화에 기여한다."[48]이다. 국방목표의 구체적인 의미를 살펴보면, 첫째는 현존하는 북한의 군사적 위협에 우선적으로 대비하는 동시에 우리의 평화와 안보를 위협하는 잠재적 위협에 대해서도 대비한다는 개념이다. 둘째, 한반도에서 전쟁을 억제하고 군사적 긴장 완화와 평화 정착을 이룩하여 평화적 통일에 이바지한다는 것이다. 셋째, 한·미 동맹을 바탕으로 주변국들과의 우호협력관계를 더욱 증진시키고, 국제 평화유지활동에 적극 참여함으로써 동북아지역의 안정과 세계평화에 기여한다는 것이다.

군사적 목표를 달성하기 위하여 "군사력을 어떻게 구성하고, 소기의 목적을 달성하기 위해 어떻게 운용할 것인가?"에 대해서는 세 가지 범주가 있다. 즉 공세적(offensive), 수세적(defensive), 그리고 억제(deterrent) 특성의 교리가 있다.[49] 공세적 교리는 군사력을 운용하는데 있어 적국의 전력을 일소(一掃)

47) 국방홍보원, 『국방일보』(서울 : 국방홍보원), 2018년 12월 21일자.
48) 국방부, 『2018 국방백서』(서울 : 국방부, 2018), p.33.
49) Barry R. Posen(1986), *op.cit.*, p.7.

하거나 격멸하는데 중점을 두고 있으며, 수세적 교리는 적이 추구하고자 하는 아측의 목표를 보호하는데 중점을 두고 있다. 억제교리는 침략자를 응징하는데 목적을 두고 자국의 비용 감소와는 상관없이 적국의 비용을 증가시키는데 더 큰 목적을 두고 있다.

따라서 군사교리를 제정하거나 개정할 경우에는 최우선적으로 국가목표 및 국가안보목표, 국방목표 등이 고려되어야 한다.

2) 전쟁 경험 및 역사

E. H. 카(Edward Hallett Carr, 1892~1982)는 『역사란 무엇인가(*What is History*)』란 저서에서 "역사란 역사가와 사실 사이의 상호작용의 부단한 과정이며, 현재와 과거 사이의 끊임없는 대화"라고 하였다. 과거의 전사 및 훈련경험을 통하여 도출된 승리요인과 패배요인에 대한 분석내용은 장차전 또는 미래전에 대비할 수 있는 최선의 방책을 마련하는 데 있어 중요한 지침을 준다. 고대의 전투로부터 산업화시대를 거쳐 과학기술의 발달과 함께 지속적으로 발전해 온 군사교리는 결정적인 발전 계기를 맞이하게 되는데, 대표적인 사례가 화약의 발명, 내연기관의 발명 그리고 동력 항공기의 발명 등을 들 수 있다.

제1차 세계대전에서는 참호전 형태를 띠던 전쟁 수행 방식이 동력 항공기의 등장으로 초기에는 연락임무와 통신중계, 전선정찰 임무가 고작이었으나 전쟁기간동안 과학기술의 비약적인 발전으로 폭격기의 출현과 함께 전략폭격 임무와 공중우세의 개념이 교리화 되었다. 또한 제3차 중동전을 통하여 공군력을 이용한 선제기습공격과 방공작전 개념이 중요하게 대두되었으며, 제4차 중동전에서는 적 방공망제압(SEAD : Suppression of Enemy Air Defenses)[50]과 전자전(EW : Electronic Warfare)[51] 작전개념이 새로운 교리로 정립

---

[50] 적 지대공 방공무기 및 지휘통제체계의 기능을 저하시키거나 무력화시켜 우군의 자유로운 활동을 보장하기 위해 실시하는 작전으로서 대공제압(對空制壓)이라고도 한다.

되었다.

한편, 한국군은 6·25전쟁의 경험을 토대로 전차 및 기계화 부대의 중요성이 요구되어 유사시 북한의 전차 및 기계화부대를 무력화하기 위하여 우선적으로 지상무기체계를 증강해 왔고, 북한군의 우세한 기동력에 효율적으로 대처하기 위하여 육군항공, 대전차 장애물 등을 구축해 왔다. 이 과정에서 해·공군력은 '한·미 연합방위체제'를 기반으로 한 연합전력으로 대체한다는 원칙을 견지해 왔던 것이다. 북한군은 6·25전쟁 당시 미군을 비롯한 연합전력에 비하여 상대적으로 열세했던 공군력을 만회하기 위해 항공기를 중심으로 한 공군전력을 증강하였고, 남한에 대한 군사적 우위를 확보하기 위해 핵, 미사일 등 대량살상무기와 장사정포, 잠수함 등 수중전력, 특수전 부대, 사이버 부대 등 비대칭전력을 집중적으로 증강하고 있다.

특히 북한은 현재 6,800여 명의 사이버전(cyber warfare) 인력을 운영하고 있으며, 남한 내부의 심리적·물리적 마비를 위해 군사작전의 차질을 유발하고 주요 국가기반체계를 공격하는 등 사이버전을 수행하고 있다. 이와 같이 전쟁경험과 역사적 교훈은 한 국가의 군사력을 구축하는 데 있어서 매우 중요한 고려사항이며, 구축된 군사력을 효율적으로 운용하기 위한 기본 원칙인 군사교리 발전에도 지대한 영향을 미친다.

3) 과학기술

군사교리와 과학기술의 관계는 앞에서도 밝힌 바와 같이, "닭이 먼저냐, 계란이 먼저냐?"라는 질문과 유사하다. 군사기술의 발달은 전쟁과 함께 인류 역사의 방향을 결정하는데 중요한 역할을 수행하였다.

고대의 백병전에서는 근력(筋力)이 주요 전투수단이 되었고, 8세기 초에 등자(鐙子, stirrup)의 발명 이후에는 고대 유럽의 기병과는 달리 속도를 더욱

51) 우군 전자무기체계의 효율적 운용을 보장하고, 적의 전자무기체계의 효율적인 운용을 저지시키기 위하여 전자파를 활용하는 제반 활동을 말한다.

증가하면서 자유자재로 전투를 수행할 수 있도록 기병전력이 발전하였으며, 그리스 로마의 밀집보병대(phalanx)는 중세의 중장기병으로 대체되었다. 또한 중세의 중장기병은 화약의 발명으로 인해 머스킷(musket) 소총을 갖춘 보병의 밀집화력에 취약해졌고, 이후 소총, 대포, 기관총 등 화력 중심의 전쟁이 수행되었다. 철도와 동력기관의 출현으로 인해 기동력 중심의 전쟁을 수행하게 되었고, 수상 및 수중 무기의 등장과 항공기의 출현, 핵무기의 등장과 인공위성 등 우주를 이용한 전쟁수행 개념이 발전함에 따라 기존의 전쟁억제 개념과 전쟁수행 개념도 획기적으로 변화되었다.

일반적으로 과학기술의 진보 속도가 느린 시기에는 군사교리가 과학기술의 발전을 선도하였고, 과학기술의 발전 속도가 빠르게 진행되었을 때에는 과학기술이 군사사상 및 군사교리를 선도하기도 하였다. 예컨대, 화약의 발달로 시작된 기관총 및 화포의 발달은 참호전의 수행개념을 발전시켰고, 동력기관과 철도의 발달은 기동전 개념을 발전시켰으며, 증기기관과 선박의 발전은 해상전 개념을 낳게 하였다. 동력 항공기의 등장과 제트엔진의 발달은 공중이라는 3차원 공간을 이용하여 전략폭격, 공중 수송, 공중우세 획득을 위한 공중전 수행개념을 정립하는데 기여하였다. 이와는 반대로 군사교리가 과학기술을 선도한 사례는 참호전 및 기동전에 대처하기 위하여 대량파괴 무기 및 대전차 무기, 항공기를 방호하기 위한 레이더 및 대공화기, 대전자전 무기 등이 개발되었다.

한편, 걸프전쟁을 비롯한 코소보전쟁, 아프가니스탄전쟁, 이라크전쟁에서도 입증된 바와 같이, 과학기술의 비약적인 발전으로 인하여 현대전은 우주공간이 제4차원 전장으로, 사이버 공간이 제5차원 전장으로 등장하였다. 또한, 다양한 정보·감시·정찰(ISR : Intelligence[52] Surveillance Reconnaissance) 자산

52) 여기에서 분명하게 규명하고 넘어가야 할 용어가 '정보'와 '첩보'에 관한 것이다. 통상적으로 영문으로 표현할 때, 정보를 'Intelligence'라 하고, 첩보를 'Information'라 함은 누구나 잘 알고 있지만, ISR이라는 약어를 사용함에 있어서는 정보·감시·정찰로 사용하고 있음은 주지의 사실이다. 그러나 분명한 것은 정보(Intelligence)란 임무수행을 위해 요

을 이용하여 실시간 정보를 바탕으로 정밀유도무기(PGM : Precision Guided Munition)를 활용한 전천후 원거리 정밀타격이 가능해졌다. 이처럼 과학기술의 발달과 함께 작전을 효율적으로 수행하기 위한 군사력 운용개념 및 군사교리 발전이 지속적으로 이루어져 왔다. 실례로, 최근에는 2016년 세계경제포럼(WEF : World Economic Forum)에서 초연결(hyperconnectivity)과 초지능(superintelligence)으로 특징지어지는 '제4차 산업혁명'이라는 용어가 사용된 이래, 인공지능(AI), 빅데이터, 사물인터넷(IoT), 초소형위성, 무인비행체, 로봇 등 정보통신기술을 중심으로 한 4차 산업혁명 기술이 군사분야에도 빠르게 적용되고 있다.

육군은 미래 지상작전 수행개념으로 「5대 게임 체인저(Game Changer)」[53]를 구축하기 위해 중점적으로 추진하고 있으며, 최근에는 첨단 과학기술군으로 도약하기 위해 「히말라야 프로젝트」[54]를 추진하고 있다. 해군은 4차 산업혁명 기술을 적용한 수중 및 수상 무인 무기체계 개발, 군수혁신, 드론

구되는 적, 잠재적 적, 외국, 기타 작전환경에 관한 자료를 수집, 처리 및 이용, 분석하여 생산한 산물 또는 이를 얻기 위한 조직과 활동을 말한다. 또한 다양한 형태에 내포된 일반적인 사실이나 자료를 말하며, 광의의 정보에는 첩보를 가공하여 유익한 산물로 정리된 모든 자료를 포함한다. 이때는 영문으로 'Information'이라는 용어를 사용한다. 첩보(Information)는 정보를 생산하기 위해 수집한 자료를 사용자가 이해할 수 있는 형태로 처리하였으나 분석하지 않은 산물을 말한다. 즉 '첩보'를 분석하여 '정보'를 생산한다. 합동참모본부, 『합동·연합작전 군사용어사전』(서울 : 합동참모본부, 2014), p.453., p.516.

53) 5대 게임 체인저는 북한의 비대칭 위협에 대응해 전시 피해를 최소화하고 최단시간 내 전쟁을 승리로 이끄는 미래 지상작전 수행개념이다. 5대 게임 체인저는 전천후·초정밀·고위력의 미사일 3종, 공지기동부대, 특수임무여단, 드론봇 전투체계, 개인 첨단 전투체계(일명 워리어 플랫폼) 등이 핵심 구성요소이다.

54) 「히말라야 프로젝트」는 육군의 새로운 미래와 도약을 위한 첨단과학기술 분야를 히말라야 14좌와 같은 14개 분야로 설정하고, 이를 군사 분야에 적극 적용하기 위한 프로젝트를 말한다. 이를 위해 '육군과학기술위원회'를 운용하며, 위원장은 교육사령관으로서, 핵·WMD 대응, 드론봇, 워리어 플랫폼, 초연결·모바일, MOVES(Modeling, Virtual Environments & Simulation), 첨단센서, 사이버, 에너지, 고기동, 생체의학·뇌과학, 인공지능·양자, 지능형 적층가공, 신소재·스텔스, 유·무인 차량 등 14개 하위 기술그룹으로 구성된다.

등을 이용한 감시 정찰체계 구축 등 「스마트 해군(Smart Navy)」[55]을 추진하고 있으며, 공군은 지능형 스마트 비행단 건설 등 4차 산업혁명 기술을 접목한 「4차 산업혁명 시대 스마트한 공군력 건설을 위한 마스터 플랜 종합 추진계획」[56]을 수립하여 추진 중에 있다.

이상에서 살펴 본 과학기술의 발달이 군사력 운용에 있어 변혁을 선도하게 된 가장 큰 이유는 새로운 과학기술을 국방에 적용하려는 국가정책결정자들의 의지와 국가정책에서 비롯되었음을 간과해서는 안 된다.

4) 군사사상 및 군사이론

군사사상(military thought)은 전쟁목적을 달성하기 위해 전쟁관의 인식과 무력전의 준비 및 수행에 대한 판단과 추리를 거쳐서 생긴 사고 및 의식체계를 말하며, 이러한 군사사상의 형성에 미치는 영향 요인으로는 국가의 지정학적 위치와 환경, 군사전략, 군사제도, 무기체계의 변천, 용병술 등이다. 군사사상은 국가의 위치를 육지, 해양, 반도 등과 같은 자연 지리적 지물과의 관계를 고려하여 대륙국가의 군사사상, 해양국가의 군사사상, 반도국가의 군사사상 그리고 공통적으로 항공군사사상 등으로 분류할 수 있다.

대륙국가는 한 국가의 영토 대부분이 바다와 직접 접해 있지 않고 내륙에 위치해 있거나 한 면 내지 극소부분이 바다와 접해 있는 지리적 여건을 구비하고 있다. 대륙국가의 군사사상은 주로 육군에 의해 국가의 존망이 좌우되며, 독일, 러시아, 중국 등이 여기에 해당한다. 대륙국가의 대표적인 군

---

55) 「스마트 해군(Smart Navy)」은 해군의 전투력을 극대화하고 병력 절감형 군 구조로 개편하는 한편 예산집행의 효율성을 높이기 위한 프로젝트로서 기술집약형 미래군 건설을 표방하고 있다. 스마트해군은 ① 스마트 십(Smart Ship), ② 스마트 오퍼레이션(Smart Operations), ③ 스마트 시(Smart Sea)로 구성되어 있다.

56) 「4차 산업혁명 시대 스마트한 공군력 건설을 위한 마스터 플랜 종합 추진계획」의 주요 과제로는 공군무기·전력 지원체계 발전, 공군 무인항공기 정책발전, 초소형 위성 운용개념 발전 및 운용체계 구축, 드론 활용과 운용능력 확보, 지능형 공군 스마트 비행단 구축, 신기술 정책수립과 연구 통제부서 신설 등이다.

사사상가는 프로이센의 클라우제비츠를 들 수 있다.

해양국가는 국가의 영토가 대부분 바다와 접해 있는 지리적 여건을 구비하고 있으며, 해군에 의해 그 국가의 국방이 좌우되는 도서국(島嶼國)을 말한다. 대표적인 국가는 영국, 일본, 필리핀 등이며, 미국도 실질적인 지리적 형세를 본다면 여기에 속한다. 대표적인 군사사상가로는 『해양력이 역사에 미친 영향(*The Influence of Sea Power upon History*)』를 저술한 미국의 마한(Alfred Thayer Mahan, 1840~1914)과 『해양전략의 원칙(*Principles of Maritime Strategy*)』를 저술한 영국의 코르베트(Julian S. Corbett, 1854~1922) 등을 들 수 있다.

반도국가는 대륙과 연결되어 있으면서 대개 2~3면이 바다를 접하는 해양적 위치를 구비하고 있으며, 육군과 해군을 겸비해야 한다는 난점을 안고 있다. 예컨대, 발칸반도의 기원전 4세기경의 아테네제국, 기원전 1세기경의 이태리반도의 로마제국, 15세기 이베리아반도의 스페인제국, 16세기 터키반도의 오스만 터키제국 등을 들 수 있다. 저자의 견해로서 반도국가의 군사사상은 대륙국가의 군사사상과 해양국가의 군사사상의 장점을 극대화하고, 대륙국가 군사사상의 주도군(主導軍)인 육군과 해양국가 군사사상의 주도군인 해군의 강점을 살리면서, 3면이 바다인 점을 고려해 지리적인 경계를 초월하여 활동범위가 큰 항공력 중심의 군사력을 구비하여 전략적으로 운용한다면 효과적일 것이라고 생각한다. 이러한 반도국가의 특성과 전략에 대한 이론을 발표한 학자는 이종학 교수가 유일하다. 이종학 교수는 1979년도에 발간한 『한반도의 억지전략이론』에서 반도국가의 특성을 고려하여 「지정학적으로 본 한민족의 생존전략」을 소개하고 있으며, 2007년도 2월에는 일본 도쿄(東京)에서 열린 「일본 전략연구포럼(Japan Forum for Strategic Studies)」에서 일본어로 "한반도의 현황과 전망"이라는 국제시평(國際時評)을 발표하였다.[57]

57) 이종학, 『나의 학문과 인생』(군사학 총서 03)(대전 : 충남대학교 출판부, 2009), pp.88~89. p.599.

「지정학적으로 본 한민족의 생존전략」의 주요 내용은 동북아의 지정학적 특성을 고려하여 주변 강대국의 침략을 억제하기 위한 생존전략으로써 다음과 같이 제시하고 있다. "동북아시아에 위치한 한반도는 조선왕조 말기부터 오늘에 이르기까지 대륙국가인 중국과 러시아, 그리고 해양국가인 미국과 일본의 이권쟁탈의 중심지가 되어 왔다. 그런데 우리의 국력으로 보아 대륙국가의 육군 하나만 대적하여 방위하기도 대단히 어려운데, 거기에다 해양국가의 해군마저 대적하기 위한 두 가지의 군비(軍備)를 갖추어야 하니, 한반도 방위의 어려움은 바로 여기에 기인한다. 그래서 통일 이후의 한국은 주변 강대국의 침략을 억제하기 위해 ;

첫째, 전술핵무기체계를 보완하고,

둘째, 기동성이 높은 소규모의 재래식 상비군을 보유하며,

셋째, 범국민적 민병대의 조직을 갖춘다."[58]라고 역설하고 있다.

항공군사사상은 1903년 동력항공기의 출현으로 각 국가들마다 경쟁적으로 개발하기 시작하였으며, 항공기가 무기체계로서 사용된 것은 제1차 세계대전이며, 현대전에서는 항공력이 전쟁의 승패를 좌우하는 대표적인 무기체계로서 자리매김 되었다. 항공군사사상 발전에 공헌한 사람은 이탈리아의 두헤(Giulio Douhet, 1869~1930), 미국의 미첼(Billy Mitchell, 1879~1936), 영국의 트렌차드(Hugh Trenchard, 1873~1956) 등이 있다. 항공전략사상에 크게 기여한 사람은 이탈리아의 두헤로서 『제공권(*The Command of the Air*)』이라는 저서를 통하여, 항공기는 전쟁의 근본적인 성격을 변화시켰으며, 공군은 육군과 해군의 지원군으로서는 의미가 없다고 주장했다. 또한 공군은 육군과 해군에서 독립되어야 하고, 결정적인 전략적 역할을 수행하기 위해 무장하고 조직되어야 하며, 제공권을 확보하기 위한 임무를 수행해야 한다고 주장했다. 특히 전쟁에서 공군의 첫 번째 노력은 제공권을 장악하는데 있으며, 적

58) 이종학 편저, 『군사명언의 지혜를 찾아서』(대전 : 충남대학교 출판문화원, 2018), p.374. 「지정학적으로 본 한민족의 생존전략」에 대한 세부 내용은 이종학, 『한반도의 억지전략이론』(서울 : 형설출판사, 1979), pp.291~335.를 참조바람.

의 도시와 공장을 폭격함으로써 저항하는 국민들의 의지를 분쇄하여 승리를 달성할 수 있다고 하였다.[59]

군사이론은 군사문제에 관한 연구와 그것의 개념, 범주, 명제, 법칙, 일반이론을 포함한다. 고래로 군사문제의 초점은 "전쟁이란 무엇인가?", "어떻게 승리할 것인가?" 하는 두 가지 문제였다. 전자는 전쟁철학이라 했고, 후자는 전략이라 하였다. 군사이론이란 적어도 다음 네 가지의 기본적 질문 즉 ① 전쟁이란 무엇인가? ② 어떻게 싸워 승리할 것인가? ③ 어떻게 전쟁준비를 할 것인가? ④ 어떻게 전쟁을 억지할 것인가에 대해 해답을 제시해야 한다. 군사이론은 그 자체가 전쟁의 문제를 해결해 주기보다는 문제를 해결하고자 하는 군사전문가들에게 올바른 방향을 제시해 준다.

대표적인 군사이론가로는 지상군 교리 및 전략 발전에 지대한 영향을 미친 클라우제비츠, 조미니(Antoine Henri Jomini, 1779~1869) 등에 의하여 영향을 받았고, 해군교리는 마한, 공군교리는 두헤, 미첼, 트랜차드 등 많은 군사사상가 또는 이론가들의 영향과 전쟁경험 등을 통하여 오늘날의 군사교리로 정립되었다. 군사사상과 이론의 중요성에 대하여 특히 주목해야 할 것은, 베트남전 이후 옥스퍼드대학의 마이클 하워드(Michael Haward, 1941~) 교수와 스탠포드대학의 피터 파레트(Peter Paret, 1924~) 교수에 의해 새롭게 연구되었던 클라우제비츠의 군사사상과 이론에 대한 연구 결과로서 1832년에 발간된 『전쟁론』(1832) 원문에 대한 번역이 추진되어 1976년에 새로운 번역판을 발간하게 되었다. 새로운 번역판이 출판된 이후 미국의 육·해·공군대학에서 클라우제비츠의 『전쟁론』을 비롯한 군사이론 서적과 군사교리에 관한 연구가 활발히 진행되었음을 간과해서는 안 될 것이다.

---

59) Giulio Douhet, *The Command of the Air*, trans. Dino Ferrari and ed. Richard H. Kohn and Joseph P. Harahan(Washington, D.C. : U.S. Government Printing Office, 1983), pp.viii~ix.

5) 적의 위협(의도, 능력)

적의 위협은 적의 의도와 능력을 포함하며, 적의 위협에 대비하는 국가의 군사력 구조와 편성, 군사력의 규모, 교육 훈련의 방향을 결정하는 데 있어서 매우 중요한 요인이다. 현존하는 위협 또는 미래의 잠재적 위협의 정도에 따라 군사력의 건설과 유지, 운용의 목표가 설정되고, 이를 효율적으로 달성하기 위한 최선의 방법이 군사교리로 작성된다.

한국군의 군사교리는 주로 현실적인 위협인 북한에 중점을 두고 발전하여 왔다. 현존 위협인 북한의 위협을 살펴보면, 북한의 군사전략은 항일전쟁에서 뿌리를 찾고 있으나, 실제적으로는 6·25전쟁 이전까지는 전적으로 구소련군의 전략 전술을 그대로 모방하였으며, 전쟁의 와중에서는 구소련의 전략과 마오쩌둥(毛澤東)의 유격전 사상을 병용하여 군사전략을 수립하였다. 북한은 소위 김일성의 주체전략, 즉 기습전략[60], 속전속결전략[61], 총력전전략,[62] 배합전략[63]을 수립하여 핵, 미사일, 잠수함 등 수중전력, 장사

---

[60] 기습전략은 정규군에 대한 대규모의 전략적 기습공격으로부터 비정규군인 무장특공부대에 의한 전술적 기습공격 등 다양한 개념이다. 북한은 기습공격으로 유리한 전략적 상황을 일단 달성해 놓고 정치협상을 제의함으로써 미국 등 우방국의 지원 구실을 봉쇄하려는 방책, 즉 '선(先) 군사적 점령, 후(後) 정치적 협상'이라는 전략을 구사할 것이다.

[61] 속전속결전략의 핵심은 기동력인데 북한은 6·25 전쟁 이후, 항공기, 전차, 장갑차 등을 증강함으로써 기동력을 강화하는 한편, 스커드 미사일, 잠수함, 고속상륙정, 생화학무기, 특수전부대 등 이른바 비대칭 무기를 확보하여 속전속결전을 도모하고 있다. 최근에는 잠수함에서 발사 가능한 SLBM 개발과 광명성, 은하 등 장거리 미사일 개발과 핵(核) 개발에 박차(拍車)를 가하고 있는 실정이다.

[62] 총력전 전략은 군사와 정치전의 결합, 군사와 경제전의 결합, 군사와 외교전의 결합, 군사와 심리전의 결합 등으로 집약된다. 총력전의 개념은 산업혁명 이후 전쟁의 국민화와 산업화 추세에 따라 대두되기 시작했으며, 양차 세계대전을 통해서 전 세계가 인식하게 되었다. 요컨대, 현대전은 그 규모, 기간, 참가 범위를 막론하고 국력을 총동원하는 총력전의 형태로 수행되고 있는바, 북한만의 독특한 전략은 아니다. 다만, 걸프전쟁 이후, 코소보전쟁, 아프가니스탄전쟁, 이라크전쟁 등 최근의 전쟁에서는 전쟁목적에 따라 항공력을 중심으로 한 일부 전투력만을 사용하여 전쟁을 수행하는 '제한전' 형태의 전쟁이 보편화되고 있다.

[63] 배합전략은 정규전과 비정규전을 동시에 취하는 전략으로서 마오쩌둥(毛澤東)의 유격전 개념과 구소련의 군사전략을 배합하여 한반도 실정에 맞게 만든 이른바 '주체전략'

정포, 특수전부대, 사이버전 부대 등 비대칭전력을 중심으로 증강하여 한반도를 적화(赤化)하겠다는 것이다. 따라서 이러한 북한의 현존 위협을 최우선적으로 고려하여 군사교리를 발전시켜 나가면서 국가안전보장 차원에서 보다 먼 미래를 조망하여 비전통적이고 비군사적 위협과 잠재적 위협에도 동시 대비하는 개념으로 군사교리를 발전시켜야 한다.

지난해 7월에 신공세적 작전개념이 주를 이룰 것으로 예상되었던 『국방개혁 2.0』의 기본 방향이 70여 명의 장성숫자 감축, 11만 8천여 명의 정규군 병력 감축, 일부 대북 전력의 감축 등을 골자로 하는 국방개혁 추진방향이 발표되었다. 예상했던 대로 「4·27 남북정상회담」과 「6·12 북미정상회담」을 계기로 조성된 한반도의 평화 분위기를 고려하여 신공세적 작전개념이 후퇴하였다. 이를 두고 일각에서는 북한 위협의 실체가 가시적으로 변화하지 않았는데도 우리 군이 스스로 군사력의 규모와 능력을 축소했다는 여론을 상기해 보면, 적의 능력과 의지가 군사교리 발전에 미치는 영향이 얼마나 지대한지를 입증해 주고 있다. 여기에서 꼭 짚고 넘어가야 할 것은 어떠한 경우에도 군은 국민의 생명과 재산을 수호할 수 있는 능력과 역량을 견지하고 국가안보를 책임져야 하는 최후의 보루(堡壘)임을 명심하고, 군사대비태세를 확고히 유지함은 물론 군사교리 발전에도 한 치의 소홀함이 없어야 한다.

6) 아(我) 군사능력

한 국가의 군사능력은 현존 및 잠재능력을 포함하며, 대표적인 요소로는 경제력, 자원, 병력 및 무기체계, 과학기술의 수준, 사기 등 유·무형적인 요소에 의해 결정된다. 이와 같은 군사능력을 포괄적으로 고려하지 않고 작

을 말한다. 대규모의 정규전과 소규모의 비정규전인 유격전을 배합하여 전국의 도처에서 공격하는 전선 없는 전쟁을 수행하여 남한 전(全) 지역을 동시 전장화(戰場化)한다는 것이다.

성된 군사교리는 현실성이 없을 뿐만 아니라 교리로서의 생명력을 상실하게 된다.

한 국가가 보유하고 있는 무기체계의 특성에 따라 군사교리의 성격도 변한다. 즉, 국가가 보유하고 있는 주력 무기체계가 지상전력 중심이냐, 해상 또는 수중전력 중심이냐, 항공전력 중심이냐에 따라서 이를 효율적으로 운용하기 위한 원칙을 제시하는 군사교리의 내용이 달라진다는 것이다. 이에 대해서는 이미 앞(군사사상 및 군사이론)에서 살펴본 바와 같이, 군사사상이 영향을 미칠 것이다. 군사사상에는 대륙국가의 군사사상, 해양국가의 군사사상, 반도국가의 군사사상 그리고 공통적으로 항공군사사상으로 분류할 수 있다.

우리나라는 지형적인 특성을 고려하여 반도국가의 군사사상을 견지해야 하나, 6·25전쟁 이후 지속 되어 온 특정군의 영향으로 인해 대륙국가의 군사사상이 주를 이루고 있었던 관계로 수년 동안 지상군 중심의 군사사상이 지배적이었다. 그러다 보니 한국군의 최상위 교리인 군사기본교리도 지상군의 영향을 많이 받을 수밖에 없었다. 다행스럽게도 현 정부 들어서 완성된 「국방개혁 2.0」의 기본작전 수행개념이 해양력과 항공우주력 중심의 전방위 다차원 작전 수행개념을 반영하여 최소의 희생으로 최단시간 내에 전투를 종료한다는 개념으로 전환됨에 따라, 이처럼 발전된 개념이 자연스럽게 군사교리 발전으로 승화되길 기대해 본다. 군의 최상위 군사교리와 국방정책을 수정하여 군사능력 및 무기체계를 개조시킬 수도 있으나, 기본적으로는 한 국가가 보유하고 있는 주요 무기체계의 운용개념과 군사능력이 군사교리 발전에 지대한 영향을 미친다.

7) 미래전 수행개념

걸프전쟁 이후 수행된 코소보전쟁, 아프가니스탄전쟁, 이라크전쟁 등 최근의 전쟁 양상은 어느 특정 군에 의하여 전쟁이 수행되기보다는 육·해·

공군과 해병대의 합동작전으로 수행되었다. 또한 정밀유도무기를 이용하여 외과의사가 환자의 환부(患部)를 도려내듯이 필요한 부분만을 골라서 선별적으로 타격하는 외과수술식 정밀공격(surgical strike)을 수행하였으며, 적의 지휘통제체제와 전쟁지도부 등 적의 전략적 표적을 타격하여 핵심 노드를 마비시켜 전쟁을 종결하는 효과중심작전(EBO : Effects Based Operations) 등을 수행하여 민간인 피해를 최소화하면서 단기간에 속전속결전을 수행하는 개념으로 발전하였다.

이에 따라 군사력을 운용하는 데 있어서 기본적인 원리와 원칙을 제공하는 군사교리도 급격하게 발전하였다. 주요 전쟁이 끝날 때마다, 전쟁을 수행하는 당사국은 물론 다국적군으로 참전한 국가들을 중심으로 작전 성과와 교훈을 분석하여 군사교리를 보완하면서 지속적으로 발전시키고 있다. 뿐만 아니라 직접 참전하지 않은 국가도 타산지석(他山之石)의 교훈을 식별하여 자국의 전장환경에 적합한 군사교리 발전에 활용하고 있다. 일례로, 문재인 정부가 중점을 두고 추진하려는 『국방개혁 2.0』의 주요 내용은 기존의 지상군 작전개념으로부터 완전히 탈피하여 첨단 해·공군력을 중심으로 한 공세적인 전력운용을 통해 전방위 입체기동전을 추구하고 있다. 이로 인해 정부가 추진하는 평화 번영정책을 강력한 힘으로 뒷받침하기 위해서는 한국군의 전력구조의 개편뿐만 아니라 군 지휘구조의 개편이 동시에 추진되어야 하며, 이와 함께 합동성을 극대화할 수 있는 육·해·공군의 싸우는 방법, 즉 한반도의 새로운 안보환경에 부합한 전법(戰法)을 군사교리로 정립해야 한다.

따라서 현대전 수행개념을 분석하여 장차 한반도 안보상황에서 예상되는 미래전 양상을 추론하고, 현존 위협뿐만 아니라 미래 잠재적 위협과 불특정 위협 그리고 초국가적 위협에 동시 대비할 수 있는 새로운 군사교리를 발전시켜 나가는 것이 매우 중요하다.

Chapter

Ⅱ. 현대전 수행 원리 : How to win?

1. 걸프전쟁 : 전쟁의 새로운 패러다임(Paradigm) 제시
2. 코소보전쟁 : 항공력만으로 전승 달성
3. 아프가니스탄 전쟁 : 산악지형에서의 대테러전
4. 이라크전쟁 : 사막지형에서의 대테러전
5. 전쟁 패러다임의 변화

첨단 과학기술의 급속한 발전에 따라 전쟁수행 방식도 비약적으로 발전하였다. 대표적인 신현실주의(neorealism) 정치학자로 알려진 캐너츠 왈츠(Kenneth Waltz, 1924~2013)에 의하면, 한 국가의 군사전략과 군사력 건설방향은 전승국가의 형태를 모방하면서 사회화(socialization) 되어가는 현상이 나타난다고 하였다. 왈츠는 1959년 자신의 박사학위 논문이자 국제정치학 저서인 『사람, 국가 그리고 전쟁(*Man, the State, and War*)』을 통하여 전쟁이 반복되는 이유에 대해 질문을 던지면서, 전쟁 방지를 위한 정확한 정책적 처방을 위해서는 먼저 논리적으로 타당한 분석이 이루어져야 한다고 강조했다. 그는 전쟁의 원인을 〈표 II-1〉과 같이 세 가지 이미지로 분류하고, 모든 국가는 국가가 추구하는 최종 가치가 있는데, 그것은 정치적 독립의 수호와 국토보존으로서 국가의 안전보장(security)과 생존(survival)이라고 하였다.

〈표 II-1〉 왈츠의 전쟁원인에 대한 세 가지 이미지

구 분	전쟁의 원인	주 창 자
첫 번째 이미지	인간 본성	홉스, 스피노자, 모겐소
두 번째 이미지	국내체제	칸트, 윌슨, 레닌
세 번째 이미지	국제적 무정부성	투키디데스, 루소

〈표 II-1〉에서 보는 바와 같이, 첫 번째 이미지(the first image)는 전쟁이라는 현상을 인간의 본성에 의한 것으로 설명하려는 시도로서, 인간의 공격성향이 전쟁의 원인이라고 보았으며, 이러한 본성이 변화하지 않는 한 평화는

불가능하다고 보았다.

두 번째 이미지(the second image)는 전쟁이라는 현상을 인간의 본성이 아니라 국내체제로 설명하고 있다. 즉 어떠한 정치체제 또는 경제체제가 지닌 내부적인 특성으로 설명하는 주장으로서, 어떠한 국가가 전쟁을 수행하는 원인은 그 국가의 정치체제가 민주적이지 않거나 경제체제가 자본주의적이기 때문이라고 주장한다. 따라서 영구적인 평화를 실현하기 위한 조건으로 칸트(Immanuel Kant, 1724~1804)와 윌슨(Thomas Woodrow Wilson, 1856~1924)은 민주주의의 전 세계적인 확산을, 레닌(Vladimir Il'ich Lenin, 1870~1924)은 세계 공산혁명의 필요성을 강조했다.

세 번째 이미지(the third image)는 전쟁이 인간의 본성이나 특정 체제의 내부적 특성이 아니라 국제체제의 무정부성(anarchy) 때문에 발생한다는 주장으로서, 전쟁의 근본적인 원인은 국가보다 상위에서 국제관계를 조율하고 특정 국가의 의무위반을 처벌할 수 있는 세계정부가 존재하지 않는 데 있다는 것이다. 따라서 생존을 위한 유일한 방법은 개별 국가의 자조행동(self-help)이며, 국제정치의 무정부체제가 사라지고 세계정부가 수립되어 위계질서가 형성되어야만 영구평화가 실현된다는 것이다.

이러한 관점의 전쟁원인 분석은 이견(異見)이 있을 수 있으나, 이 책에서는 전쟁의 원인을 이와 같은 관점과 당시의 상황적 원인을 동시에 분석하고자 한다. 전쟁교훈의 분석은 전쟁의 원인뿐만 아니라 작전 경과, 전과(戰果), 교훈 등을 종합적으로 분석해야 하며, 단순한 지식 만족 수준이 아닌 국가전략 및 안보에 있어서 필수적인 요구사항으로 인식하고, 반드시 수행되어져야 하는 과정이기 때문이다.

미국의 전 국방장관이었던 윌리엄 코언(William Cohen, 1940~)은 "한 국가의 군대가 근본적으로 새로운 방식으로 분명한 성과를 성취하기 위해 그 전략과 군사교리, 훈련, 교육, 조직, 장비, 작전, 전술 등을 변화시키는 기회를 잡은 때"를 군사혁신(revolution in military affairs)이라고 정의했다.[1] 군사혁신을 주장하는 사람들은 군사기술분야에서의 발전이 작전의 빠른 템포(tempo)와 정밀성 등을 촉진하여 미래전의 성격을 크게 변화시킬 것이라고 주장한다. 특히 컴퓨터와 우주기술의 발전에 따른 정보 수집과 정밀공격, 지휘통신체계의 발전 등으로 인해 민간인 피해를 최소화하면서 정밀한 작전을 수행할 것이라고 예견하고 있다. 이처럼 기술에 의한 군사혁신을 주장한 데 대해 밴저민 램버스(Benjamin Lambeth, 1943~)는 군사혁신은 단순히 플랫폼이나 무기체계, 정보체계와 하드웨어 설비로 가능하지 않다고 주장한다. 또한 군사혁신의 논쟁이 기술적인 마술(technological magic)에 집중되어 있어서 무생명의 하드웨어(lifeless hardware)에서 전투의 결과로 전환시키는 데 필요한 조직 편제상, 군사교리 등 개념상, 그리고 리더십 등 인적요소의 투입은 소홀히 다루고 있다고 지적한다.

한편, 클라우제비츠는 『전쟁론』(1832)에서 "전쟁은 카멜레온과 같다. 왜냐하면 전쟁은 각각의 전쟁 상황마다 그 특성을 조금씩 바꾸기 때문이며, 역설적 삼위일체(paradoxical trinity)를 띠기도 한다."고 하였다.

삼위일체란, 첫 번째로 전쟁의 요소인 증오와 적대감의 원초적 폭력성으로서 이는 맹목적 본능과 같으며, 둘째는 개연성과 우연의 도박으로서 이것은 전쟁을 자유로운 정신활동으로 만든다. 세 번째는 정치적 도구라는 종속성으로서 전쟁은 오성(悟性)[2]의 영역에 속하게 된다는 것이다. 이러한 세

---

1) John Baylis, Steve Smith, and Patricia Owens, *THE GLOBALIZATION OF WORLD POLITICS : An Introduction to International Relations* (United Kingdom : Oxford University Press, 2014), p.194.

2) 오성(悟性)의 사전적 의미는 사물에 대하여 논리적으로 이해하고 판단하는 능력으로서, 클라우제비츠의 전쟁이론을 해석하는 열쇠가 되는 단어이다. 그럼에도 불구하고 이제까지 역어(譯語)는 이성, 지성, 지력 등으로 번역되어 왔다. 독일어의 'Verstand'가 한국어 및 일본어에서는 '오성'으로, 영어에서는 'understanding'으로 번역되고 있다. 칸트의 인식론, 즉 『순수이성비판』(1781)에 의하면, 오성이란 경험할 수 있는 현상세계까지의 영역을 담당하고, 이성은 경험이 미치지 않는 또 감각적 경험과 관계가 없는 실체의 세계, 즉 이념, 신(神), 자유, 불사(不死) 등의 영역을 담당한다고 했다. 이종학, 『군사고전의 지혜를 찾아서』(대전 : 충남대학교 출판문화원, 2012), p.241.

가지 중에서, 첫 번째는 주로 국민과 관련되고, 두 번째는 주로 지휘관과 그의 군대와 관련되며, 세 번째는 주로 정부와 관련되어 있다. 즉 전쟁 중에 꺼질 줄 모르고 타오르는 열정은 국민적 의지의 일치이며, 개연성과 우연의 영역에서 용기와 능력이 발휘되는 범주는 지휘관과 군대의 특성에 달려 있다. 그러나 정치적인 목적은 오로지 정부의 영역에 속하는 문제이다. 이러한 세 가지 요소는 각각 매우 다른 법칙처럼 보이지만 모두 전쟁이라는 주제의 본질에 깊이 뿌리를 내리고 있으며, 또한 바뀔 수 있는 것이다.

따라서 저자는 우월한 기술과 군사교리로 미국이 압도적인 승리를 거둠으로써 전쟁의 성격을 변화시켰고 군사분야의 혁신을 초래한 걸프전쟁과 20세기 마지막 전쟁으로 일컬어졌던 코소보전쟁 그리고 9·11테러 이후, 미국이 테러와의 전쟁을 선언하고 수행했던 아프가니스탄전쟁과 이라크전쟁 등 최근의 전쟁 사례들을 분석하여, 이러한 전쟁을 통하여 새롭게 대두된 작전개념과 무기체계, 그리고 새로운 군사교리의 발전 추세를 분석하고자 한다.

1. 걸프전쟁 : 전쟁의 새로운 패러다임(Paradigm) 제시

1) 전쟁의 배경 및 원인

중동지역은 아시아, 아프리카, 유럽의 대륙을 연결하는 전략적 요충지이면서 석유자원의 보고(寶庫)로서 열강들의 국가이익이 첨예하게 상충되는 지역이다. 중동지역의 특수성으로 인해 역사적으로 부단한 외침(外侵)과 식민지 지배의 쓰라린 경험으로 서구 열강에 대한 아랍민족주의의 저항의식이 잠재되어 있었으며, 정치적으로 국가 간 갈등이 상존하고 있었고, 사회적으로는 종교적, 인종적 반목 및 갈등으로 인해 첨예한 대립상태에 놓여 있었다. 특히, 당시 동유럽의 개혁과 개방이라는 국제질서의 새로운 흐름 속에서 세력구조의 다극화와 다원화, 탈 이데올로기적 자국의 실리 추구 경향으로 인해 영토문제와 자원 확보 등 국가 간 분쟁요인은 증대되고 있었다. 한편, 이라크의 사담 후세인은 1980년대부터 1990년까지 막대한 국방비[3]를 투입하여 대량살상무기 개발과 함께 소련으로부터 군사무기를 수입하는 등 페르시아만(灣) 지역에서 가장 강력한 군사력을 증강해 왔다.

걸프전쟁의 배경은 1980년대 발생한 이란-이라크전쟁[4]에서부터 찾을 수 있다. 1961년 쿠웨이트가 영국보호령에서 독립된 이래, 이라크가 쿠웨이

[3] 1990년 당시 이라크 정부는 연간 129억 달러의 국방예산을 투입하였는데, 이는 1인당 국민소득 1,950달러 중에서 712달러에 달하는 것으로 국민소득의 37%를 국방비에 투입하였다.

[4] 1980년 9월 22일 이라크의 사담 후세인이 이란을 침공하면서 발생하였다. 군사행동의 주 목표는 샤트알아랍강(이라크 남동쪽, 티그리스강과 유프라테스강의 합류점부터 페르시아만까지 흐르는 강으로 길이는 약 190㎞임)의 획득 및 이란의 혁명적 정권의 타도였다. 이라크는 선전포고 없이 공격했지만, 그들은 전쟁을 진척시키지 못하고 이란에게 격퇴 당한다. UN 안보리의 휴전명령에도 불구하고 이라크는 1988년 8월 20일까지 백만여 명의 사상자를 내며 전쟁을 계속했다.

트에 대해 영유권을 주장하면서부터 이라크와 쿠웨이트의 국경분쟁이 지속되고 있었다. 그러던 중 1980년 이란-이라크 전쟁이 발발하게 되었고, 이 전쟁은 장기화되어 휴전(休戰)했던 1988년까지 8년 동안 전쟁을 지속하면서 이라크는 400억 달러 규모의 빚을 지게 되었다.[5] 이 전쟁이 지속되는 동안 쿠웨이트는 이라크와의 국경분쟁지역에 유전(油田)을 설치하게 되었다.

이란-이라크전쟁이 끝난 후, 이라크는 쿠웨이트의 유전 설치에 항의하게 되었고, 이는 쿠웨이트 영토에 대한 침략의 발판이 되었다. 1989년 동유럽 혁명이 발발하였고, 같은 해 12월 3일 몰타회담[6]에서 냉전 종식이 선언되었다. 이렇게 해서 '미국과 소련의 대리전쟁'이라는 전쟁의 구실은 사라지게 되었다. 이라크군이 쿠웨이트를 침공한 날인 1990년 8월 2일은 몰타회담이 끝난 지 8개월이 지난 날이자, 동서독이 통일(1990년 10월 3일)을 앞둔 2개월 전이었다. 즉 전쟁의 양상이 공산주의와 반공주의 이념 대립과 미국과 소련의 대리전쟁 개념을 상실한 것이다.

1990년 8월 2일 이라크는 30만 대군을 이끌고 쿠웨이트를 침공하였는데, 당시 이라크가 내세운 침략의 이유는 쿠웨이트가 자신들의 석유를 몰래 채취하고 있으며, 19세기 제국주의의 유럽 열강국가가 본래의 이라크 영토에서 쿠웨이트를 분리해냈기 때문이라고 하였다. 3만여 명의 쿠웨이트군은 순식간에 무너졌고, 이라크군은 3시간 만에 쿠웨이트 수도인 쿠웨이트시에 진입했다. 이 도시는 후에 사담시로 개명되었다. 쿠웨이트 국왕은 사우디아라비아로 피신하였으며, 유엔 안보리는 이라크에 철수를 요구하며 제재

---

5) 국방군사연구소, 『걸프전코소보전쟁 분석』(서울 : 국방군사연구소, 1992), pp.32~37.

6) 몰타 미·소 정상회담(영어 : Malta Summit, 러시아어 : Мальтийский саммит)은 미국의 조지 H. W. 부시 대통령과 소련 공산당 서기장 고르바초프가 1989년 12월 2일과 3일, 이틀 동안 지중해 몰타에서 가진 정상회담으로서, 회담을 끝낸 두 정상은 공동기자회견에서 '동서가 냉전 체제에서 새로운 협력시대로 접어들고 있다'고 선언하였다. 또한 핵무기 감축 등 군축협정 체결을 위한 논의에 진전을 보았으며, 지역분쟁 해결원칙에 합의했음을 밝혔다. 또한 미국은 소련의 경제개혁정책에 광범위한 지원 조치를 취할 것을 약속하였다.

를 가했다. 하지만 이라크는 오히려 쿠웨이트공화국을 수립한 후, 일방적인 합병을 선언하였다.

미국은 즉각 사막의 방패(desert shield)[7]작전이라 명명(命名)하고 우방국들과 함께 쿠웨이트 해방을 위한 군사작전을 개시하였다. 사우디아라비아에 6척의 항공모함, 46만여 명의 병력, 1,300여 대의 최신예 전투기를 배치하였고, 당시 미국과 이해관계가 얽혀있던 사우디아라비아, 영국, 프랑스, 이집트 등 주요 국가들도 다국적군에 합류하였다. 당시 미국, 프랑스, 소련 등은 분쟁을 평화적으로 해결하기 위해 노력했으나 수포로 돌아갔고, 유엔은 11월 29일 유엔 안보리 결의안 제678호[8]를 통해 전쟁수행을 위한 무력사용을 허용하였다.

2) 작전 경과 및 특징

1991년 1월 17일 01시 30분을 기하여 사막의 폭풍작전(Operation Desert Storm)이 개시되었다. 미국과 다국적군은 토마호크 지상공격 미사일 등 장거리 정밀유도무기와 F-117 스텔스전투기, F-15E 전투기, GR-1 토네이도 전투기 등 첨단 항공력을 이용하여 이라크의 주요 지휘부와 지휘통제시설, 방공망 등 주요 전략 표적에 대하여 일제히 공격을 감행하였다. 전쟁 개시 이전까지 50만 명 이상의 미군 전력이 걸프지역에 전개되었다.

지상군의 주요 부대로는 제3기갑사단, 제24보병사단, 제82공정사단, 제101공정사단, 제3군단의 포병부대인 제2기갑연대와 제3기갑연대 등이다.

---

7) 미 해군의 전사가(戰史家)인 프리드먼(Norman Friedman)은 작전명을 사막의 방패(desert shield)로 정한 이유에 대해 "미국의 걸프지역에 대한 군사력 증강은 사우디아라비아에 대한 더 이상의 공격을 방어하기 위한 점을 강조하기 위하여 작전의 별칭(別稱)을 사막의 방패로 칭한 것이다."라고 하였다. 해리 섬머스 지음, 권재상, 김종민 옮김, 『미국의 걸프전쟁 전략』(서울 : 자작 아카데미, 1999), p.220.

8) 유엔 안보리는 12대 2의 표결 결과(쿠바와 예멘은 반대하였고, 중국은 불참)로 유엔 회원국들에게 이라크가 1991년 1월 15일까지 쿠웨이트로부터 철수하지 않을 경우에 유엔 안보리 결의안을 시행하기 위한 '모든 필요한 수단'의 사용을 허가하였다. 상게서, p.227.

미국 해군전력으로는 7함대를 포함하여 120척의 함정과 400여 대의 항공기를 보유한 항모전투단 및 수상전투단이 전개되었다. 미국 해병대 전력으로는 제1해병원정군을 포함하여 해병전력의 2/3에 상당하는 제1해병사단, 제2해병사단, 제3해병비행단과 1개의 해병원정여단이 포함되었다. 미국 공군 전력은 제9공군의 1,200여 대의 항공기가 전개되었는데, 이 중에는 전차 공격기인 A-10과 F-16, F-111 전폭기와 F-117 스텔스전투기가 포함되었다. 여기에 미국 전략공군사령부의 제42폭격비행단과 제93폭격비행단 소속의 B-52G 대륙간 전략폭격기가 추가되었으며, EF-111A 전자전기와 RF-4C, TR-1A, U-2R 등의 전술정찰기 및 전략정찰기 등이 전개하였다.[9] 이처럼 막강한 전투력을 가진 미군을 포함한 다국적군의 작전단계 및 전구목표는 〈표 II-2〉와 같다.

〈표 II-2〉에서 보는 바와 같이, 사막의 폭풍작전은 이라크의 전략적 중심(重心, Center of Gravity)[10]을 공격하여 전쟁수행능력을 조기에 파괴할 목적으로 4단계로 수행하였다.

9) 상게서, p.240.

10) 중심(重心, Center of Gravity)이란 정신적 또는 물리적인 힘, 행동의 자유 또는 전투의지를 제공하는 능력 또는 힘의 원천을 말한다. 파괴시 전체적인 구조가 균형을 잃고 붕괴될 수 있는 물리적 또는 정신적 요소로서 전략적 수준의 중심과 작전적 수준의 중심으로 구분되며, 전략적 수준의 중심이란 동맹관계, 정치 또는 군사지도자의 통치력, 특정 능력이나 기능, 국가의지 등 무형적인 요소에서 식별되나, 지도자의 통치력이나 국가의지 등이 군사력에 의존할 경우에는 군사력 자체가 전략적 중심이 될 수 있다. 작전적 중심이란 통상 특정 무기체계, 강력한 부대 등과 같이 군사분야의 유형적인 요소에서 식별되나, 전체적인 군사적 능력이 특정 무기체계나 부대에 의존하지 않을 경우에는 작전템포를 유지하는 능력이나 작전지속능력과 같이 무형적인 능력에서도 식별될 수 있다.

〈표 II-2〉 걸프전쟁의 작전단계 및 전구목표와 주요 전력

구 분	전구 목표	주요 전력
전략적 항공전역 (1.17.~18.)	·전쟁지도부 및 C4I체계 무력화 ·공중우세 획득 및 병참선 차단 ·화생방능력 무력화 ·공화국 수비대 격멸	·Tomahawk 미사일 ·항공기 - F-15E/16/111/117, F/A-18, A-10, JAGUAR 등
전구내 전과확대 (1.19.~26.)	·공중우세 확대 ·병참선 차단	·Tomahawk 미사일 ·항공기 - F-15E/16/111/117, F/A-18,B-52, A-10, AH-64, JAGUAR 등
지상전역 준비 (1.27.~2.23.)	·병참선 차단 ·화생방 능력 무력화 ·공화국 수비대 격멸	·항공기 - F-15E/16/111/117, F/A-18, A-4/6/7/10, AV-8, AH-64, JAGUAR 등
공세적 지상전역 (2.24.~28.)	·병참선 차단 ·공화국 수비대 격멸 ·쿠웨이트시 해방	·항공기 - F-15E/16, B-52, A-10, AH-64 등 ·지상전력 : M1A1 전차 등

제1단계는 전략적 항공전역(air campaign)을 수행하는 단계로서, 항공력을 이용하여 이라크의 전쟁지휘부, C4I체계, 공화국 수비대 등 이라크의 전략적 중심을 파괴함과 동시에 이라크의 공군력과 방공체계를 무력화함으로써 조기에 공중우세를 확보하고, 이라크의 생화학무기와 핵무기시설을 파괴하여 전쟁수행능력을 마비시키는데 전구목표를 두었다.

제2단계에서는 작전 전구(戰區)에 위치한 이라크의 지대공미사일(SAM)체계와 대구경 대공포(AAA) 등 방공전력을 제압하기 위한 적방공망제압(SEAD)

작전과 전자전(EW) 등을 실시하여 공중우세를 확대하고, 이라크의 보급기지 및 탄약고, 교통시설, 도로 등에 대한 공중공격으로 전구 내 병참수송체계를 차단하는 등 전과확대에 목표를 두었다.

제3단계에서는 지상전을 준비하는 단계로서 전구 내 병참선 차단, 화생방능력 무력화, 그리고 참호를 파고 은신해 있는 이라크 지상군 등 공화국 수비대를 격멸하는 데 중점을 두고 지속적으로 실시하였다.

제4단계에서는 지상전을 수행하는 단계로서 쿠웨이트 해안에 대한 해병대의 상륙공격을 포함하여 전투기와 AH-64 아파치헬기, A-10 공격기 등 항공력을 이용한 공중공격과 M1A1 전차 등 지상전력을 이용한 공격 그리고 해상에서의 함포공격 등 공세적 지상전역(ground campaign)을 수행함으로써 쿠웨이트를 해방시켰다.

다국적군은 다수의 군사전문가들의 예상과는 달리, 전쟁 발발 42일 만에 150명 미만의 경미한 인명피해를 입으면서 이라크군을 쿠웨이트 국경으로부터 퇴각시키고, 이라크군 수십만 명을 포로로 잡는 등 전쟁의 정치적 목표를 완벽하게 달성하였다.

걸프전쟁의 가장 큰 특징은 초전에 항공전력을 이용하여 이라크의 전쟁지휘부, 지휘통제시설 등 전략적 중심을 마비시켜 전쟁 승리를 위한 유리한 조건을 달성함으로써, 새로운 패러다임의 전쟁수행 방식을 보여 주었다. 전체 전쟁기간 42일 중에서 38일 동안 항공력을 이용한 공중작전을 수행하였으며, 단 4일(100시간)에 걸친 지상작전을 통해 전쟁 승리를 달성하였다.[11] 또한 걸프전쟁은 이전의 전쟁과 구별되는 새로운 변화요인을 갖고 있는데,

---

11) 사막의 폭풍작전은 미 육군이 월남전 이후 완벽하게 부활했다는 사실을 입증해 주었다. 미 육군은 기술과 훈련에서의 우위 덕분에 결정적으로 승리했고, 사상자 수는 예상과 달리 1,000명 미만에 머물렀다. 이와 같은 성공에도 불구하고 미 육군 지휘부는 공군력 덕분에 전쟁에서 승리했고, 육군은 더 이상 전략적 차원에서 무의미하다는 인식이 퍼져 나가는 것을 우려했다. 오스틴 롱, 「라인강에서 티크리스 강까지, 그리고 이를 넘어 : 미국 육군의 진화와 학습, 1990~2015」, 『21세기 한국과 육군력-역할과 전망』(서울 : 한울 아카데미, 2016), p.23.

그것이 바로 과학기술, 전쟁기획, 훈련, 합동성 및 상호운용성 측면에서 기존의 패러다임을 깬 전쟁이었다.

첫째, 과학기술적 요인으로 미국을 비롯한 다국적군의 새로운 무기체계 기술이 전장에서 실전적으로 적용되었다. 실례로, 정밀유도무기(PGM)와 F-117 스텔스전투기의 결합은 작전 효율성을 크게 향상시켰다. 당시 스텔스전투기의 출격은 전체 출격 항공기의 2%에 불과했지만 전략 표적의 40%를 파괴시켰으며, 미 공군의 경우 정밀유도무기는 총 사용무장의 9%를 투입하였으나, 전체 전략 표적의 75%를 파괴하는 괄목할만한 성과를 창출하였다. 또한, 걸프전쟁에서 첫 선을 보인 합동 감시 및 표적공격 레이더체계(E-8 JSTARS : Joint Surveillance and Target Attack RADAR System) 항공기는 Keyhole II 등 60여 개의 인공위성과 함께 상호 연동을 통해 C4ISR[12] 개념을 발전시켜서 적의 이동표적을 근(近) 실시간(near realtime)으로 식별하여 타격할 수 있었다.

둘째, 전쟁기획 요인으로서, 군사교리의 핵심인 '전쟁의 원칙' 중에서도 가장 중요한 지휘통일의 원칙(unity of command)[13]을 적절히 적용하였다. 미국의 조지 H.W.부시(George Herbert Walker Bush, 1924~2018) 대통령은 걸프전쟁의 영웅으로 불리는 다국적군 총사령관 노먼 슈와츠코프(Herbert Norman Schwarzkopf Jr., 1934~2012)장군과 합동군 공군구성군사령관인 호너(Chunk Horner, 1936~) 장군에게 전쟁목표를 하달하였는데, 그것은 쿠웨이트에서 이라크를 철수시키고 지역안전을 위협하는 후세인의 능력을 제거하라는 것이었다. 이를 기초로 작전기획과 군수기획을 수립하여 전쟁을 기획하였으며, 항공작전은

---

12) Command, Control, Communications, Computers, Intelligence, Surveillance and Reconnaissance의 약자로서, 군 작전을 효율적으로 수행하기 위하여 C4I에 감시와 정찰을 유기적으로 결합한 용어를 말한다. C4ISR는 전자 통신기술의 진보와 더불어 감시와 정찰기술이 보다 정밀하고 다양해짐에 따라 적의 상황을 먼저 보고, 먼저 공격할 수 있는 감시와 정찰 기능을 C4I에 결합한 것을 말한다.

13) 지휘통일의 원칙(unity of command)은 단일의 책임지휘관 아래 목표 달성을 위한 모든 노력이 집중될 수 있도록 보장해 준다. United States Air Force HQ, *Air Force Basic Doctrine, Organization, and Command* (Washington D.C. : United States Air Force HQ, 2011), p.30.

항공임무명령서(ATO : Air Tasking Order)를 통해 하달함으로써 중앙집권적인 통제와 분권적 임무수행(centralized control and decentralized execution)이라는 지휘통일의 원칙을 효율적으로 적용하였다.

셋째, 훈련 요인으로서, 집중적이고 강도 높은 실전적 훈련을 통하여 첨단 장비 및 무기체계 운용능력과 체계적 지식을 배양하여 연합 및 다국적 전투에서 승리하는 결정적인 역할을 수행하였다. 이라크 공군은 고성능 장비들을 보유하고 있었으나, 이를 조작하는 능력이 부족하여 장비의 성능을 제대로 발휘할 수 없었다. 반면 다국적군은 첨단 장비 및 무기체계를 운용하는 지식과 능력이 뛰어나 제 성능을 모두 발휘할 수 있었다.

넷째, 육·해·공군 간의 합동성(jointness)과 다국적군 간에 상호운용성(interoperability) 신장을 통하여 합동작전과 다국적군 작전을 효율적으로 수행할 수 있었다. 사막의 방패 작전기간 동안 실시한 군수물자의 전개와 연합 및 다국적군 훈련은 상호운용능력을 배양하는데 중요한 역할을 수행하였다. 슈와츠코프 다국적군 사령관은 걸프전쟁 후에 "사막의 방패와 사막의 폭풍 작전은 확실하게 전통적인 합동작전이었으며, 진정한 통합작전의 예를 보여 주었다."[14]라고 술회 하였다.

끝으로, 단 100시간의 지상작전 수행을 통해 전쟁을 종결시켰다는 점이다. 첨단 항공력과 토마호크 미사일 등 원거리 정밀 유도무기를 이용하여 적의 전략적 중심을 무력화하고 이라크 공화국수비대를 격멸시킨 후, 결정적 작전을 수행할 수 있는 여건이 조성되었다고 판단되었을 때, 비로소 지상군을 투입하여 전승을 달성함으로써 큰 인명피해 없이 전쟁에서 승리를 쟁취하는 새로운 방식의 전쟁을 수행하였다.

14) Herbert Norman Schwarzkopf, "A Tribute to the Navy-Marine Corps Team", *U.S. Naval Institute Proceedings* (August 1991), (Annapolis: U.S. Naval Institute, 1991), p.44.

3) 군사교리 측면에서의 교훈

걸프전쟁을 불과 몇 달 남겨두지 않은 상태에서, 당시 미국의 공군참모총장이었던 마이클 듀간(Michael J. Dugan, 1937~) 장군이 경질되었는데, 그 이유는 걸프전쟁 수행개념을 사전에 언론에 노출시켰다는 이유였다. 즉 1990년 9월 17일 마이클 듀간 장군은 *LA Tames*지의 존 보더(John M. Border) 기자와 *Washington Post*지의 릭 액킨스(Rick Atkinson, 1952~) 기자에게 앞으로의 작전에 대한 전략개념에 대한 질문을 받고, "지상군은 쿠웨이트를 재점령하기 위해 필요할 것이다. 그러나 병사들이 걸어 들어가서 전투다운 전투를 수행하지 않아도 될 정도로 공군이 적의 저항을 산산조각 낸 후에 그렇게 될 것이다."[15]라고 답했다. 이러한 인터뷰가 보도되자, 미국의 딕 체니(Dick Cheney, 1941~) 국방장관은 마이클 듀간 장군의 경질을 발표하면서 "결코 논의하지 않아야 할 것들이 있다. 그리고 나는 일반적인 정책문제처럼 우리가 다른 군의 공헌이 경감되는 것을 원하지 않는다고 생각한다."[16]라고 말했다. 이는 마이클 듀간 장군의 경질 이유가 걸프전쟁에서의 새로운 작전개념을 사전에 노출시키면서 항공력에 대한 과대평가와 함께 합동성 차원에서 지상군에 대한 배려를 간과했다는 것이었다.

이처럼 걸프전쟁은 전쟁수행방식과 군사교리적 측면에서 전쟁 수행방식을 획기적으로 변화시킨 전쟁으로 평가 받았다. 미국과 다국적군은 압도적인 공세적 군사전략 하에 단기·속전속결전으로 전쟁을 수행하여 42일 만에 전승을 달성하고 종전을 선언하였다. 걸프전쟁에서 수행했던 항공작전과 지상작전은 월남전 교훈을 분석하여 최초로 개념화한 공·지 전투를 근간으로 발전시킨 공·지 작전(air-land operation)을 입체적으로 수행한 병행공격(parallel attack) 방식으로 수행하였다.

---

15) Michael J. Dugan, Quoted in David C. Morrison's, "Overestimating Air Power", *National Journal* (September 29, 1990), p.236.

16) Dick Cheney, "News Conference by Defense Secretary Dick Cheney", *The Reuters Transcript Report* (September 29, 1990), pp.1~2.

항공작전은 최우선적으로 공중우세를 확보하는데 중점을 두었으며, 적 종심지역에 대한 지속적인 전략폭격과 항공차단, 근접항공지원작전 등 유리한 작전 수행여건을 조성하기 위해 투입되었고, 지상작전은 지상 원거리 포병화력을 통해 적을 포위 섬멸하는 방식으로 진행되었다. 즉 이 전쟁은 2차 세계대전의 탱크를 기반으로 한 지상 전격전(電擊戰)에서 첨단 항공력과 토마호크 미사일 등 원거리 정밀유도탄을 이용하여 유리한 전장환경과 작전 수행여건을 조성해 놓고, 공·지 전격전의 형태로 전쟁을 종료한 새로운 형태의 현대전으로 평가받고 있다. 이러한 전쟁 수행방식으로부터 식별한 군사교리 측면의 교훈은 다음과 같다.

첫째, 지휘·통제·통신·컴퓨터 및 정보·감시·정찰(C4ISR)체계를 기반으로 한 정보전(IW) 개념이 대두되었다. 즉 전장의 지휘관은 우주를 비롯한 지·해상 및 공중공간에 배치된 정보·감시·정찰(ISR) 자산을 이용하여 전장의 모든 상황을 한 눈에 보고, 실시간으로 지휘결심이 가능했다. 전장의 긴급 표적에 대해서도 표적 식별에서부터 표적화(targeting), 공격에 이르기까지 근 실시간으로 공격할 수 있었다.

둘째, 단일 지휘관에 의한 항공력의 중앙집권적 통제가 가능했다. 합동군 공군구성군사령관인 호너 장군에 의해 모든 항공력이 중앙집권적으로 통제되었다. 항공력의 운용은 중앙집권적 통제와 분권적인 임무수행이 전제되어야 하며, 공중 및 우주공간을 이용하여 작전을 수행한 관계로, 공중공간을 효율적으로 통제하기 위해서는 단일 지휘관에 의해 지휘통제가 이루어져야 한다.

셋째, 항공력에 의한 전략목표공격과 이라크의 중심(重心)에 대한 공격으로 핵심 전력을 무력화해 전략적 마비를 달성하는 개념으로 전쟁이 수행되었다. F-117 스텔스 폭격기와 토마호크 미사일 등 항공력을 이용하여 이라크의 방공망과 지휘통제시설, 전쟁지휘본부 등을 무력화하여 초전에 전쟁 주도권을 장악한 후에 결정적 시점에 지상작전을 수행함으로써 인명피해를 최소화한 가운데 효율적인 전쟁을 수행하였다.

넷째, 인명(人命) 중시의 전쟁관이 확립되어 대량 인명살상보다는 효과에 중점을 둔 효과중심작전(EBO) 개념으로 수행하였다. 주요 전장상황이 생방송으로 TV에 중계됨에 따라, 인명을 중시하고 탈(脫)대량파괴를 지향하는 정밀공격과 부수적 피해를 방지하면서 효과를 지향하는 스마트전쟁 개념으로 수행되었다.

마지막으로 인공위성을 이용한 정보자산의 중요성과 함께 작전영역이 우주와 사이버 공간으로 확장되었다. 1957년 소련의 스푸트니크호 발사 이후 미국이 역점을 두고 추진해 왔던 우주의 사용, 즉 우주공간이 4차원의 전장으로 대두되었으며, 사이버 공간이 5차원의 전장으로 자리매김 되었다.

2. 코소보전쟁 : 항공력만으로 전승 달성

1) 전쟁의 배경 및 원인

코소보는 신유고연방 세르비아공화국에 속한 자치주(自治州)로 주민의 80% 이상이 알바니아계로 구성되어 있었다. 발칸반도에서 일어났던 분쟁들처럼 민족 간의 갈등으로 분쟁이 시작되었는데, 코소보전쟁의 시초는 알바니아계의 분리 독립운동을 세르비아계가 무력으로 진압하면서 학살을 자행하는 등 민족 간의 갈등으로 인해 시작되었다.

직접적인 배경은 1996년에 코소보 내에 알바니아계 분리주의 무장조직인 코소보 해방군(KLA : Kosovo Liberation Army)을 결성하여 분리 독립을 본격화하자, 이를 저지하기 위한 밀로세비치(Slobodan Milosevic, 1941~2006)의 탄압이 시작되었으며, 급기야 1998년 2월에는 코소보 주민을 대량으로 학살하는 사태가 발생하였다.[17] 1998년 3월부터 세르비아군은 코소보 반군 소탕작전을 전개하기 시작하였고, 이 과정에서 반군뿐만 아니라 반군 거점지역의 민간인까지 대량으로 학살하는 사태가 발생하였다. 이에 1998년 3월 31일 유엔(UN)은 신유고연방에 대하여 무기금수조치를 취했고, 미국과 나토는 1998년 6월 인권보장과 발칸반도의 평화정착을 목표로 군사개입을 선언하고 코소보에서 세르비아 병력을 철수시킬 것을 촉구하였다. 그러나 세르비아는 이를 무시한 채 9월에는 세르비아계가 코소보의 독립투쟁을 강경 진압함으로써 대립이 격화되었다. 이후 밀로세비치 세르비아 대통령과 서방측은 평화협상을 벌였으나 결렬되자, 같은 해 3월 20일에는 유고군이 코소보 해방군에 대하여 총공세를 단행하였다.

이에 미국은 홀부르크(Richard Holbrooke, 1941~2010)를 특사로 유고에 파견하여 중재를 시도했으나 성공을 거두지 못하자, 3월 24일에 NATO와 함께 인

---

17) 합동참모본부, 『코소보 전쟁 종합 분석』(서울 : 합동참모본부, 1999), p.59-6.

권 보호라는 명분으로 코소보 내 유고군에 대한 공습을 시작하였다.

2) 작전 경과 및 특징

코소보전쟁은 1999년 3월 24일, 'Operation Allied Force'라는 작전명으로 개시한 20세기의 마지막 전쟁으로서 〈표 II-3〉과 같이, 미국을 비롯한 NATO군이 항공력을 이용한 강압전략으로 유고정부가 78일 만에 나토(NATO)측의 5개 평화안[18]을 수용케 함으로써 전쟁을 종결하였다.

〈표 II-3〉 코소보전쟁의 작전단계 및 전구목표와 주요 전력

구 분	전구 목표	주요 전력
준비 단계 (3.24. 이전)	전투력 증강	· Tomahawk 미사일 · 항공기 - B-1/2, F-15E/117, F/A-18, A-10, EA-6B, E-3C, E-8 JSTARS, EC-135, RC-135, Tornado 등
여건 조성 (3.24.~30.)	항공기/미사일을 이용한 전략기지 공격 (방공망 무력화)	
유고군 고립 (3.31.~4.18.)	코소보 지역내 유고군 무력화	
유고군 격멸 (4.19.~6.9.)	全 유고지역으로 공격범위 확대	

나토군은 항공력을 중심으로 우주자산과 장거리 정밀무기를 이용하여, 마치 외과의사가 환자의 환부를 도려내듯 외과수술식 타격(surgical strike)으로 인명피해를 최소화 한 '깔끔한 전쟁(clean war)'을 수행하였다. 이 전쟁의 두드러진 특징으로는 유고군이 나토연합군의 압도적인 항공력을 저지하기 위한 방편으로 사이버전(cyber warfare)[19]을 적극적으로 수행하였다.

---

18) 5개 평화안은 ① 정전, ② 세르비아군 철군, ③ 국제평화유지군 주둔, ④ 난민귀환, ⑤ 코소보 독립인정 등이다.

19) 사이버전이란 사이버 공간 내부에서 수행되는 정보전 또는 외부에서 수행되는 사이

유고군의 훈련된 해커(hacker)들은 대량의 전자우편을 발송하여 백악관의 웹서버(Web server)를 다운시켰고, 나토군 사령부 홈페이지를 구동하는 서버를 해킹(hacking)하여 주요 기능을 마비시켰다. 또한 각종 홈페이지에 나토군에게 불리한 내용의 글을 지속적으로 게재하여 심리전을 전개함으로써, 미국 및 나토연합군이 초기 작전을 수행하는데 큰 혼란을 초래하였다.

코소보전쟁이 남긴 중요한 교훈 중 하나는 상대적으로 열세한 군사력을 보유한 국가일지라도 사이버전을 효과적으로 수행할 수 있다면 전쟁을 유리하게 전개시킬 수 있다는 점이다. 코소보전쟁의 교훈을 반영한 미국은 이라크전쟁에서 사이버전을 확대하여 컴퓨터 네트워크 공격을 단계별로 실시함으로써 후세인의 리더십을 약화시키고, 이라크의 지휘통제망을 마비시키는 등 사이버 공간에서의 우위를 통해 정보전·심리전을 효과적으로 수행할 수 있었다.

3) 군사교리 측면에서의 교훈

나토와 러시아는 코소보전쟁의 평화적 해결을 위한 노력을 거듭한 끝에, 유고정부가 1999년 6월 3일 '코소보 평화안'을 수용하기로 발표하기에 이르렀고, 같은 해 6월 9일 나토와 유고군이 코소보에서 철군하는 것에 대한 군사실무협상에 합의함으로써 78일 만에 전쟁이 종료되었다.

코소보전쟁을 통하여 식별된 군사교리 측면의 교훈을 살펴보면, 첫째, 비대칭전[20]을 수행하였다는 것이다. 비대칭전은 적·아 간 공격과 방어의 성격이 서로 다른 군 간에 이루어지며, 가장 상승효과가 큰 전력의 배합으

버 공간에 대한 물리적 공격이나 방어 행위이다. 광의의 사이버전 개념은 사이버 공간 내에서 수행되는 공격 및 방어 행위뿐만 아니라 사이버 공간에 대한 외부의 물리적 공격과 방어 행위를 포함한다. 국방대학교, 『한국군 사이버전 대비방향 연구』(서울 : 국방대학교, 2009), p.39.

20) 비대칭전(asymmetric warfare)은 상대방이 효과적으로 대응할 수 없도록 하기 위하여 상대방과 다른 수단, 방법, 차원으로 싸우는 전쟁 수행방법 또는 양상을 말한다.

로 이루어지는 전쟁수행 방식으로써 비대칭전의 목표는 비대칭적 전력운용으로 상승효과를 극대화 하는 데 있다. 미국과 나토는 전쟁목적을 달성하기 위해서 코소보지역의 전장환경을 분석하여 지상군의 투입보다는 단계적인 항공작전 수행이 적합하다는 판단 아래, 항공력만을 이용한 공습으로 전쟁을 종결한 것이다. 이에 맞선 세르비아는 공습을 막기 위해 무고한 민간인을 인간방패로 이용함으로써 상호 비대칭전을 구사한 것이다.

둘째, 지휘·통제·통신·컴퓨터 및 정보·감시·정찰(C4ISR)체계의 중요성과 이를 통한 실시간 지휘통제의 중요성이 입증되었다. 유·무인 정보·감시·정찰(ISR)체계를 이용한 작전 수행으로 위장 및 은폐된 표적과 악기상 시에도 원활한 작전을 수행하였다. 특히 산악지역이 많은 코소보지역에서 무인항공기의 역할은 적의 주요 지역을 지속적으로 정찰하여 작전 성공에 크게 기여하였고, 미래의 전장에서 정보·감시·정찰(ISR) 임무를 수행하는 데 있어 무인항공기의 역할이 증대될 것임을 예고해 주었다. 또한, 나토의 주요 지휘관들은 화상(畵像)회의를 지휘통제의 수단으로 활용하여 전장 상황 발생과 거의 동시에 의사결정을 가능케 함으로써 작전 템포(tempo)를 크게 향상시켰다.

셋째, 비살상무기와 정밀유도무기의 효과가 입증되었다. 미국이 탄소섬유 필라멘트를 이용한 흑연폭탄인 CBU-94(blackout bomb)[21]를 투하하여 정전(停電)을 유발함으로써 유고 시민들의 심리적 공황상태를 초래해 비살상무기가 전략무기로서의 역할을 수행하였다. 또한, 1997년에 실전에 배치된 합동정밀직격탄(JDAM : Joint Directed Attack Munition)을 최초로 사용하여 효과적인 작전을 수행하였다. 이로써 앞으로의 전쟁에서는 비살상무기와 합동

---

21) 흑연폭탄은 전력시설을 공격하기 위해 제조된 특수 폭탄으로서 폭탄이 발사되면 여러 개의 하부 폭탄으로 분류되고, 분리된 하부 폭탄으로부터 화학 처리된 탄소흑연 필라멘트가 살포되어 변압기, 전압 개폐기 등과 같은 전력 배급시설에 전착되어 전력을 단절시킨다. 비살상 무기의 일종인 흑연폭탄은 코소보전쟁에서 1999년 5월 2일 최초로 사용되었으며, 공격하고자 하는 전력시설에만 효과를 미치고 주변의 부수적인 시설 피해를 최소화하기 때문에 일명(一名) 'soft bomb'이라고 한다.

정밀직격탄(JDAM) 등 정밀유도무기의 사용이 크게 증가할 것임을 입증해 주었다.

넷째, 전자전과 방공망의 중요성이 입증되었다. 유고군의 방공체계를 제압하기 위한 나토군의 작전목표는 전쟁 초기부터 적의 지휘본부 및 레이더 기지, 미사일 발사대 등 방공망을 무력화하는데 우선순위를 두었다. 이에 대해 유고군은 지대공 미사일과 대공포 등 방공무기를 이용하여 걸프전쟁 당시 이라크가 사용했던 방법으로 적극 대응하였다. 특히, 미국이 자랑하는 F-117 스텔스전투기가 폭탄을 투하하는 과정(폭탄을 투하하기 위해 내부무장창이 열리는 순간에 유고군의 지대공 레이더에 의해 탐지되었고, 지대공 미사일에 의해 피격됨)에서 유고의 방공망에 의해 포착되어 격추당함으로써 항공작전 수행에 차질을 초래하였다. 이에 나토군은 유고군의 방공무기에 대한 공격횟수를 늘리는 대신에, 휴대용 미사일과 대공포의 위치를 파악하여 사거리 밖의 안전한 고도에서 작전을 수행함으로써 생존성을 보장하고, 주요 항공작전 수행시 대공제압용 항공기 등 전자전기를 투입하여 작전효율성을 향상시켰다.

3. 아프가니스탄전쟁 : 산악지형에서의 대테러전

1) 전쟁의 배경 및 원인

2001년 9월 11일 오사마 빈 라덴(Osama bin Laden, 1957~2011)은 세계의 경제수도인 뉴욕에 위치한 세계무역센터와 세계의 정치수도인 워싱턴의 펜타곤(국방부)에 민간 항공기를 이용한 테러를 자행함으로써, 세계 80여 개 국가의 국적을 가진 2,936명이 사망 또는 실종되는 믿기 어려운 사건이 발생하였다. 9·11테러는 진주만 기습 이후, 미국 본토에 대한 최초의 공격으로서 오사마 빈 라덴을 추종하는 알카에다(Al-Qaeda)[22] 조직원 19명에 의해 미국 국적의 여객기를 납치하여 정밀유도무기로도 타격하기 어려운 전략적 중심 표적을 공격함으로써 테러의 목적을 달성함에 따라, 미국 시민뿐만 아니라 전 세계인들에게 큰 충격을 안겨 주었다. 이에 미국은 초기 대응조치로 테러와의 전쟁을 선포하고 예비군 동원령 선포와 함께 전시체제를 선언하였으며, 테러단체의 자산동결과 경제적 제재조치를 취하였다.

미국의 전략은 정치적으로는 테러지원 국가에 대한 응징을 통해 손상된 미국의 위상을 회복하는 것이며, 군사적으로는 테러집단을 붕괴시키고 빈

---

22) 1979년 구소련 군이 아프가니스탄을 침공하였을 때 아랍 의용군으로 참전한 오사마 빈 라덴(Osama bin Laden, 1957~20112)이 결성한 국제적인 테러지원조직이다. 1991년 걸프전쟁이 일어나면서 반미(反美) 세력으로 전환한 이 조직은 빈 라덴의 막대한 자금과 군사력을 바탕으로 파키스탄·수단·필리핀·아프가니스탄·방글라데시·사우디아라비아는 물론, 미국·영국·캐나다 등 총 34개 국에 달하는 국가에서 활동하고 있는 것으로 알려져 있다. 이들은 철저한 점조직으로 움직이면서 계속 활동영역을 확장해 비(非)이슬람권 국가에까지 세력을 뻗치는 한편, 1998년에는 이집트의 이슬람 원리주의 조직인 지하드와 이슬람교 과격단체들을 한데 묶어 '알 카에다 알 지하드'로 통합하였다. 주요 목적은 이슬람 국가들의 영향력 확대이며, 이를 위해 다양한 국적의 테러조직과 연결해 3억 달러에 달하는 오사마 빈 라덴의 막대한 자금력을 이용, 각종 테러에 자금을 지원해 왔다. 특히 2001년 9월 11일 발생한 미국 맨해튼의 110층짜리 쌍둥이 건물인 세계무역센터(WTO)와 미국 국방부(펜타곤)에 대한 항공기 납치 자살테러사건의 배후 조종자가 이 조직의 수뇌인 오사마 빈 라덴으로 의심받으면서 널리 알려지게 되었다.

라덴 등 주모자를 체포하는 것이었으며, 광범위하고 지속적인 군사작전을 통하여 테러범과 이를 비호하는 국가에 대한 응징보복을 단행하는 것이었다. 또한 향후 범세계적 대테러전 공조체제를 구축하고, 테러집단 및 이들의 은신처를 원천적으로 제거한다는 것이었다. 이를 달성하기 위한 군사전략목표는 크게 네 가지인데, 첫째, 9·11테러 참사의 주범인 오사마 빈 라덴의 제거, 둘째, 미국의 인도 요구를 거부하고 있는 탈레반(taliban) 정권과 아프가니스탄의 지도자 오마르(Mullah Mohammed Omar, 1960~2013) 축출, 셋째, 아프가니스탄 내 알 카에다 조직을 포함한 모든 테러세력 및 훈련기지의 폐쇄, 넷째, 아프가니스탄 내 친미 과도정부 수립여건 조성 등이었다.[23]

2) 작전 경과 및 특징

아프가니스탄의 작전환경은 국토의 75%가 산악지형으로서, 대부분의 지형이 평균 해발 1,000m 이상의 고산지대로 민둥산이며, 지상작전시 게릴라전에 유리하여 소탕작전을 수행할 경우에는 미군의 피해가 많았다. 따라서 항공작전을 수행할 때에는 탈레반군이 동굴 안에 은신해 있을 때 정밀유도무기를 사용하여 은신처를 파괴하는 방법으로 작전을 수행하였다. 기후는 대륙성 건조기후로 카불(Kabul)의 경우 연평균 강수량이 312mm 정도로 건조하고 일교차가 심해 탈레반군은 은신처 밖에서의 활동이 곤란하였고, 미 지상군의 야외기동작전은 제한되었으나, 가시(可視) 거리가 양호하여 항공작전을 수행하기에는 최상의 작전여건이었다.[24]

아프가니스탄전쟁의 군사작전 목표는 군사전략목표에서 제시한 오사마 빈 라덴의 제거, 탈레반 및 전쟁지도부의 격멸, 아프가니스탄 내 테러조직의 완전 분쇄, 아프가니스탄 내 친미 과도정부 수립여건 등으로 동일하게 설정하였다. 이를 달성하기 위한 작전 주안으로는 탈레반 정권의 군사기능

---

23) 합동참모본부, 『아프가니스탄 전쟁 종합 분석』(서울 : 합동참모본부, 2002), p.33.
24) 상게서, p.16.

마비, 방공체계, 지휘통제시설 및 공군기지 등 핵심 군사시설 파괴, 알 카에다 조직 및 테러 훈련기지 파괴, 특수부대 및 지상군 투입여건 조성, 전략적 심리전을 구사하여 아프가니스탄 내부의 붕괴 추진, 소규모 지상군 및 특수부대 투입, 공격작전과 인도적 지원의 병행 등을 설정하였다.

군사작전은 항구적 자유작전(Operation Enduring Freedom)이란 명칭으로 2001년 9월 14일에 시작하여 〈표 II-4〉에서 보는 바와 같이 4단계로 수행되었다.

〈표 II-4〉 아프가니스탄전쟁의 작전단계 및 전구목표와 주요 전력

구 분	전구목표(작전주안)	주요 전력
1단계 : 여건조성 ('01.9.14.~10.6.)	군사협력 및 군사력 전개	·Tomahawk 미사일 ·항공기 - B-1/2, F-15E/117, F/A-18, A-10, E-2/3C, E-8 JSTARS, EC-135, RC-135, U-2, RQ-4A, RQ-1B 등 · 항공모함 : 루즈벨트호, 키티호크호 등
2단계 : 초기 전투 (10.7.~11.25.)	항공작전 및 특수부대 작전	
3단계 : 결정적 작전 (11.26.~12.22.)	항공 및 지상작전	
4단계 : 안정화작전 (12.23.~'14.12.28.)	알 카에다 잔당 소탕 및 빈 라덴 체포	

제1단계는 여건 조성단계(set condition)로서 우방국간 군사협력 및 군사력 전개에 중점을 두고 예비군의 동원과 항공모함전투단의 추가 전개와 함께 특수부대 작전과 심리전 수행 등의 임무를 수행하였다.

제2단계는 초기 전투단계(initial combat)로서 항공작전 및 특수부대작전 수행에 중점을 두고, 폭격기 및 순항미사일에 의한 원거리 정밀공격 위주의 항공작전 수행과 공습 11일째부터 탈레반군의 북부진지를 공격하는 지상작전을 수행하였다. 이와 함께, 소수 정예 특수부대를 투입하여 오사마 빈 라덴의 색출 및 공격목표에 대한 정보 획득 임무를 수행하였다.

제3단계는 결정적 작전단계(decisive operation)로서 항공작전 및 지상작전

중심으로 수행하였고, 항공작전의 주 임무를 공중폭격에서 정찰임무로 전환하였다. 또한 정예 특수부대 및 소규모 지상군을 투입하여 탈레반 지도자와 오사마 빈 라덴을 체포하기 위한 임무에 집중하였다.

제4단계는 안정화 작전단계(stabilization)로서 알 카에다 잔당 소탕 및 오사마 빈 라덴을 체포[25]하는데 중점을 두고, 알 카에다 잔군에 대한 정찰·감시작전 수행, 정예 특수부대 및 소규모 지상군 위주의 작전, 아프가니스탄 과도정부 지원 등의 임무를 수행하였다.

전쟁기간 중 사용된 주요 무장으로는 정밀유도무기의 사용량이 전체 무장사용량의 60%를 차지했으며, 특히 정밀유도무기 사용의 64%를 합동정밀직격탄(JDAM)이 차지하였다. 아프가니스탄전쟁에서 새롭게 선보인 무기로는 공대지 정밀유도무기로써 지하동굴 벙커에 침투 후 폭발을 일으키는 AGM-65, 지하 30m를 침투해 폭발하는 GBU-37 벙커 버스터와 GBU-37의 자탄인 BLU-118S 지하벙커 공격용 폭탄이 있다. 또한 RQ-1B 프레데터(predator) 무인기를 사용한 무인공격을 들 수 있다. 아프가니스탄전쟁은 전쟁개시 후 13년이 지난 2014년 12월 28일에 공식적으로 종전이 선언되었다.

---

25) 2011년 5월 1일(파키스탄 표준시간 기준으로 5월 2일) 워싱턴 D.C에서 버락 오바마 미국 대통령은 오사마 빈라덴이 사살되었으며, 그의 유해는 미군에 의하여 수습되었다고 발표하였다. 미국 정부는 미국 해군 특수전 개발그룹 소속 네이비실 6팀 24명이 합동 특수작전 지휘부(Joint Special Operations Command)와 CIA 공조 하에 2대의 헬리콥터를 이용해 빈 라덴의 저택을 급습하였다고 했다. 이 작전으로 빈 라덴과 남성 3명, 여성 1명이 사살되었으며 미군의 인명 피해는 없었지만, 헬리콥터 1대가 기기(機器) 고장으로 불시착하였으며, 네이비실 팀에 의해 현장에서 폭파되었다. 오바마 대통령은 언론 발표에서 미군이 민간인의 피해를 야기하지 않기 위해 만전을 기하였다고 하였다. 미국 정부 관계자에 따르면, 이 공격은 파키스탄 측에 통보 없이 이루어졌다고 한다. 작전 당시 빈 라덴은 머리와 가슴에 치명상을 입었다고 알려져 있다. 빈 라덴의 죽음은 현장 사진과 함께 '제로니모 작전 중 사살(Geronimo E-KIA)'이라는 코드로 보도되었다. 작전 소요시간은 정보부의 현장 수색까지 포함하여 40분이 걸렸다. 빈 라덴의 유해는 수습되어 생명안면인식시험이 이루어졌으며, 부차적으로 유전자 검사까지 시행되었다. 그의 시체는 땅에 매장할 경우 추종세력들이 그곳을 성지로 정하고 테러활동을 원활하게 하는 것을 막기 위해 아라비아 해에 수장된 것으로 알려지고 있다.

3) 군사교리 측면에서의 교훈

아프가니스탄전쟁은 항공력의 중요성이 걸프전쟁, 코소보전쟁에 이어 다시 한 번 인식되는 계기가 되었다. 사막지역에서 작전을 수행한 걸프전쟁과는 달리 아프가니스탄전쟁은 산악지역에서 작전을 수행해야하기 때문에 항공작전 수행에 제한요소가 있을 것으로 예상되었으나, 결과는 그렇지 않았다. 미군은 인공위성, 무인항공기 등을 활용하여 정확한 표적정보를 획득한 후, 첨단 정밀유도무기를 장착한 항공기를 이용해 적의 은신처를 정확히 타격함으로써 효율적인 작전을 수행할 수 있었다. 즉 우수한 정보력과 결합한 최첨단 항공력으로 필요한 곳만을 골라서 선별적으로 타격(surgical strike)함으로써 탈레반의 대항을 어렵게 했으며, 인명피해를 최소화 해 여론의 지지를 받는데 성공하였던 것이다.

군사교리 측면에서 교훈을 식별해 보면 첫째, 정확한 정보 수집을 바탕으로 한 정밀폭격의 중요성이 입증되었다. 아무리 정의의 전쟁이라 할지라도 부수적인 피해와 오폭방지 및 인명피해를 최소화하여 여론의 지지를 획득해야 한다는 점을 인식시켜 주었다. 즉 KH-12(key hole)[26], 라크로스(lacrosse)[27] 등 인공위성과 무인 항공기, 특수전 부대 등 다양한 출처의 첩보 및 정보수집자산을 융합하여, 실시간 정보를 활용한 전장의 긴급 이동표적 공격, 탈레반의 은신처 등을 효율적으로 공격함으로써 적의 저항을 최소화 하였다. 또한 불필요한 인명피해와 오폭을 방지하기 위해 실시간 정보를 활용한 정밀폭격(pinpoint bombing)을 실시하였다.

둘째, 지상 및 해상, 공중의 합동전력에 의한 누적적 파괴(cumulative destruction)

---

26) 9·11테러 발생 이후, 미 캘리포니아 반덴버그 공군기지에서 발사하여 아프가니스탄 상공을 중점적으로 정찰한 인공위성으로써 지상의 10㎝ 정도의 물체도 파악해 낼 수 있는 해상도를 지니고 있다. 합동참모본부(2002), 전게서, p.147.

27) 구름 낀 흐린 날씨에도 구애받지 않고 자연동굴과 지하기지에서 발산하는 온도 차를 적외선으로 포착하여 지하 3~4m 아래에 은폐되어 있는 지하기지를 식별해 낼 수 있다. 상게서, p.147.

로 시너지효과를 창출하였다. 아프가니스탄지역이 대부분 산악지형으로 형성되어 있어 전개 기지가 미흡한 상태에서, 걸프전쟁에서와 같이 대규모의 전방기지로 전개하는 대신에 원거리 작전을 수행키 위한 신속한 전력투사(power projection)와 원거리 작전수행능력이 중요시 되었다. 이에 따라 인근 해역의 항공모함 항공전력, 함정탑재 순항미사일, 장거리 폭격기, 전투기 등 다양한 전력을 이용한 정밀폭격으로 적의 전략적 거점을 타격함으로써 심리적 압박을 극대화할 수 있었다.

셋째, 정보전력과 특수부대 및 지상전력을 상호 연계한 전력 운용으로 적의 저항을 체계적으로 분쇄하였다. 탈레반 및 알 카에다 조직의 게릴라전 수행을 원천적으로 방지하기 위해 아프가니스탄지역 내 공중감시활동을 철저히 수행하였으며, 이를 기반으로 적시적인 공습을 실시하였다. 또한 미 육군의 레인저스(Rangers), 델타포스(Delta Force), 해군의 네이비 씰(Navy Seal), 해병대 특수부대 그리고 중앙정보국(CIA : Central Intelligence Agency) 특별행동대 등 특수전부대 및 소규모 지상군을 투입하여 신속한 기동작전을 수행하였다. 특수전 부대의 성공적 임무 수행으로 전장지형과 임무의 성격에 부합한 특수작전의 중요성이 대두되었다.

넷째, 산악지형 작전에서 무인기의 역할이 효과적임이 입증되었다. RQ-4A(Global Hawk) 고고도 무인기와 RQ-1B(Predator) 중·저고도 무인기를 이용한 감시 및 정찰, 표적획득 임무 수행을 통해 획득한 정보를 실시간으로 지휘결심에 활용함으로써 전선에서 이동 중인 긴급 표적을 효과적으로 공격할 수 있었다. 특히 RQ-1B 프리데터 무인기는 헬파이어(Hellfire) 미사일을 장착하고 고위협 지역에서도 공격임무를 수행하였다.

다섯째, 심리전을 통한 안정화 및 대반란작전의 중요성이 강조되었다. 미국이 탈레반과의 전쟁선언 이후부터 탈레반 정권과 국민을 분리하여 지지 기반을 약화시키고, 이슬람권과의 충돌로 비화되지 않도록 하기 위해 심리전을 중점적으로 수행하였다. 심리전 수행방법으로는 전단 살포, 심리전

방송, 인도적 구호작전 및 특수작전을 병행하여 실시하였다. 특히 코만도 솔로(commando solo)를 이용한 대민선무(對民宣撫) 방송을 실시하였는데, 5,450개의 소형 라디오를 살포하여 아프가니스탄·파키스탄·인도·이란 등 5개 국어로 심리전 방송을 전개하였고, 동시에 B-52 전략폭격기를 이용하여 4,424만여 매의 심리전 전단을 살포하였다. 이와 같이 심리전을 통한 안정화작전과 대반란작전의 영향으로 탈레반 및 알 카에다 전사(戰士)를 제외한 아프가니스탄 국민들의 저항을 막을 수 있었으며 탈레반의 분열을 초래하였고, 오히려 아프가니스탄 국민이 미군의 작전을 지원토록 유도하였다.

4. 이라크전쟁 : 사막지형에서의 대테러전

1) 전쟁의 배경 및 원인

이라크는 걸프전쟁 종료 후에 대량살상무기를 완전히 폐기한다는 조건을 이행하지 않았으며, 유엔 무기사찰단을 도청하며 기만하는 등 비협조적이었다. 또한 알 카에다 등 테러집단의 활동을 지원하고, 이들에게 훈련장을 제공함은 물론 은신처를 제공한다는 의혹을 받고 있었다. 이에 부시 대통령은 2002년 1월 29일 연두교서에서 이라크를 '악의 축(axis of evil)'으로 지목하고 사담 후세인(Saddam Hussein, 1937~2006)이 보유하고 있는 대량살상무기의 위협성과 향후 군사력을 증대할 경우에 미국을 포함한 세계평화의 위협이 될 것이라는 판단 하에, 후세인정권의 축출 의지를 표명하였다.

이와 같은 부시 대통령의 의지는 아프가니스탄전쟁이 종결 국면으로 접어들면서 이라크전쟁으로 확대될 가능성이 점쳐지기도 하였다. 같은 해 9월 부시 대통령은 유엔총회 연설을 통하여 이라크에 대해 최후통첩성으로 5개 항[28]을 요구하면서, 이라크가 이행하지 않을 경우에는 적절한 조치를 취할 것이라고 하였다.[29] 2002년 9월 20일에는 미국의 국가안보전략 보고서를 통하여 일명 부시 독트린(doctrine)을 발표하게 되는데, 그 주요 내용은 9·11테러 이후 미국 국민과 재산을 보호하기 위해 테러세력 본거지와 지원세력에 대하여 선제적인 행동을 하겠다는 의지 표명과, 기존의 봉쇄(containment)와 억제(deterrence) 정책에서 선제행동(pre emption action)으로 정책을 전환한다는 것이었다.[30]

---

28) 부시 대통령의 이라크에 대한 요구사항 5개 항은 ① 장거리 미사일 및 대량살상무기의 무조건적이며 즉각적인 폐기, ② 일체의 테러지원활동 중단, ③ 이라크 내 민간인에 대한 탄압 중단, ④ 걸프전쟁 피해 배상 및 실종자 문제 해결, ⑤ 'UN 석유-식량 교환 프로그램' 준수 등의 조치 이행 등이다.

29) 합동참모본부, 『이라크 전쟁 종합 분석』(서울 : 합동참모본부, 2003), p.26.

이후 유엔 안보리에서 대(對)이라크 결의(제1441호, 2002. 11. 8.)를 만장일치로 채택하게 되었고, 같은 해 11월 13일 이라크는 유엔의 무기사찰 수용의지를 통보하면서도 대량살상무기 개발을 부인하였다. 2002년 11월 27일 이라크에 대한 유엔의 무기사찰이 재개되었지만, 유엔사찰단은 생화학무기 생산 및 저장시설과 핵과 관련된 활동에 대한 확실한 증거가 없었다는 결과를 유엔안보리에 보고했다.

이에 부시 대통령은 2003년 1월 29일 연두교서를 통해 후세인 정권에 대한 강한 불신감을 표명하면서 "유엔안보리의 기회 제공에도 불구하고 무장해제를 하기는커녕 오히려 유엔안보리를 기만했다."고 평가하고, 후세인정권이 자진해서 무장해제를 하지 않을 경우에는 강제 무장해제를 위한 군사공격의지를 강조했다. 부시 대통령은 2003년 3월 17일 사담 후세인에게 48시간의 최후통첩을 통보했고, 사담 후세인이 3월 18일 최후통첩을 거부함에 따라 3월 20일, 전쟁을 개시하였다.

2) 작전 경과 및 특징

이라크전쟁은 '이라크 자유작전(Operation Iraq Freedom)'이라는 명칭으로 미국과 영국 등 연합전력을 이용하여 2003년 3월 20일 11시 35분에 개시되었으며, 부시대통령은 전쟁의 명분으로 이라크 정부의 무장해제, 이라크 국민의 해방, 심각한 위협으로부터 세계를 보호하기 위해 전쟁을 개시한다고 선언하였다.[31] 종전(終戰)선언은 43일만 인 5월 2일에 있었으나, 이후 이라크 지역에 대한 안정화작전을 실시함으로써 8년이 지난 2011년 12월 15일에 공식적으로 종전을 선언하고 미군을 이라크에서 철수하였다.

---

30) 공군전투발전단, 『이라크 전쟁(항공작전 중심으로 분석)』(계룡대 : 전투발전단, 2003), pp.152~234.

31) 당시 부시 대통령은 개전 직후, 대(對) 국민 성명을 통하여 "현 시간 미군 및 동맹군은 이라크 정부의 무장 해제, 이라크 국민의 해방 그리고 심각한 위협으로부터 세계를 보호하기 위한 군사작전의 초기 단계에 있다.…"고 발표하였다.

미국의 군사전략목표는 사담 후세인을 제거[32]하고, 정치기반을 이루고 있는 바트당의 해체, 공화국 수비대 및 친위부대의 격멸 등 이라크 내의 정치·군사조직을 제거하는데 우선을 두었다. 또한 대량살상무기를 포함한 이라크의 완전한 무장해제를 달성하고, 미국의 국익에 유리한 안정화작전을 수행한다는 것이었다. 이러한 군사전략 목표를 구현하기 위해 설정한 군사전략개념은 전쟁 초기에 충격과 공포(shock and awe)[33]를 유발하여 이라크군의 항전의지를 말살함으로써 조기에 전쟁을 종결한다는 단기속전속결전이었다. 이는 전쟁 초기에 전자전과 심리전을 수행하면서, 동시에 이라크의 군사력을 압도하기 위해 육·해·공군 및 특수전부대 등 사용 가능한 모든 군사력을 동시에 투입한다는 개념으로서, 〈표 II-5〉에서 보는 바와 같이 3단계로 작전을 수행하였다.[34]

제1단계는 전쟁 준비단계로서 전략적 여건을 조성(strategic shaping)하는 단계이다. 이 기간 동안에 이라크의 핵사찰 결과를 비공식적으로 공개하고 부시 대통령의 선제공격 독트린을 발표하여 선제공격의 당위성과 무력수단의 자유로운 사용을 암시하였다. 또한 후세인에 대하여 국제규범을 무시하고 세계평화를 위협하는 악의 축(axis of evil), 무법정권(outlaw regime)의 수괴(首魁)라는 점을 대외적으로 강조함으로써, 미국의 일방적 군사행동에 대한 국제사회의 부정적 여론을 희석시키기 위한 활동을 강화하였다. 동시에 다양

---

32) 미국, 영국 중심의 연합군은 4월 9일 바그다드를 함락하고, 5월 1일 이라크를 완전히 점령하였다. 후세인과 두 아들인 우다이와 쿠사이는 도피했지만 그의 두 아들은 7월 22일 모술에서 미군과의 교전 중 사망했으며, 후세인은 8개월 동안의 도피 끝에 12월 13일 그의 고향인 티크리트 인근에서 붙잡혔다. 2006년 11월 후세인은 1982년 자신의 암살기도 사건과 관련해 두자일 마을의 시아파 주민 148명을 학살한 죄목으로 1심 재판부에서 사형을 선고받았고, 2006년 12월 26일 항소심에서 사형 선고가 확정되었다. 그리고 12월 30일 사형이 집행되었다.

33) 1996년 군사전략가 할렌 울먼과 제임스 웨이드 전(前) 미 국방부 차관보가 펴낸 저서에서 원용한 것으로서, 『손자병법』 '세편(勢篇)'의 "일단 전쟁에 돌입하면 병력을 투입하는 것이 마치 돌로 계란을 치는 것과 같아야 한다."는 내용을 참고하여 착안한 "집중과 격차를 중시하는 전략"을 말한다. 공군전투발전단(2003), 전게서, p.19.

34) 합동참모본부(2003), 전게서, p.47.

한 방법의 심리전과 전자전을 수행하여 이라크 국민과 군대의 항전의지를 저하시키고 전장 이탈과 쿠데타, 민심이반을 유도하였고, 한편으로는 공중우세를 확보하여 이라크의 방공능력을 무력화 하였다. 특히 전쟁 발발 2개월 전부터 미 중앙정보국(CIA) 산하 특수작전단(SOG : Special Operations Group) 요원을 비즈니스맨으로 가장하여 유럽을 경유하여 바그다드, 모술, 바스라 등 주요 전략목표 지점에 잠입시켜서 이라크 전(全) 지역에 연락망을 구축함으로써 사전에 작전수행 여건을 조성하였다.

〈표 II-5〉 이라크전쟁의 작전단계 및 전구목표와 주요 전력

구 분	전구 목표	주요 전력
1단계 : 전쟁 준비 ('03.3.20. 이전)	·국제사회의 부정적 여론 전환 (strategic shaping) ·이라크 내부 분열 유도 ·미군 군사력 사전 전개 ☞ 심리전 및 전자전 수행, 비행금지선 운영 등	·항모 : Lincoln(CVN-72) Kity Hawk(CV-63) Constellation(CVN-64) Nimitz(CVN-68) 등 항모 7척, 함정 140여 척, 항공기 480여 대 ·항공기 - B-1/2/52, F-15/16/ 117, F/A-18, A-10, RQ-4A 등 ·지상군 : 19만 4천여 명 ☞ 정밀유도무기 사용 : 68% (걸프전쟁 8% 대비 급증)
2단계 : 결정적 작전 (3.20.~5.1.)	·후세인 제거를 위한 참수작전(decapitation) ·shock and awe 작전 (단기속전속결전 수행) ·plan D(바그다드 점령) ·결정적 전투(바그다드 함락)	
3단계 : 안정화작전 (5.2.~'11.12.15.)	·군사력 재배치 ·이라크 재건 및 과도정부 수립 지원	

제2단계는 결정적 작전(decisive operation) 단계로서, 최우선적으로 후세인을 제거하는데 두고 단기속전속결전 수행, 바그다드 점령, 결정적 전투를

수행하는 것이었다. 개전 첫날에 결정적 목표인 후세인을 제거하는데 목표를 두고 정찰위성, 유·무인 정찰기, 특수부대, 중앙정보국(CIA) 요원에 의한 정보를 종합적으로 판단하여 후세인이 거처하고 있는 곳에 대해 F-117 스텔스전투기 2대와 토마호크 미사일 40여 발로 선별적 정밀타격을 가해 후세인을 제거하겠다는 참수(斬首, decapitation) 작전을 수행하였으나, 후세인을 제거하는 데는 실패하였다. 이에 따라 적의 전의(戰意)를 심리적으로 무력화하는데 초점을 두고 정밀유도무기로 군 지휘부, 대량살상무기(WMD) 시설, 방공망 등 전략적 목표에 고강도 공습을 단행하였다. 또한 참수작전을 개시한지 14시간 30분 만에 지상군 부대와 특수전 부대를 투입[35]하여 신속기동작전을 수행하였다.

제3단계는 안정화작전을 수행하는 단계이다. 2003년 5월 1일, 부시 대통령이 이라크 내에서 주요 전투가 종결되었음을 선언한 후에도 바그다드를 중심으로 게릴라 활동이 전개됨에 따라, 후세인 추종세력을 제거하기 위해 강력하고 치명적인 작전을 지속적으로 수행하였다. 제3단계 작전은 이라크의 재건을 위해 안전한 환경을 조성하고 신속하게 치안질서를 확립하며, 부족·종족·종교적 유산을 유지한 상태 하에서 모든 이라크 국민을 하나로 통합할 수 있는 국가 정체성을 강화하고, 대표성이 있는 정부를 수립하는데 전략적 목표를 두었다. 주요 작전으로는 바그다드 북동부지역에서 저항세력을 격멸하고 테러리스트 훈련캠프를 제거하기 위한 반도 타격작전(Operation Peninsula Strike), 후세인 정권을 추종하는 바트당, 민병대, 특수공화국 수비대의 잔당을 소탕하기 위한 사막의 전갈작전(Operation Desert Scorpion), 바트당의 관리, 테러리스트, 이라크의 안정과 재건을 반대하는 범죄자들을

35) 참수작전 개시 후 14시간 30분 만에 지상군을 신속하게 투입한 것은 1991년 걸프전쟁 당시 1개월여 기간에 걸친 공중폭격 후 지상군 투입과 같은 전쟁수행방식으로는 속도와 충격면에서 부족하다고 판단하고, 기만작전의 일환으로 이라크군의 미 지상군에 대한 방어준비시간을 박탈하여 적이 배치되기 이전에 공격하여 기습을 달성하기 위해서였다. 또한 이라크군이 유정(油井)을 파괴하기 전에, 이를 확보하기 위한 전략적 의도도 있었다.

제거하기 위한 사막의 방울뱀작전(Operation Desert Sidewinder) 등이 있다. 이후에도 이라크내 안전한 안보환경을 확립하고 민간행정 기능을 회복시킨 후, 민간정부에 권력을 이양한다는 목표 하에 작전을 수행하였으며, 2011년 12월 15일에 공식적으로 종전을 선언하였다.

3) 군사교리 측면에서의 교훈

이라크전쟁은 1991년 걸프전쟁 이후 수행된 코소보전쟁, 아프가니스탄전쟁을 통해 보여 준 현대전의 양상과 향후 미래전을 수행함에 있어 고려해야 할 결정적인 중요성을 다시금 확인시켜 주었다. 또한 미국의 럼스펠드(Donald Henry Rumsfeld, 1932~) 국방방관이 역점을 두어 추진해 온 미국의 군사변혁(military transformation)[36]이 적용된 전쟁이라는 점에서, 미래전 양상을 추론해 볼 수 있는 기회가 되었다. 이와 같은 관점에서 이라크전쟁의 교훈을 군사교리적인 측면에서 살펴보면 다음과 같다.

첫째, 아프가니스탄전쟁을 수행함에 있어서 공중우세의 중요성을 재입증해 주었다. 이라크전쟁의 가장 큰 특징은 전쟁 이전에 연합군에 의해 공중우세가 확보된 상태였다. 걸프전쟁 이후 현대전에서 전쟁 승패의 관건은 공중우세의 확보였다. 따라서 미국과 영국의 연합국은 1991년 걸프전쟁 이후 약 12년 동안 비행금지구역을 설정하고, 남·북부 감시작전(Operation Southern/Northen Watch)과 사막의 여우작전(Operation Desert Fox)을 통하여 이라크의 대공포와 대공포(SAM)기지, 레이더기지, 군 지휘소 등을 지속적으로 파괴하였다. 특히 1999년 한 해 동안에만 17,000여 소티(sortie)를 출격하여 이라크의 항공력을 무력화함으로써 전쟁 이전에 이라크 공군력을 사실상 불능

36) 당시 미국의 럼스펠드(Donald Henry Rumsfeld) 국방장관이 추진한 군사변혁(military transformation)의 주요 내용은 다음과 같다. 군사변혁의 목표는 모든 영역에서의 압도적인 우위를 확보(full spectrum dominance)하는 것이며, 그 개념으로는 월등한 정보 우위를 기반으로 하여 ① 압도적인 기동(dominant maneuver), ② 정밀교전(precision engagement), ③ 초점화 군수지원(focused logistic), ④ 전(全)영역 방호(full dimensional protection) 등 네 가지이다.

화시켜서, 이라크는 지상군만으로 전쟁을 수행할 수 있게 만들었다.[37] 따라서 이라크전쟁 초기에는 공군이 가장 우선적으로 수행해야 할 공세제공작전과 방어제공작전에 투입될 전력을 대부분 지상군을 지원하는 작전에 투입함으로써 항공작전을 효율적으로 수행할 수 있었다.

둘째, 정보우위를 바탕으로 항공력을 이용한 선별적 정밀파괴를 통해 효과중심작전(EBO)을 수행했다는 점이다. 첨단 무기체계의 발달로 인해 이라크전쟁에서는 목표 중심의 개념으로부터 탈피하여 효과 중심의 작전개념을 적용하였다. 개전 초에 후세인을 제거하기 위해 수행한 충격과 공포(shock and awe)작전은 월등한 정보 우위를 바탕으로 정밀한 항공무기체계를 이용하여 후세인이 거주하는 대통령궁을 직접 공격하였으며, 동시에 군사지휘부, 정부청사, 방공망, TV방송국 등을 공격함으로써 미군의 효과중심작전 개념이 적용되어 심리적 효과와 전략적 효과를 동시에 달성할 수 있었다. 즉 이라크의 전(全) 국토와 도시를 공격하는 것보다는 이라크의 전략적 중심인 후세인을 직접 겨냥하고, 이라크의 지휘체계를 마비시키는데 중점을 두었으며, 이라크군에 대해서도 후세인 추종세력과 일반 국민을 분리하여 대응한다는 개념 하에, 대항하는 군에 대해서만 제한적으로 공격하겠다는 심리전에 기반을 두고 작전을 수행하였다. 또한 정보·감시·정찰(ISR) 자산을 이용한 실시간 정보를 지휘통제체계(C4I)와 연계하여 군사지휘부, 미사일기지, 대량살상무기(WMD) 등 시간민감표적(time sensitive target)을 근(近) 실시간으로 공격하여 요망하는 효과를 달성하였다.

셋째, 지상군과 공군력의 역할 증대와 합동작전을 통한 작전 효율성이 크게 향상되었다는 점이다. 미국과 영국의 연합군은 조기에 공중우세를 확보하여 지상군의 기동여건을 보장해 줌으로써, 지상군의 전차와 장갑차를 중심으로 한 기동부대의 진격속도는 1991년 걸프전쟁시 시속 16㎞이었으나, 이라크전쟁에서는 시속 60㎞로 기동함으로써 조기에 전쟁을 종결할 수

37) 공군대학, 『항공력 이론의 진화』(대전 : 공군대학, 1999), p.289.

있는 원동력이 되었다. 이처럼 신속한 기동이 가능했던 이유는 미국과 영국의 연합 공군력이 전쟁 발발 이전에 이라크 공군력을 무력화함으로써 지상군에 대한 이라크 공군력의 저항이 전혀 없었기 때문이다. 미 지상군 또한 기동 중에 화력지원이 필요할 경우, 곡사포나 로켓발사기 등 지상군의 화포를 사용하는 대신에 항공력의 지원을 받음으로써 경량화, 기동화된 지상군의 이점을 최대로 이용하여 전사(戰史)에 길이 남을 놀라운 진격속도로 지상전을 수행할 수 있었다. 또한 바그다드 시가전(市街戰) 수행 시에는 A-10 공격기와 F-16/15 전투기의 고도별 체공(stacking up)을 통한 공중공간 분리와 민간인 피해를 최소화하기 위해 정밀무장을 탑재한 기종(機種)을 선별하여 실시간으로 공격하는 공중체공 응급구조대(Airborne 911) 개념의 시가전투와 근접항공지원작전(CAS : Close Air Support) 임무를 수행하였다.

넷째, 미국, 영국 등 연합군의 첨단 무기체계의 우월성을 입증해 주었다. 무기체계의 특성 중에서 중요한 요소는 정밀성과 파괴성 그리고 신뢰성이다. 이라크전쟁에서 가장 큰 특징은 정밀항공력(precision of air power)을 이용한 전쟁, 디지털 전장(digital warfare) 등으로 불리듯이 정밀성과 파괴력이 크게 향상된 첨단 정밀무기가 대량으로 사용되었다. 전쟁에서 정밀유도무기의 사용률은 걸프전쟁 7.8%, 코소보전쟁 35%, 아프가니스탄전쟁 56%이었으며, 금번 이라크전쟁의 경우에는 68%를 사용하였다. 그 중에서도 가장 대표적인 것은 범세계위치식별체계(GPS) 정보를 이용하여 주간(晝間)은 물론, 악천후·야간공격 시에도 오차가 3m에 불과한 합동정밀직격탄(JDAM)을 비롯하여 전자폭탄(E-bomb), GBU-28(bunker buster), 소형 핵무기에 버금가는 초강력 대형 폭탄(MOAB : Massive Ordnance Air Blast)[38] 등의 신무기가 사용되었다. 또한

38) 초강력 대형 폭탄(massive ordnance air blast bomb)은 미국의 최신 공중폭발 대형무기로 일명 '모든 폭탄의 어머니(mother of all bombs)'로 불린다. 무게가 2만1천 파운드(9,525㎏)로 2001년 아프가니스탄 공격에서 낙하산을 이용해 떨어뜨려 악명을 떨쳤던 데이지 커터보다 질산암모늄과 알루미늄 폭약이 더 많이 들어가 위력이 더욱 강하다. 위성위치정보시스템(GPS)에 의한 유도 기능도 첨가됐다. 미국은 2003년 이라크공습을 앞두고 투하 실험을 벌여 이라크군을 위협했으며, 3월 이라크 공습시 실제로 처음 사용하였다.

대(對)탄도탄 능력이 향상된 개량형 패트리어트 미사일은 이라크의 지대지 유도탄을 11발 중에 8발을 성공적으로 파괴시켜 걸프전쟁 이후 탄도탄 요격능력이 크게 향상되었음을 입증해 주었다.

다섯째, 미국과 영국 등 연합국이 효율적으로 수행한 연합작전의 중요성이 입증되었다. 미국과 영국의 연합군은 2002년 12월 이라크전쟁을 가상으로 'Internal Look 03'이라고 명명(命名)된 지휘소훈련을 미 중부사령관 주관으로 카타르에서 미국 및 영국군의 핵심 참모 1,000여 명이 참석한 가운데 실시하였다. 이는 1991년 걸프전쟁 이후 네 번째 실시한 지휘소훈련으로서 실전을 가상한 세부적인 내용을 묘사하여 이라크전쟁을 수행할 경우에 실질적으로 필요한 사항, 미흡한 사항, 보완사항 등을 식별하는데 중점을 두고 실시하였다. 이라크의 전장 특성상 모래폭풍으로 인한 작전 제한과 연합군 후방보급로에 대한 게릴라식 공격에 대한 효율적 대응방안 등 불확실한 전장상황과 가변성에 대비하기 위한 훈련이었다.

끝으로, 안정화작전의 중요성이 입증되었다. 2003년 5월 1일, 미국의 부시 대통령이 주요 전투가 종결되었음을 선언한 이후에도 바그다드와 주요 도시를 중심으로 이라크군의 게릴라활동이 전개되었다. 이에 따라, 후세인 추종세력을 제거하기 위한 작전과 이라크의 치안질서를 확립하고 재건을 지원하기 위한 안정화작전을 수행하였다. 안정화작전은 이라크의 부족, 종족 그리고 종교적 유산을 유지한 상태에서 모든 이라크 국민을 하나로 통합하여 국가 정체성을 강화하고, 대표성이 있는 정부를 수립하는데 목표를 두고 바그다드 북동부지역에서 저항세력을 격멸하기 위해 수행되었다. 대표적인 작전으로는 테러리스트 훈련캠프를 제거하기 위한 반도타격작전, 후세인정권을 추종하는 바트당, 민병대, 특수공화국수비대의 잔당을 소탕하기 위한 사막의 전갈작전, 바트당의 관리, 테러리스트, 이라크의 안정과 재건을 반대하는 범죄자들을 제거하기 위한 사막의 방울뱀작전 등이 있다. 이후에도 지속적으로 이라크 내 치안질서를 확립하고 행정기능을 회복시킨

후, 민간정부에 권력을 이양한다는 목표 하에 작전을 수행하였다. 그 결과, 이라크에서의 주요 작전이 종료된 후 8년이 지난 2011년 12월 15일에 공식적으로 종전을 선언하였다.

5. 전쟁 패러다임의 변화

앞에서 살펴본 바와 같이, 걸프전쟁 이후 발발한 주요 현대전은 기존의 전쟁 패러다임을 완전히 바꾸어 놓았다. 첨단 과학기술의 발달과 함께 등장한 정밀유도무기는 전쟁의 양상을 크게 변화시켰다. 전쟁에서 군사작전이 의도하는 바는 궁극적으로 정치적 목적을 달성하기 위한 것이며, 정치적 목적은 전쟁 수행의 목적과 전장환경에 따라 상이하게 나타났다. 걸프전쟁, 코소보전쟁, 아프가니스탄전쟁, 이라크전쟁의 특징을 한 눈에 볼 수 있도록 전쟁 목표, 전쟁 원인, 전쟁 기간, 전장 환경, 작전적 특성 및 전력 운용 등을 비교 분석한 전쟁 패러다임의 변화는 〈표 II-6〉과 같다.

〈표 II-6〉에서 보는 바와 같이, 걸프전쟁 이후 현대전을 수행하는데 있어, 최초의 개전(開戰) 전력과 초전 승패를 좌우하는 관건은 항공우주력이었으나, 전쟁의 목적에 따라 지상 및 해상전력과의 합동작전, 우방국과의 연합 및 다국적군 작전을 수행함으로써 시너지효과를 창출하는 등 작전수행의 효율성과 융통성을 제고하기 위해 다양한 방법을 강구해 왔음을 확인할 수 있었다. 이와 함께 첨단 과학기술의 발달과 함께 무기체계가 발달함에 따라 전쟁 수행기간이 획기적으로 단축되었다.

또한 전쟁의 성격과 전장의 특성에 따라 새로운 개념의 맞춤형 무기체계가 등장하였다. 예컨대, 걸프전쟁에서는 F-117 스텔스전투기를 비롯하여 함정에서 발사하는 순항미사일인 토마호크와 공중발사순항미사일(ALCM : Air Launched Cruise Missile) 등이 사용되었고, 사막지역에 위치한 표적을 효율적으로 공격하기 위해 지하 깊숙이 침투한 후에 폭발하는 벙커 버스터(GBU-28)가 최초로 사용되었다.

〈표 II-6〉 전쟁 패러다임의 변화

구 분	걸프전쟁	코소보전쟁	아프가니스탄전쟁	이라크전쟁
전쟁 목표	쿠웨이트 실지회복	코소보 해방	·탈레반정권 축출 ·카에다 제거	후세인 정권 제거
전쟁 원인	이라크, 쿠웨이트 점령	· 세르비아군 침공 · 알바니아계 인종청소	알 카에다, 9·11테러	· 후세인, 테러지원 · WMD 개발 의혹
전쟁 기간	'91.1.17.~2.28.(42일)	'99.3.24.~6.10.(78일)	'01.10.7.~12.22.(77일)	'03.2.20.~5.2.(43일) * '11.12.15. 안정화작전 종료
전장 환경	· 사막 지형 · 고온 건조 · 페르시아만 연결	· 산악 지형 · 대륙성 기후 · 고산지대	· 산악 지형 · 대륙성 건조기후 · 내륙지역	· 사막 지형 · 고온건조 · 페르시아만 연결
작전 및 교리적 특성	· 항공작전후 지상작전 개시 · 공지작전 교리 적용 · 심리전 수행 · 효과중심작전(EBO) 개념 최초 적용	· EBO 수행 · 외과수술적 정밀타격을 이용한 공중·미사일전 · Clean war 개념 적용 · 사이버전 수행 * 지상군 미투입	· 특수전, 산악전 수행 · 항공력-지상전력 間 긴밀한 합동작전 수행 · 심리전 수행	· EBO 강화 · 전략적 마비 추구 · 공-지 합동작전 확대 · 사이버·심리전 강화 · RDO 개념 최초 적용 · 도시 CAS 수행
전력 운용 측면	· PGM/스텔스기 운용 · 전자전기 운용 · 사이버전 수행 - 해킹 및 바이러스 유포 - 적 방어체계 교란 ☞ 최초 사용 무기체계 - F-117 전투기 - GBU-28 (벙커버스터), ALCM, 토마호크 등 - 패트리어트 유도탄	· 무인정찰기 운용 · 연합 정찰위성 운용 · 스텔스 성능 향상 ☞ 최초 사용 무기체계 - B-2 스텔스 폭격기 - JDAM, JSOW, 흑연폭탄, GBU-24 등	· 무인정찰기 본격적 운용 · 공중급유기 운용 확대 - 긴급표적 타격능력 신장 · 전자전·심리전 수행 - EC-130 전자전기 운용	· PGM의 GPS사용 확대 · PGM 투발수단 확대 · PAC-3 운용 · 전자전 무기체계 운용 - EMP탄 ☞ 최초 사용 무기체계 - CBU-105/107
PGM 사용 비율	7.8%	35%	56%	68%

정밀유도무기는 걸프전쟁에서 전체 무장의 7.8%를 사용하였으나 이라크전쟁에서는 68%를 사용함으로써 정밀유도무기의 사용비율이 급격히 증가하였다. 특히 코소보전쟁에서는 전장지역이 주로 산악지형임을 고려하여 정밀 유도폭탄인 합동정밀직격탄(JDAM), 합동원거리무기(JSOW : Joint Stand Off Weapon), GBU-24 등이 사용되었으며, 유고정부가 인간방패 등을 이

용한 '비대칭전'으로 대항함에 따라 인명피해를 최소화하기 위해 비살상무기인 흑연폭탄 등이 최초로 사용되기도 하였다. 또한, B-2 스텔스전폭기는 미국 본토로부터 출격하여 폭격 후에 다시 본토로 귀환함으로써, 조종사가 집에서 출퇴근하면서 전쟁을 수행하는 새로운 패러다임의 전쟁수행 방식을 제시해 주었다.

이라크전쟁에서는 산재(散在)해 있는 이라크의 전차 및 장갑차를 효과적으로 공격하기 위해 개발된 바람수정 확산탄(WCMD : Wind Corrected Munitions Dispenser)인 CBU-105[39]/107을 최초로 사용하였으며, 해군의 함재기인 F-18 전투기를 전자전기로 개량한 EA-18G(Growler) 전자전기가 최초로 운용되었다.

이와 같은 현대전의 교훈이 한반도 안보에 시사해 주는 전략적 함의는 무엇일까? 그것은 미래전을 수행하기 위해서 필요한 전력을 구비하는 개념이 아니라, 미래의 안보상황에서 분쟁 및 전쟁을 예방하기 위해 억제를 달성할 수 있는 충분한 핵심전력과 이를 효율적으로 운용할 수 있는 군사전략과 군사교리를 지속적으로 발전시켜 나가야 한다는 점이다. 이를 위해서는 한국적 안보상황에 부합한 군사전략 수립 등 현존전력의 효율적 운용을 위한 개념 발전을 지속하면서 미래 안보상황을 고려한 군사력을 지속적으로 구비해야 한다. 이를 위한 방안으로 무기체계 구축시 선진국으로부터 직구매하는 방법도 있지만, 자주국방을 지향하면서 우수한 한국의 국방과학기술을 바탕으로 국내 연구개발을 활성화해야 한다.

앞에서 분석한 현대전의 교훈을 토대로 미래전 양상을 추론해 보면, 미래전 수행개념은 정보에 대한 의존성이 증대되기 때문에 전쟁목표 또한 물리적 파괴나 영토의 확보를 목표로 하는 개념보다는 적의 정보, 네트워크

---

39) CBU-105는 바람수정 확산탄으로써 발사 후 디스펜서에서 분리돼 그냥 떨어지는 것이 아니라, 자탄에서 분리된 탄두가 엔진 등 차량이나 전차 등 열원(熱源)을 감지하고, 그 열원을 향해 폭발해 정밀 미사일처럼 정확히 타격할 수 있다. 1발 투하로 최대 40대의 전차를 파괴할 수 있으며, 4만 피트 상공에서 9~10마일 떨어진 곳에 위치한 적 전차부대를 정확하게 공격할 수 있다.

능력을 파괴하여 전장통제능력을 마비시키는 개념으로 변화될 것으로 예상된다. 즉, 미래의 작전환경은 네트워크 중심 작전환경(NCOE)으로 급변하는 가운데, 전쟁양상은 정보와 지식 기반의 작전 수행, 효과위주의 작전 수행, 인명을 중시하는 작전 수행, 전력운용의 승수효과를 달성하기 위한 동시·통합전 형태의 전쟁이 보편화될 것이다.

미래전의 양상을 예측하기 위해서는 먼저 전쟁의 본질을 이해해야 한다. 전쟁의 본질은 "어떻게 싸워 이길 것인가?"에 대한 문제로서 전쟁수행에 관한 것이다. 수많은 군사이론은 전쟁수행 이론을 결정하고, 전쟁수행이론은 전쟁수행 방식(방법)을 결정하며, 전쟁수행방식은 군사교리를 결정한다. 즉, 각 국은 군사교리를 결정하기 전에 군사이론 및 개념을 형성하고, 이를 자국의 실정에 알맞게 정립하여 군사교리로 정립하게 된다.

따라서 저자가 걸프전쟁 이후 수행된 현대전 수행개념을 분석한 내용을 바탕으로, 새로운 미래전 수행개념을 제시하면 〈표 II-7〉과 같다.

첫째, 전장이 공중 및 지상, 해상의 3차원 영역에서 우주 및 사이버 공간을 포함하는 다차원 영역으로 더욱 확대될 것이다. 특히, 인공위성은 전장을 우주공간으로까지 확대시켰고, 정밀타격체계와 연동하여 새로운 전쟁수행 방식을 가능케 하였으며, 첨단 과학기술과 정보기술(IT)의 발달로 컴퓨터 중심의 네트워크로 구성된 사이버(Cyber) 공간이 전쟁의 새로운 영역으로 등장하게 되었다.

각종 위성체계는 걸프전쟁 이후 사용이 증대되어 우주를 새로운 전장으로 변모시켰다. 걸프전쟁에서 미군은 총 60여 기의 인공위성을 운용하여 전술탄도미사일에 대한 경고, 감시 및 항법, 기상보고, 지도제작 등의 다양한 분야에 활용하였다. 아프가니스탄전쟁과 이라크전쟁에서는 총 140여 기의 위성을 활용하였는데, 그 중 광학 및 레이더 영상위성을 이용하여 매 2~3시간 간격으로 24시간 전천후 감시능력을 확보하였다.[40] 위성체계를 이용한

[40] 권태영, 정춘일, 박창권, 『미래전 양상 연구』(한국전략문제연구소, 2004), p.44.

정보수집은 정책결정자 및 군 지휘관에게 전장상황을 가시화시켜서 신속한 의사결정을 가능하게 해 주었으며, 하부 제대에는 전술적 수준의 영상정보와 통신능력을 제공함으로써 개념상의 네트워크 중심 작전환경을 실제로 구현시켜 주었다. 또한 우주공간을 이용한 위성을 통해 표적선정에서부터 타격에 이르기까지 전략적 공격(SA : Strategic Attack)의 기술적 수준을 높임으로써 효과중심작전(EBO) 수행을 위한 기반을 마련해 주었다.

〈표 II-7〉 새로운 미래전 수행 개념

구 분	전장 변화 및 특성
전장범위(공간)	·3차원 전장 ⇒ 5차원 전장(우주, cyber 전장 포함) ·수평 공간/좌표 전장 ⇒ 수직 공간/좌표 (지하, 해저, 공중, 우주) 전장 ·현실 전장(물리적 공간) ⇒ 가상현실 전장(cyber/가상 공간) 추가
성격/기능	·지상, 해상, 공중 전장 ⇒ 전방위 다차원의 합동전장 ·무기체계/전력 단위 전장 운용 ⇒ 통합 전력 운용 ·근접 전장 ⇒ 적지 종심 전장 ·4세대 전쟁 : 비정규전, 게릴라전, 시가전 등 ·아날로그/하드웨어/개별 전장 ⇒ 디지털/소프트웨어/네트워크 전장 ·유인 플랫폼 ⇒ 무인 플랫폼, 로봇전 수행 보편화 ·살상무기 ⇒ 비살상 무기(non/less-lethal) 중심 운용
전쟁수행 개념 및 이론	·공지전투/작전(air land battle/air land operation), 공해전투(air sea battle), 공세적 전력 운용 ·정찰-타격 복합체계, 신(新)복합체계(a system of system) ·관측-판단-결심-행동체계(OODA loop) ·NCW, RDO, EBO ·Five Ring Theory, 병행전쟁(parallel warfare) ·분산/비선형전(distributed/non-linear warfare) ·안정화 및 대반란작전

둘째, 전쟁 양상이 변화됨에 따라서 전쟁수행방식이 다양화 될 것이다. 특히, 비정규전, 게릴라전, 시가지전 등 제4세대 전쟁(4GW : Fourth Generation Warfare)[41]의 등장으로, 전쟁 수행방식 역시 네트워크중심작전환경(NCOE) 하에서 네트워크중심전(NCW)과 효과중심작전(EBO) 수행 그리고 비대칭전력을 이용한 동시다발적 공격, 미디어 및 사이버 공간을 이용한 심리전 확대 등 그 수단과 방법이 다양화되고 복잡화될 것으로 예상된다. 특히, 이라크 전쟁 초기에 미군을 중심으로 한 연합군은 정보우위를 기반으로 지휘통제체계와 정밀유도무기를 상호 결합(C4ISR+PGMs)한 운용을 통해 네트워크중심작전환경(NCEO) 하에서의 효과중심작전(EBO)을 수행하였고, 그 결과 단기간 내에 후세인과 탈레반정권을 축출하고 안정화단계로 진입할 수 있었다. 그러나 안정화단계에 접어들자 반란 및 테러세력들이 국민 속으로 숨어들어 피·아 식별을 어렵게 만들었고, 종교적·문화적 이점을 이용하여 현지주민을 동화시켜 후원을 얻으면서, 범세계적으로 광범위하게 연결된 테러조직과 연계하여 기습 및 테러공격을 감행하는 등 그들이 가진 비대칭전력을 최대한 활용하여 미군의 첨단 기술 중심의 전쟁수행방식에 대응하며 전쟁을 장기화 시켰다.

셋째, 과학기술의 발달로 첨단 무기체계의 활용이 크게 증대될 것이다. 미국은 걸프전쟁 이후, 첨단 과학기술을 이용하여 기존의 재래식 무기를 개량하고, 새로운 무기를 개발하여 전쟁을 수행하였다. 이에 따라 정밀유도무기의 정확성은 비약적으로 향상되었으며, 지휘통제체계 및 감시·정찰(C4ISR) 자산의 정보수집과 처리능력은 더욱 광범위해졌고, 무인항공기는 체공시간의 증가와 타격능력의 신장으로 그 임무영역이 크게 확장되었다.

---

41) 4세대 전쟁이란 정치·경제·사회·군사 등 모든 가용한 네트워크를 사용하여 적국의 정책 결정자로 하여금 그들의 전략 목표는 결코 달성될 수 없으며, 달성되더라도 그 비용이 감당할 수 없을 만큼 크다는 것을 인식시키는 전쟁방식을 의미한다. 토마스 하메스 저, 하광희 역, 『21세기 전쟁 : 비대칭의 4세대 전쟁(*The Sling and The Stone*)』(서울 : 한국국방연구원, 2010), p.27.

걸프전쟁에서 정밀유도무기는 도시(都市) 근접항공지원(CAS) 임무 등을 통하여 전술적 변화를 이끌었으며, 전략적 공격(SA : Strategic Attack) 임무의 본질을 바꾸었다.

제2차 세계대전에서 전략표적을 파괴하기 위하여 수천 톤의 폭탄을 쏟아 부은 반면, 걸프전쟁에서는 정밀유도무기를 이용해 표적을 정확하게 파괴함으로써 도시와 민간인의 부수적인 피해를 최소화한 가운데, 군사목표를 달성하였다.[42] 미군은 전함에서 발사한 토마호크미사일과 F-117 스텔스 전투기를 이용한 벙커버스터(GBU-27), 레이저유도폭탄 등을 사용하여 개전 48시간 만에 이라크의 방공망을 무력화시켰다. 그리고 아프가니스탄전쟁과 이라크전쟁에서는 정밀유도무기의 정확성과 사용빈도 수를 높여 적의 전략적 중심에 대한 공격을 더욱 효과적으로 수행하였고, 이를 통해서 단시간 내에 군사목표를 달성할 수 있었다.

또한 아프가니스탄전쟁과 이라크전쟁에서 운용된 무인항공기는 적에 대한 정보를 지상군부대에 근실시간으로 제공해 주었다. 전쟁 초기부터 영상 및 전자정보가 매우 중요시되는 상황에서 글로벌호크(Global Hawk) 무인정찰기는 2001년 이후로 수천 개의 영상을 촬영하여 주요 작전에서 중요한 가치를 발휘하였으며,[43] 헬파이어미사일(AGM-114)을 장착한 프리데터(Predator) 무인공격기는 아측의 인명피해를 최소화한 가운데 군사목표를 정확히 파괴하였다. 전자전기는 상대국의 방공망을 교란시킴으로써 우군의 자유로운 작전수행을 보장하고 항공기의 생존성을 높여 줄 뿐만 아니라, 적의 통신교란을 통해 아측 지상군을 보호하는 등 현대전 수행에 필수적인 무

---

42) 제2차 세계대전에서 B-17 폭격기가 4,500회 출격하여 9,000여 발의 폭탄을 투하하였고, 베트남전에서 F-4D 전폭기가 95회 출격하여 폭탄 190개를 투하하였다면, 걸프전쟁에서는 F-117 스텔스전투기가 단 1회 출격하여 단 한 발의 폭탄을 투하하는 것과 동일한 효과가 있다. 이는 화력의 양(量) 대신에 정보에 바탕을 둔 무기체계의 운용으로 가능하게 되었다. Alvin & Heidi Toffler, *War and Anti War : Survival at the dawn of the 21st Century* (New York : Little, Brown and Company, 1993), p.106.

43) Rebecca Grant, "The Afghan Escalation," *AIR FORCE Magazine*, June 2009, pp.151~153.

기체계임을 입증해 주었다.

코소보전쟁에서 전력시설을 공격하기 위해 최초로 사용된 흑연폭탄인 CBU-94(blackout bomb), BLU-114/B(soft bomb)[44] 그리고 이라크전쟁에서 인명피해 없이 적의 전쟁수행 능력을 마비시키는 효과를 발휘한 전자기펄스탄(EMP : Electro Magnetic Pulse Bomb)[45] 등 비살상 전자폭탄은 향후 미래전에서 비살상무기의 사용이 보편화 될 가능성을 시사해 주었으며, 이와 같은 전자기파를 이용한 무기체계는 걸프전쟁부터 이라크전쟁에 이르기까지 그 역할과 효용성이 확대되어 왔다.

넷째, 연합 및 합동작전 수행이 더욱 보편화될 것이다. 최근의 전쟁들은 대부분 육·해·공군 간의 합동작전과 다국적군 간의 연합작전으로 수행되었으며, 이를 위한 전력운용 시 작전효율성 제고를 위해 육·해·공군 간 더욱 긴밀하게 협조하고 있는 추세이다. 예컨대, 걸프전쟁에서 미군은 지상작전이 개시되기 전 항공작전을 통해서 이라크의 지상전력을 상당 수준 파괴하고 마비시킴으로써 아군의 지상군이 자유롭게 기동할 수 있는 유리한 전장환경을 조성한 다음, 공·지 전투개념을 적용한 본격적인 지상작전을 개시하여 공·지 합동작전을 통해 전장의 주도권을 획득 유지하였다.[46] 또한 아프가니스탄전쟁에서 미 공군은 헬기를 이용하여 계곡에 특수부대 병

---

44) 전력(電力)시설을 공격하기 위해 제조된 특수 폭탄으로서 폭탄이 발사되면 여러 개의 하부 폭탄으로 분리되고, 분리된 하부 폭탄으로부터 화학 처리된 탄소흑연 필라멘트가 살포되어 변압기 및 전압 개폐기 등과 같은 전력 배급시설에 접착되어 전력을 단절시키는 폭탄으로 일명 '거미탄'이라고도 한다.

45) 전자기 펄스탄(EMP : Electro Magnetic Pulse)은 핵무기로부터 발생하는 전자기기의 과전류를 일으켜 영구적인 파손을 일으키는 파동을 이용한 무기로서, 폭발 시 생기는 강한 전자기파로 항공기, 레이더와 방공시스템 등 전자 기반체계 전반을 무력화시키는 효과를 얻을 수 있다.

46) '공지전투(Air Land Battle)'는 냉전 시기 NATO 공군과 육군의 합동화력으로 소련을 중심으로 한 '바르샤바 조약군'의 침공에 대응하기 위해 고안된 개념으로서, 가용 전투력을 최대로 통합, 제대별 종심공격으로 전장을 확대하여 적 선두 및 후속 제대를 동시에 타격함으로써 조기에 주도권을 장악하여 승전의 가능성을 증대시키는 공세적 기동전을 의미한다.

력을 전개시키고, 계곡 및 동굴에 은신하여 저항하는 적에 대해 MC-130 항공기를 이용하여 BLU-82(daisy cutter)[47] 대형 폭탄을 투하, 적의 은신처를 파괴하고 무력화시킴으로써 잔여 저항세력의 제거를 위한 지상작전을 효과적으로 수행할 수 있도록 하였다. 합동작전의 수행은 이라크전쟁에서 더욱 강화되었다.

걸프전쟁 당시에는 1개월 여에 걸친 공중폭격 후 지상군이 투입되었으나, 이러한 방식이 속도와 충격 측면에서 미흡하다는 지휘부의 판단하에 이라크전쟁에서는 항공력에 의한 '참수작전(decapitation)' 개시 후 14시간 30분 만에 지상군을 투입하여 합동작전을 수행하였다. 작전수행방식은 항공작전과 지상작전을 동시에 시행하여 충격 효과를 배가시키고, 이라크군이 예상했던 진격로를 우회하여 사실상 커다란 피해 없이 바그다드로 진격함으로써 적의 대응을 어렵게 만들었다. 이것은 항공력에 의한 압도적 공습과 지상전력의 신속한 기동으로 전(全) 전장에서 동시에 공격하여 전쟁을 단기간에 종결시키려는 신속결정작전(RDO)[48] 개념에 기반을 둔 합동작전이었다. 이와 같이 현대전에서 미국이 단시간 내에 군사목표를 달성할 수 있었던 것은 공·지, 공·해, 지·해, 그리고 해병대와의 입체적인 통합작전에 의한 합동성의 강화가 결정적 요인으로 작용하였던 것이다.

끝으로, 미래의 전쟁에서는 안정화작전[49]과 대반란작전[50]이 더욱 중요

---

47) '데이지 커터(daisy cutter)'는 미군이 보유한 재래식 폭탄으로 중량이 6.8톤(ton)에 달한다. 베트남전에서 처음 사용되었고, 걸프전쟁에서도 사용된 바 있다. 이후 2001년 9·11테러 보복전쟁에서 10년 만에 재등장한 무기로 대형수송기인 C-130에서 투하하는 폭탄이다. 이 폭탄이 터지면 알루미늄 파편이 쏟아지고 강력한 후폭풍이 불어 반경 9백m 이내 지역이 초토화되고, 그 안에 있는 사람은 전멸하고 주변지역 사람들은 내장 파열을 일으킨다. 걸프전쟁 당시 미군은 11개를 투하해 개당 4천 5백 명의 이라크군 살상효과를 거둔 것으로 전해지고 있다.

48) 신속결정작전(RDO : Rapid Decisive Operation)은 요망되는 정치적, 군사적 목표를 단기간에 신속하고 결정적으로 달성하기 위하여 제반 지식, 지휘 및 통제, 작전을 통합 운용하여 수행하는 작전을 말한다. 합동참모본부(2014), 전게서, p.291.

49) 안정화작전(stability operation)은 자유화지역에서 안정된 환경을 조성하고 통치질서를 확립하기 위해 군이 정부 및 민간분야와 협력하여 인도적 지원과 기반시설 복구, 민간

시 될 것이다. 특히, 한반도에서 전쟁이 발발할 경우에는 북한정권의 특성상 안정화작전과 대반란작전의 중요성이 더욱 크게 대두될 것이다. 아프가니스탄전쟁과 이라크전쟁에서 공통적으로 식별되었던 교훈은 전면전과 적군의 섬멸에 집중하도록 훈련된 군사력은 안정화 및 대반란작전을 수행하는 데 많은 어려움에 직면했다는 사실이다.[51] 전면전에 대비한 군사력은 주민을 통제하고 주민들의 정치적 지지를 얻어내는 데 무심할 수 있기 때문이다. 안정화 및 대반란작전은 무차별적인 화력의 사용과 폭격 및 포격으로 적을 공격해서는 안 되며, 민간인과의 긴밀한 접촉을 통해 주민을 동화시켜서 조직적인 저항을 막아야 함은 물론 궁극적으로는 아측의 편을 만들어서 아군의 작전을 지원하도록 해야 한다. 이와 같은 맥락에서 아프가니스탄전쟁과 이라크전쟁에서 미군이 체험한 안정화 및 대반란작전의 뼈아픈 경험을 바탕으로 한국적 실정에 부합한 안정화 및 대반란작전 개념을 연구하여 전투실험과 부단한 훈련을 거쳐 군사교리로 추진하는 노력이 절실히 필요한 실정이다.

의 안전 및 통제체계를 구축하는 제반 군사활동을 말한다.

50) 대반란작전(counter insurgency operation)은 정부를 전복시킬 목적으로 전복활동 및 무력행사를 시도하는 세력에 대항하기 위하여 정부가 취하는 군사, 준군사, 정치, 경제, 심리 및 대민활동을 말한다.

51) 토머스 로런스(Thomas E. Lawrence, 1888~1935)는 기존 군사력으로 대반란전을 수행하는 것에 대해 '나이프를 가지고 수프를 먹으려는 행동(eating soup with a knife)'과 같다고 지적했다. 이근욱, 「21세기 한국과 미국의 군사적 경험 : 차이와 상호 교훈을 중심으로」, 『21세기 한국과 육군력-역할과 전망』(서울 : 한울 아카데미, 2016), p.99.

Chapter

Ⅲ. 한국군의 군사교리

1. 한국군의 군사교리체계
2. 『군사기본교리』 제정 및 개정
3. 현재의 『군사기본교리』 : 2014년
4. 한국군의 『군사기본교리』 발전을 위한 함의

지난 몇 년간에 걸쳐, 우리 군이 당면한 주요 과제 중의 하나는 국방개혁의 추진과 전시 작전통제권 전환[1]에 대비하여 육·해·공군의 합동성 강화를 통한 독자적인 작전수행체제를 구축하는 것이었다. 이를 위해 2006년 9월에 합동교리 및 교범체계를 개선하고 합동교리발전업무 규정인 「국방부 훈령 제737호」를 개정하였으며, 같은 해 11월에는 국방기획관리체계상의 최상위 기획문서인 합동군사전략서의 부록으로서 「합동개념서」를 발간하였다. 또한 같은 해 12월에는 국방개혁에 관한 법률을 제정하였고, 2007년 9월에는 합동전투발전 업무규정인 「국방부 훈령 제831호」를 제정하는 등 합동참모본부 주관으로 한국군의 군사교리 발전을 위한 법적, 제도적인 토대를 마련하는데 중점을 두었다.

---

1) 전시작전통제권은 지난 2014년 10월 23일(미국 현지시간) 워싱턴 D.C.에서 열린 제46차 안보협의회(SCM)에서 2015년 12월 1일로 예정됐던 전시작전통제권 전환 시점을 2020년대 중반쯤으로 연기하기로 합의했다. 이는 지난 2007년 노무현 대통령 집권 당시 2012년 4월 17일로 전시작전권 전환 날짜를 못 박았으나, 이명박 정부 때인 2010년에 2015년 12월 1일로 전환 시점을 연기했고, 2014년 10월 23일 다시 언제가 될지도 모르는 2020년대 중반쯤으로 또 연기한 것이다. 2014년 10월 23일 당시 한·미 양국은 전작권 전환 시기를 미루면서 한국이 제안한 '조건에 기초한 전작권 전환' 방식으로 전작권 전환을 추진하기로 했다. 조건에 기초한 전작권 전환이란 ① 안정적 전작권 전환에 부합하는 한반도 및 동북아지역 안보환경, ② 전작권 전환 이후 한·미 연합방위 주도 가능한 한국군의 핵심 군사능력 구비 및 미국의 보완과 지속능력 제공, ③ 국지도발과 전면전 초기 단계에서 북한 핵과 미사일 위협에 대한 한국군의 필수 대응능력 구비 및 미국의 확장억제 수단과 전략자산 제공 및 운영 등 3가지 조건을 바탕으로 전작권을 전환하는 것을 말한다. 한·미 양국은 이 3가지 조건을 매년 열리는 한미안보협의회의(SCM : Security Consultative Meeting)에서 평가하고 양국 통수권자들이 이를 바탕으로 전작권 전환 시기를 최종 결정하기로 합의한 것이다. 특히 3가지 조건 중에서 북한 핵과 미사일 위협에 대한 한국군의 필수 대응능력 구비가 사실상 전작권 전환의 핵심 조건으로 꼽힌다.

한국군의 『군사기본교리』는 최상위 군사교리로서 군부대 및 그 구성원들에게 군사행동의 지침을 제시하며, 노력의 통합(unity of effort)을 증진시키고 합동교리 및 각 군의 교리 작성을 위한 지침과 기준을 제공한다. 한국군의 합동교리 발전업무를 규정하고 있는 국방부 훈령에 의하면, "『군사기본교리』는 군사전략 개념을 구현하기 위하여 발전된 최상위 군사교리로서 합동기준교리와 합동운용교리 및 각 군 교리에 군사력 운용의 기본원칙과 지침을 제공한다."[2]라고 기술하고 있다.

한편, 육·해·공군은 합동참모본부가 발행한 『군사기본교리』를 근간으로 하여 각 군의 기본교리를 작성하여 발간하고, 각 군의 기본교리를 바탕으로 하여 작전교리 또는 운용교리, 그리고 전술교리 및 세부 운용교리를 발간하여 적용하고 있다.

따라서 본 장에서는 한국군의 군사교리체계를 소개한 후, 최상위 군사교리인 『군사기본교리』의 발전과정을 심도 있게 분석하고, 현재 적용하고 있는 『군사기본교리』(2014)의 주요 내용을 소개하고자 한다.

2) 국방부, 『합동교리발전업무 훈령』(서울 : 국방부, 2016. 3. 18.), p.1.

1. 한국군의 군사교리체계

1) 합동교리체계

한국군은 1997년에 최상위 교리인 『군사기본교리』(1997)를 제정·발간한 이후, 합동교리 발전에 관한 국방부훈령 등 제도적 뒷받침이 없이 군사교리 발전을 추진해 오다가 2009년 8월에 「국방부 훈령 제1136호」인 『합동교리 발전업무 훈령』을 최초로 제정하였다. 이후 세 차례[3]의 개정을 거쳐 현재는 「국방부 훈령 제1395호」로서 『합동교리 발전업무 훈령』을 적용하고 있다. 『합동교리발전업무 훈령』(2012)에 의하면 한국군의 합동교리는 [그림 Ⅲ-1]에서 보는 바와 같이, 군사기본교리, 합동기준교범, 합동운용교범으로 구분하고 있다. 이 훈령에 의하면, 군사교리라 함은 군부대와 그 구성원들이 국가목표를 달성하기 위하여 적용해야 할 공식적으로 승인된 군사력 운용의 기본원칙과 행동으로 정의하고 있으며, 합동교리라 함은 2개 군 이상의 군사력 운용에 관한 기본원칙과 지침으로서 합동기본교리, 합동기준교리, 합동운용교리로 구분하고 있다.

군사기본교리(합동기본교리)는 군사전략 개념을 구현하기 위하여 제정된 최상위 군사교리로서 합동기준교범과 합동운용교범 및 각 군 교리에 군사력 운용의 기본원칙과 지침을 제공한다. 즉 합동참모본부와 각 군에서 운용하는 모든 수준의 교리에 영향을 미치는 한국군의 최상위 군사교리이다. 합동기준교범은 합동참모본부의 편성 기능을 고려하여 분류한 교리로서, 합동작전을 수행하는 제반 요소들의 노력과 효과의 통합을 증진시키기 위한 기본원칙과 지침을 제공한다. 합동참모본부의 주요 기능인 합동작전을 원

---

3) 합동교리 발전업무에 관한 국방부 훈령은 2009년 8월 14일 제정 이후, 2010년 6월 23일(국방부훈령 제1253호)에 제1차 개정을 단행하였고, 2011년 7월 6일(국방부훈령 제1335호)에는 제2차 개정을, 2012년 2월 22일(국방부훈령 제1395호)에 제3차 개정을 단행하였다.

활하게 수행하기 위해 작전을 비롯하여 인사, 정보, 군수, 기획, 지휘 통신 등 기능분야를 효율적으로 통합하기 위한 기본적인 지침과 원칙을 제시하고 있다.

[그림 Ⅲ-1] 한국군의 합동교리체계

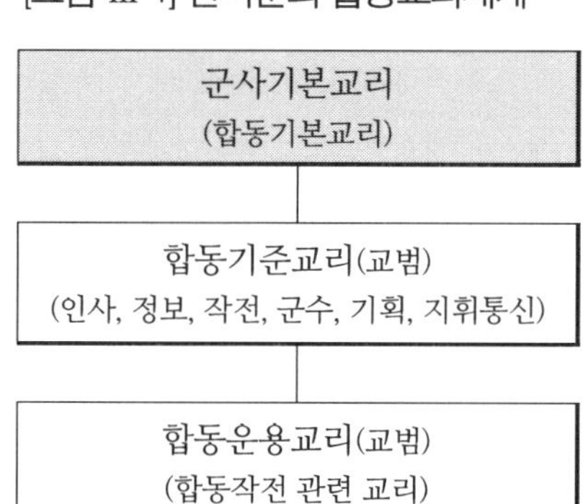

* 출처 : 『합동교리발전업무』(2012), pp.3~7.의 내용을 기준으로 작성

합동운용교범은 합동기준교범을 근거로 작전 형태 또는 분야별로 분류한 교리로서 합동작전 수행 및 지원의 구체적인 방법과 절차를 제공한다. 2개 군 이상이 수행하는 합동상륙작전, 합동방공작전, 합동사이버작전 등 합동작전을 효율적으로 수행하기 위해 각 작전 형태별로 "어떻게 싸워 이길 것인가?"에 대한 방법과 절차를 기술하고 있다. 여기에서 눈여겨봐야 할 것은 '합동교범'에 대한 용어 정의다. 합동교리발전업무 훈령에서 정의하고 있는 바에 따르면, 합동교리라 함은 합동교리를 수록한 간행물로서 합동기본교범, 합동기준교범, 합동운용교범, 합동참고교범 등이 포함된다고 기술하고 있다. 즉 교범은 교리를 담고 있는 그릇(수단)으로 규정하고 있다. 따라서 이와 같은 관점에서 각 군의 교리와 교범 관계를 살펴보고자 한다.

2) 육·해·공군의 교리체계

육군은 군사교리를 매우 중요시 하고 있으며, 교리에 대한 정의 또한 광의의 개념으로 정립하고 있다. 즉 군사교리란 "국가목표 달성을 위한 군사에 관한 일치된 견해로서 권위 있는 기관에서 공식적으로 승인된 군사력 운용에 대한 기본원리"[4]로 정의하고 있다. 그러나 전쟁의 수준에 맞게 군사교리체계를 분류하고 있는 해·공과는 달리 군사교리체계에 대해서는 별도로 정립하지 않고, 현용 교리 및 미래전에 대비하는 개념으로 구분하여 교리발전 개념과 절차를 육군규정으로 명시하고 있다. 또한 교리와 교범이라는 상관관계에 대하여 명확한 용어 정의가 없이 사용한 관계로 애매모호하다.

이에 따라 혹자는 '교리'와 '교범'을 정의하면서 '교범'은 '교리'를 담고 있는 그릇이라고 하면서, '교리'는 군사력 운용에 관한 내용 그 자체이며, '교범'은 '교리'를 제시하고 있는 수단(Tools)에 불과하다고 이야기하기도 한다. 실례로 『육군교리발전업무 규정』(2013)에 의하면 육군의 교리발전업무를 계획 및 통제하는 부대를 교육사령부로 명시하고, 각급 부대는 교육사령부가 교리발전업무를 추진하는데 필요한 사항을 적극 지원한다고 명시하고 있으나, 업무수행체계, 업무수행절차, 시험 및 검토, 전파 및 적용, 심의위원회 편성 및 운용 등에 관해서는 교리·교범이라는 용어를 혼용하고 있는 실정이다.

교리 발전을 위한 기본개념으로는 지상작전 수행개념을 구현할 수 있도록 한국적 여건, 즉 현존 전투력의 운용효과를 극대화 할 수 있고 미래전력 창출을 위해 각 국의 신교리와 전사(戰史)를 연구 분석하여 대적 우위의 교리를 발전시킨다는 것이다. 육군의 교리발전절차는 [그림 III-2]에서 보는 바와 같이 현용 교리는 전쟁수행개념의 변화, 전투수행기능별 운용개념 발전, 지상작전 수행에 영향을 미치는 위협요소의 변화와 무기체계 발전 등

---

4) 육군본부, 『교리발전업무 규정』(2013. 6. 1.)(계룡대 : 육군본부), p.4.

작전환경 변화를 고려하여 소요를 도출하고 발전시키며, 미래전에 대비하는 교리발전은 육군비전에서 제시한 미래 지상작전 수행개념을 구현할 수 있도록 교리 선행연구를 통하여 발전시킨다.

[그림 Ⅲ-2] 육군의 교리발전 기본개념

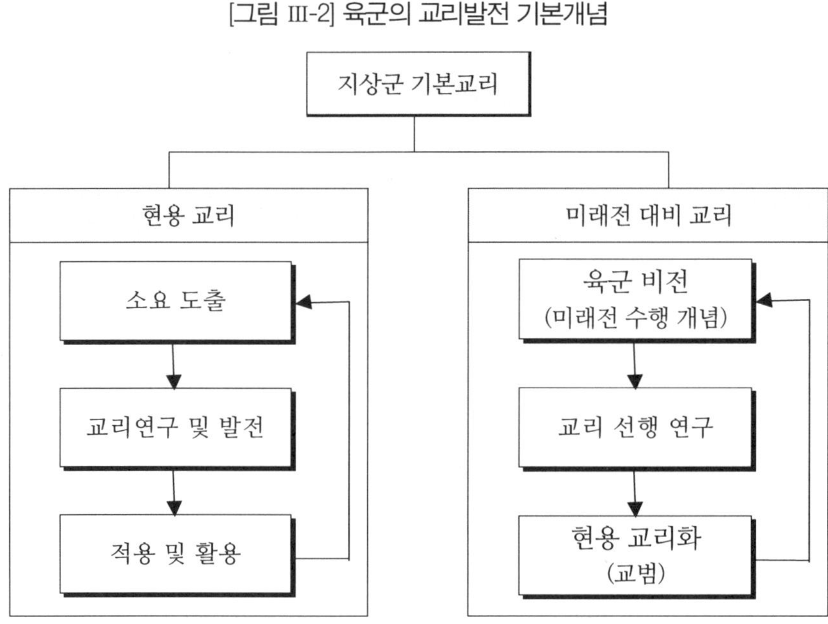

* 출처 : 『교리발전업무 규정』(2013), pp.4~5.의 내용을 기준으로 작성

해군은 해군교리와 해군교범에 대하여 완전히 구분해서 정의하고 있다. 『해군 교리발전업무규정』(2012)에 의하면, "해군교리란 해군부대와 그 구성원이 국방목표 달성을 지원하기 위하여 해군력을 준비하고 운용하는 데 필요한 원칙과 지침을 말한다. 이는 권위 있는 것이나 적용 시에는 판단이 요구된다."[5]고 명시하고 있다. 또한 해군교범이란 해군력 운용에 필요한 원칙과 지침 및 전술, 전기, 절차 등 군사교리에 관한 내용을 수록한 간행물이

5) 해군본부, 『해군 교리발전업무규정』(2012. 1. 1.)(계룡대 : 해군본부), p.115-4.

라고 정의하고, 교리체계에 따라 기본교범, 기준교범, 운용교범으로 분류하고 기타 교리로서 참고교범, 기술교범, 지침서 등이 있다고 규정하고 있다. 해군도 육군과 마찬가지로 군사교리를 수록하고 있는 간행물을 통칭하여 '교범'으로 정의하고 있다.

[그림 III-3] 해군의 교리체계

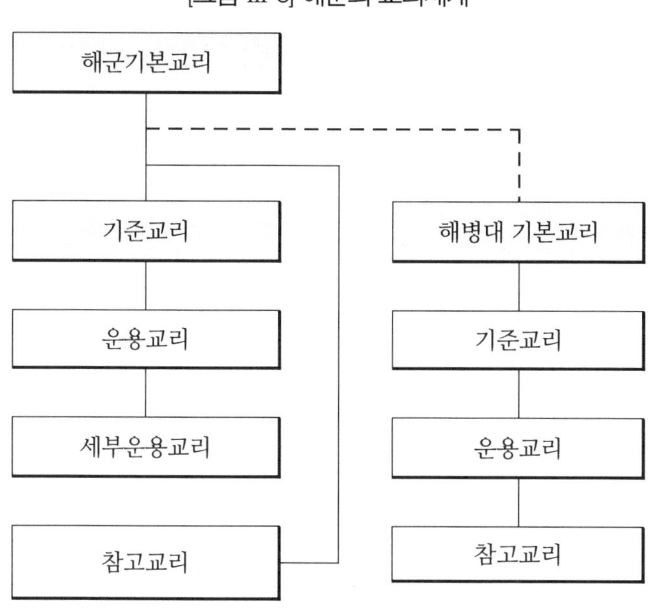

* 출처 : 『해군 교리발전업무 규정』(2013), pp.115~116.의 내용을 기준으로 작성

해군의 교리체계는 [그림 III-3]에서 보는 바와 같이, 기본교리, 기준교리, 운용교리로 분류하고 있으며, 해병대의 교리체계 또한 해군의 교리체계와 유사하다. 해군의 기본교리는 해군을 운용하는데 있어서 해군 구성원들의 공적인 행동에 관하여 준거(準據) 및 표준이 되는 기본원칙을 기술한 것으로서 모든 해군교리의 준거가 되는 최상위의 교리이며, 해군력의 기획 및 운용의 광범위한 분야에 기준이 되는 교리이다. 기준교리는 해군의 임무

수행을 위한 각 참모기능별 업무활동의 기본목표와 시행원칙 및 지침은 물론, 해군작전에 관련된 해군력 운용원칙과 지침을 제시하는 교리로서 운용교리 발전의 기초가 된다. 운용교리는 세분화된 임무를 달성하기 위하여 특정 무기체계의 적절한 사용에 관한 지침이 되는 교리로서, 해군기본교리 및 기준교리를 군사활동에 적용시키며 전술·전기·절차에 관하여 기술한 것이다. 운용교리는 해군력의 운용수준에 따라 세부운용교리로 분류하며, 그 이하 세세부교리는 지침서로 발간된다.

공군은 육군, 해군과는 달리 군사교리, 합동교리, 그리고 공군교리와 교범에 대한 정의를 명확히 규정하고 있으며, 군사교리와 합동교리에 대해서는 합동교리발전업무 훈령을 근거로 동일하게 기술하고 있다. 공군의 『교리·교범 발전업무』(2011)규정에 의하면, "공군교리란 항공우주력으로 국방목표를 지원함에 있어 공군의 활동지침이 되는 기본원칙으로 기본교리, 기준교리, 운용교리를 말한다."[6]라고 정의하고 있다. 이를 그림으로 정리하면 [그림 Ⅲ-4]와 같다.

공군의 기본교리란 항공우주력 운용의 기본적 지침이 되는 공인된 신념을 담고 있는 공군의 최상위 교리로서, 모든 공군교리의 기초가 되며 항공우주력의 준비·계획·조직 및 운용에 관한 광범위한 원칙과 지침을 제공한다. 기준교리란 기본교리를 근간으로 작전적 수준에서 항공우주력을 계획하고 운용하는데 필요한 원칙과 지침을 제시한다. 운용교리란 기준교리를 근간으로 작성된 교리로서 작전 형태 및 지원기능 분야별로 항공우주력을 계획하고 운용하는데 필요한 원칙과 지침을 보다 구체화하여 제시한다.

---

6) 공군본부, 『교리·교범 발전업무』(2011. 3. 17.)(계룡대 : 공군본부), p.4.

[그림 III-4] 공군의 교리체계

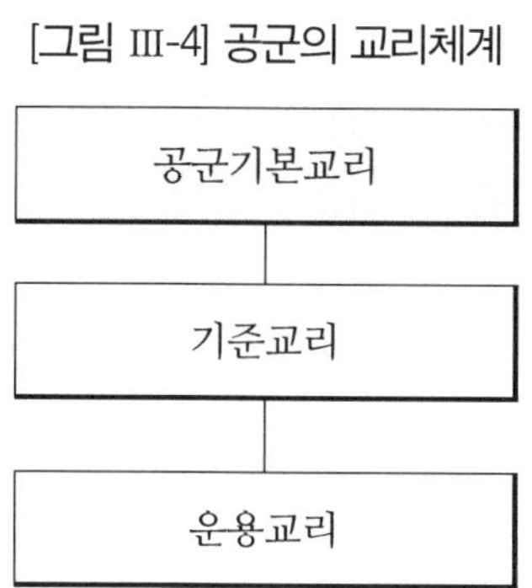

* 출처 : 『교리·교범 발전업무』(2011), p.5.의 내용을 기준으로 작성

특이한 사항은 '교범'에 대한 정의를 명확히 규정하고 있다는 점인데, '교범'이란 '교리'를 기초로 하여 각 분야에 부여되는 제반 업무 수행에 필요한 전술·전기·절차, 교시(教示), 실무적인 지침 및 수행 요령을 수록한 간행물이라고 명시하고 있다. 즉 공군교리는 항공우주력을 운용하는데 있어 공군의 활동 지침이 되는 기본원칙이라면, 공군교범은 공군교리를 기초로 하여 각 분야에서 업무 수행에 필요한 실무지침 및 절차를 기술한 간행물이라 할 수 있다.

2. 『군사기본교리』 제정 및 개정

1) 『군사기본교리연구(I)』 발간 : 1990년

1948년 8월 15일 대한민국 정부가 수립되고, 같은 해 11월 30일에 「국군조직법」[7]이 법률 제9호로 제정되었다. 「국군조직법」에 따라 기존의 조선경비대는 대한민국 육군으로, 조선해안경비대는 대한민국 해군으로 각각 창설하게 되었다.[8] 그로부터 1년 후, 공군이 창설됨에 따라 육·해·공군의 3군 병립체제를 형성하였지만, 통합 지휘 및 조정 기능을 담당하는 최고 군사기구를 갖지 못한 상태에서 6·25전쟁을 맞이하게 되었다.[9]

6·25전쟁이 끝나고 1954년 5월 3일, 「국군조직법」상의 군령기관인 「합동참모회의」가 설치되었다. 그러나 이는 군령에 대한 보좌 기능만을 수행할 뿐 3군의 업무에 대한 종합적인 기획 및 통제기능을 가졌던 것은 아니었다. 1961년에는 연합참모국으로 개편하여 국방부 내 비상설기구로 설치 운영해 오다가, 1963년에 「합동참모본부」로 개편하였다. 그 후, 1981년 3월 「합동참모본부」의 '군 구조연구위원회'에서 통합군체제를 연구하기 시작하였으며, 이와 함께 미래 전략환경에 부응하는 전략개념 정립과 공세적 군사력 건설, 한정된 국방자원을 효율적으로 사용하기 위한 군 구조의 종합적인 검

---

7) 「국군조직법」은 1948년 11월 30일, 법률 제9호로 제정된 이래, 10회의 개정을 거쳐 현재는 법률 제10821호(2011. 10. 15.)로 시행되고 있으며, 총 5장 17조로 되어 있다.

8) 국방부 군사편찬연구소, 『한국 군사역사의 재발견』(서울 : 국군인쇄창, 2015), p.455.

9) 1948년 7월 17일, 대한민국 헌법이 공포됨과 동시에 「정부조직법」에 따라 국방부의 설치가 명문화 되었으며, 8월 15일 정부 출범과 동시에 국방부가 설치되었다. 이어서 국방부훈령 제1호(1948. 8. 16.)에 따라 1948년 9월 1일 경비대(해안경비대 포함)의 국군 편입이 이루어졌으며, 같은 해 9월 5일 그 명칭도 육군과 해군으로 개칭되었다. 또한 같은 해 11월 30일에는 「국군조직법」이 공포되었다. 이때 초대 국방부장관에는 이범석 장군, 차관에는 최용덕 장군이 각각 임명되었다. 한국군의 창설 과정은 1948년 8월 15일 국방부의 설치로부터 시작되어 경비대의 국군 편입, 육·해군 부대의 증편, 해병대 창설을 거쳐 1949년 10월 1일 공군이 창설됨으로써 일단락되었다.

토의 필요성이 제기되었다.[10]

한편, 1988년 7월 14일에는 「한국군의 합동교리 발전에 관한 대통령의 지시」[11]에 따라 통합전투력 발전 및 운용체계 구축의 필요성을 검토하여 1988년 8월 18일 「장기 국방태세 발전방향 연구계획」(일명 「818계획」)을 마련하여 당시 노태우 대통령에게 보고함으로써 한국군의 대혁신 작업이 본격화 되었다.[12]

작전통제권 전환에 대비한 한국군의 독자적인 작전수행체제 정립과 목표 위주의 효율적인 군사력 건설, 3군 균형 발전 등을 목적으로 한 「장기 국방태세 발전방향 연구」는 3단계로 진행되었다.[13]

제1단계 연구는 기본방향의 정립을 위해 1988년 9월부터 그 해 12월 31일까지 합참의장(당시 육군대장 최세창) 책임 하에 전략기획국장(당시 육군소장 용영일)을 실무추진위원회 위원장으로 하여 육·해·공군의 장성 6명을 포함한 육·해·공군의 영관장교 및 국방연구원·국방대학원의 전문가 등 42명으로 군사전략·군 구조·군사력의 3개 분과위원회를 구성했다. 연구의 결과는 1988년 12월 14일 노태우 대통령에게 중간보고되었고, 12월 24일 군무회의의 심의를 거쳐 1989년 1월 24일 대통령에게 다시 보고되었다.

제2단계 연구는 제1단계 후속 보완연구를 효과적으로 추진하기 위하여 합참의장 중심의 추진위원회를 해체하고 국방부장관을 위원장으로 하는 추진위원회로 확대 편성되었다. 이 추진위원회는 국방부장관(당시 이상훈)을 위원장으로 하여 제1 실무추진위원회(당시 위원장 최세창 합참의장)와 제2 실무추진위원회(당시 위원장 임헌표 국방부차관)로 편성했다. 제2단계 연구에서는 1989년 11월 16일 최종 연구안이 대통령의 재가를 받았다. 여기에는 군사전

---

10) 한국국방연구원, 『군사기본교리연구(Ⅰ)』(서울 : 한국국방연구원, 1990), p.44.

11) 상게서, p.5.

12) 국가기록원 홈페이지, 818계획, http://archives.go.kr/next/search/listSubject Description.do?id=006275&pageFlag=, (검색일: 2018. 10. 29.)

13) 권영근, 『한국군 국방개혁의 변화와 지속』(서울 : 연경문화사, 2013), p.238.

략으로 입체기동전 개념이, 군사력 건설방향으로서 하이-로우 믹스(High-Low Mix)[14]의 개념이, 그리고 군 구조는 합동군제를 기본으로 하는 국방참모총장제의 채택이 포함되었다.

제3단계 연구에서는 「국군조직법」의 개정을 추진하는 것이 주된 연구 내용이었다. 그것은 「장기 국방태세 발전방향 연구」에 의한 군구조 개선을 법적, 제도적 차원에서 뒷받침한다는 것이었다. 「국군조직법」(개정안)은 1989년 3월 3일, 초안이 작성되어 수차에 걸친 실무토의, 3차에 걸친 정책회의 및 군무회의 심의를 거쳐 확정되었다.[15]

「818계획」의 기본방향은 국방의 자주화, 군대의 선진화, 군사의 과학화를 지표로 설정하고, 문민통제의 원칙을 준수하면서 군사작전 지휘체제를 개선하여 통합전력 발휘를 보장하고 한·미 연합방위체제를 유지하면서 효율적인 연합작전능력을 향상시키는데 있다. 이에 따라 1990년 10월 합동참모본부를 창설함과 동시에 군령권을 합참이 행사하고, 군정권은 육·해·공군본부가 행사하도록 한 것이다.[16]

한편, 「818계획」에서 추구하는 작전통제권 전환에 대비한 한국군의 독자적인 작전수행체제 정립을 위해 한국군의 최상위 교리인 『군사기본교리』의 제정 필요성이 제기됨에 따라, 합동참모본부 주관으로 한국국방연구원(KIDA)에서 연구를 시작하여 1990년 12월에 『군사기본교리연구(Ⅰ)』을 발간

---

14) 하이로우 믹스(High Low Mix)란 무기체계 및 장비의 배치에 있어 고성능의 무기체계와 저성능의 무기체계를 결합시키는 것과 그 구상으로서, 무기체계 별로 성능, 수명주기, 전력화 시기 등을 고려하여 'High-Medium-Low' 급으로 분류하고 신규전력 확보와 구형전력 도태가 연계 되도록 하는 전력유지개념을 말한다.

15) 『국군조직법』은 제148회 임시국회에 상정되어 토론 끝에 회기 내 통과를 위하여 국방참모총장을 합동참모의장으로, 국방참모본부를 합동참모본부로, 국방참모차장 2인을 군을 달리하는 3인 이내의 합동참모차장으로, 그리고 법 시행 일자를 1990년 10월 1일로 수정안을 제출하여 1990년 3월 12일 국방분과위원회를 통과했으나, 개정 법률안에 대한 표결절차를 두고 이의가 제기되어 국회법사위에 넘겨져 계류되었다. 그 후, 같은 해 7월 제150회 임시국회에 다시 수정안이 상정되어 7월 12일 국방위원회를 통과했고, 7월 14일 국회 본회의를 통과하여 8월 1일 법률 제4249호로 공포되었다.

16) 국방부 군사편찬연구소(2015), 전게서, pp.507~508.

하였다.

최초로 발간된 『군사기본교리연구(Ⅰ)』(1990)의 주요 내용은 〈표 Ⅲ-1〉과 같다.

〈표 Ⅲ-1〉『군사기본교리연구(Ⅰ)』(1990)의 주요 내용

주요 내용
Ⅰ. 서 론
Ⅱ. 이론적 고찰
1. 군사교리의 개념과 분류
2. 군사기획체계와 군사교리의 위상
3. 군사사상
4. 군사사상 형성의 연원과 맥락
5. 군사사상의 사적(史的) 고찰과 전망
6. 바람직한 한국군의 군사교리 유형
Ⅲ. 군사기본교리
1. 주요국의 군사기본교리
2. 군사기본교리(안)
Ⅳ. 결론 및 건의

* 출처 : 『군사기본교리연구(Ⅰ)』(1990), p.21.의 내용을 중심으로 작성

〈표 Ⅲ-1〉에서 보는 바와 같이, 『군사기본교리연구(Ⅰ)』(1990)에서는 주로 이론적인 내용에 중점을 두고 작성하였는데, 군사교리에 대하여 "군의 모든 교리 및 그 체계를 총칭하는 용어로서 국가의 기본 전승 원리와 이를 위한 군사력의 건설, 유지 및 교육훈련에 관한 기본지침이 포함되며, 특히 각급 수준의 군사작전 활동에 필요한 기본지침으로서 군사행동을 지배하는 철학을 말한다. 따라서 군사교리는 군사사상이라는 개념체계에 대한 시행 및 실천적 차원의 원리로서 이를 세분하면 전략교리, 군사기본교리, 작전

교리 및 전술교리의 4가지 범주로 구분할 수 있다."[17]고 기술하고 있다. 즉 군사교리를 군사력의 건설(양병)과 군사력을 운용(용병)함에 있어서 기본지침이 되는 모든 원리와 원칙으로 보고 있으며, 군사사상이 군사교리를 작성하는데 있어 지배적인 영향을 미치며, 군사교리는 전략교리, 군사기본교리, 작전교리, 전술교리 등 4개의 수준으로 구분함으로써 오늘날의 군사교리 수준과는 상이한 교리체계를 제시하고 있음을 알 수 있다. 또한 군사기본교리에 대해서는 "군의 교리 중에서 가장 기본이 되며, 군사적 소요 및 운용의 기본지침으로서 군사적 활동의 준거(準據)와 방법을 제공하는 원리"라고 정의하고 있다.

한 국가의 군사기본교리는 국가의 전통적인 사상과 국민의 의식구조에 합치(合致)되고, 제반 안보상황에 적합하면서 가용자원과 경제성을 고려함은 물론, 가상 적군의 강점을 피하면서 약점을 역이용할 수 있어야 한다. 아울러, 군사기본교리는 육·해·공군의 기본교리 및 작전교리와 합동교리 발전을 위한 기준과 지침이 되어야 함으로 국력의 한 요소로서 군사력의 준비 및 운용 방법에 관한 광범위하고도 지속성 있는 내용을 제시해야 한다. 이에 따라 "국가와 군사력의 관계, 예상되는 전쟁유형과 군의 임무, 군의 조직·훈련·장비 및 유지, 전쟁원칙과 전쟁수행 개념"에 대한 사항들이 망라되어야 한다고 기술하고 있다. 즉 군사기본교리는 국방기획관리체계 상에서 전군(全軍)의 양병(養兵)과 용병(用兵)을 망라하는 군사전략 수립의 배경적 역할을 하는 군사교리로서, 각 군의 기본교리는 군사기본교리에 따라 자군(自軍)의 전력 증강과 군사력 운용에 관한 기본원리로서 발전되어야 한다는 점을 강조하고 있다.

군사사상에 대해서는 클라우제비츠의 섬멸전사상, 절대전쟁 및 제한전쟁사상, 손자(孫子)의 부전승사상과 제한지구전사상, 리델하트의 간접접근사상 등을 기초로 섬멸전략(strategy of annihilation)[18]과 제한소모전략(strategy of

---

17) 한국국방연구원(1990), 전게서, p.26.

limited exhaustion)[19] 등을 소개하면서 한반도의 지리적 환경, 무기체계와 전쟁 양상, 전쟁인식과 국가의 이념 및 체제, 의식구조, 위협과 적의 교리, 국력과 국가목표 등을 종합적으로 고려했을 때 기동마비전교리[20]가 한국군에 적합하다고 기술하고 있다.[21] 한국군의 싸우는 방법, 즉 "어떻게 싸울 것인가?(How to fight?)"에 대한 핵심개념으로서 전쟁의 원칙(principles of war)은 목표, 공세, 집중, 기동, 기습, 통일, 경계의 원칙 등 7가지 원칙을 제시하고 있으며, 국군의 조직 및 부대구조 발전시 고려해야 할 요소로 ① 국가의 목표와 여건, ② 장차전 양상, ③ 군사적 위협평가, ④ 군사전략 개념, ⑤ 과학기술 및 무기체계의 발전, ⑥ 가용자원, ⑦ 지형의 특성, ⑧ 기타 등 8가지를 들고 있다.[22]

특이한 것은 한국군이 효과적으로 전쟁을 억제하고 장차전에서 승리하기 위한 무기체계의 발전방향을 제시하고 있다는 점이다. 무기체계의 발전방향으로는 ① 전략적 기습 방지를 위한 전장감시 및 조기경보능력, ② 억제능력이 큰 전략무기체계, ③ 기동마비전 수행을 보장하는 무기체계로서

---

18) 섬멸전략은 전쟁에서 적을 섬멸하는데 목적이 있으며, 전투 그 자체가 최고의 수단이다. 적의 주력(主力)을 탐지하고 결정적인 장소와 시간에 전투력을 집중함으로써 적의 군사력을 완전히 격멸하여야 목적이 달성되는 것이다. 따라서 군사위주의 단기 속도전의 특성을 갖는다.

19) 제한소모전략은 적의 저항 수단을 약화시키기 위하여 군사 외적인 수단을 동원하거나 군사적인 수단을 사용할 경우에는 간접적인 방법을 최대한 활용하여 물리적 파괴보다는 균형을 와해하거나 인간의 의지 붕괴에 중점을 두며, 적의 저항의지를 파괴하여 목적을 달성하려고 하는 것이다. 따라서 지구전의 특성을 갖는다.

20) 당시, 『군사기본교리 연구(I)』(1990)에 의하면 기동마비전교리란 기동과 기민성으로 적의 강점을 견제하고 약점을 기습·교란·타격함으로써 적을 와해하고 공포심을 일으키게 하여 마비 굴복케 하는 기동 중시의 교리로서, 진지전 보다는 기동전이 예상되는 미래전에서 육·해·공군의 통합 운용에 적합한 교리라고 기술하고 있다. 즉 지·해·공군 전력의 효율적인 통합 운용과 적극적인 공세행동, 적지로의 신속한 기동과 종심을 강타함으로써 전장의 주도권을 장악하고 적의 전투의지를 마비시켜 적을 격파함으로써 전승을 달성한다는 것이다.

21) 한국국방연구원(1990), 전게서, p.50.

22) 상게서, p.83.

종심타격이 가능한 육·해·공군의 화력투발 수단과 기동 주축의 무기체계, 그리고 상륙기동수단 등을 들고, 각 군은 국가 차원의 군사전략개념에 근거하여 해당 군종(軍種)의 무기체계 소요를 성실하게 발전시킬 책임에 대하여 기술하고 있다. 이와 같은 관점에서 향후, 한국군의 「군사기본교리(안)」으로 제시한 내용은 〈표 Ⅲ-2〉와 같다.

〈표 Ⅲ-2〉「군사기본교리(안)」의 주요 내용

주요 내용
Ⅰ. 국가와 군사력
· 헌법 및 법률적 기반　　· 국가목표 및 국가안보
· 국방목표와 군사력의 역할
Ⅱ. 전쟁의 유형과 국군의 임무
· 군사적 위협　· 전쟁의 유형　· 국군의 임무
Ⅲ. 전쟁의 원칙과 용병체계
· 현대전의 용병체계　　· 전쟁원칙
Ⅳ. 군사력의 준비
· 조직 및 부대 구조　　· 무기체계
· 교육 및 훈련　　· 전쟁지속능력
Ⅴ. 국군의 윤리
· 직업(소명)으로서의 국군의 윤리
· 개인의 가치관

* 출처 : 『군사기본교리연구(Ⅰ)』(1990), pp.83~84.의 내용을 중심으로 작성

〈표 Ⅲ-2〉에서 제시하고 있는 「군사기본교리(안)」의 주요 내용을 살펴보면 제1장(Ⅰ)에서는 국가와 군사력의 관계로서 대한민국의 헌법과 법률을 근거로 하여 국군의 기본이념과 사명을 기술하고, 국가목표와 국가안보목표를 확인하여 국력의 한 요소인 군사력이 이들 목표의 달성 및 지원을 위

하여 수행해야 하는 국방목표와 군사력의 역할과 기능을 제시함으로써 군사력의 건설, 유지 및 사용에 대한 법률적 기반을 제공해야 한다는 것이다.

제2장(II)에서는 장차전의 유형과 국군의 임무에 관한 내용으로서 국군이 당면하고 있는 적의 위협을 개관하고, 발생 가능한 장차전 유형에 부합한 국군의 임무를 제시함으로써 제3장(III) 전쟁의 원칙과 제4장(IV) 군사력의 준비에 관한 목표와 방향을 제시하고 있다.

제3장(III)은 전쟁의 원칙과 용병체계로서 국군이 군사력을 운용하는데 필요한 지침을 제시하고 있다. 즉 군사교리의 핵심 내용인 한국군이 수행해야 할 현대전에서의 용병체계와 전쟁의 원칙을 제시함으로써 용병체계별로 전쟁의 원칙을 어떻게 적용할 것인가에 대하여 기준을 포괄적으로 제시하고 있다.

제4장(IV)에서는 군사력의 준비에 대한 지침으로서 제2장(II)에서 제시한 국군의 임무와 제3장(III)의 전쟁원칙과 용병체계를 바탕으로 국군의 조직 및 부대구조, 무기체계, 교육 및 훈련, 전쟁지속능력을 발전시켜 나가는데 있어, 필요한 내용을 기술하고 있다.

제5장(V)은 국군의 윤리에 관한 사항으로서, 국군에게 부여된 임무를 완수하고 전장에서의 승리를 보장하기 위하여 전·평시를 막론하고 국군의 각 조직 및 구성원 개인에게 필요한 가치[23] 기준을 제시하고 있다. 국군이 수

23) 한국군의 직업윤리로는 충성, 책임 완수, 희생적 복무, 성실성 등 4개 항목을 들고 있다. 충성은 군인의 가장 중요한 직업윤리로서, 국가에 대한 충성은 국가의 요구에 성실히 따르며, 헌법에 부여된 사명(使命)을 이행하는 것이며, 책임 완수는 군인으로서 어떠한 난관과 생명의 위험에도 불구하고 각자에게 부여된 임무를 완수하는 것으로 군인의 중요한 직업윤리임을 강조하고 있다. 희생적 복무는 국가와 군, 그리고 부대의 임무 완수를 개인의 이익보다 우선해야 하며, 이기주의적 유혹을 극복해야 한다는 것이다. 성실성은 정직함과 정의로움, 그리고 근면과 올바른 행동기준에 입각한 내적(內的) 충실 등의 의미를 포함하고 있으며, 이는 직업윤리라기보다는 개인의 가치관에 가깝다. 한편, 개인의 가치관으로는 희생정신, 자신감, 용기를 들고 있으며, 이밖에도 솔선수범, 공정성, 준법정신, 정직을 군인의 고귀한 가치관으로 기술하고 있다. 상게서, pp.87~88.

행하는 임무는 국가의 존망과 직결될 뿐만 아니라 국군 구성원 자신의 생명에 직접적인 위험이 따르는 임무이기 때문에, 직업군인으로서의 소명(召命) 의식과 국군의 윤리와 개인의 가치관을 기술하고 있는 제5장(V)의 내용은 특별히 중요한 의미를 갖고 있다.

2)『군사기본교리』 제정 : 1997년

1990년 12월에 발간한 『군사기본교리연구(I)』(1990)을 근간으로 해서 1992년부터 국방참모대학 합동교리연구실을 중심으로 연구를 시작하여 1994년에 『군사기본교리(연구안)』(1994)을 발간하였고, 이에 대한 폭넓은 의견수렴을 거쳐 1994년 12월에 『군사기본교리(초안)』(1994)을 발간하였다.

『군사기본교리(초안)』(1994)의 주요 내용은 총 4개의 장으로 구성되어 있으며, 〈표 III-3〉과 같다.

『군사기본교리(초안)』(1994)의 주요 내용은 〈표 III-3〉에서 보는 바와 같이 총 4개 장(章)으로 구성되어 있으며, 제1장은 총론으로서 『군사기본교리(초안)』(1994)의 제정 목적 및 범위, 적용, 근거 등을 명시하고 군사교리의 개념 및 성격, 군사사상 및 군사이론, 군사교리와의 관계 그리고 교리체계 및 분류 등을 기술하고 있다.

『군사기본교리(초안)』(1994)의 제정 목적에 대하여 "국군의 최상위 군사교리를 수록한 교범으로서 합동교리 및 각 군 교리에 지침과 기준을 제공하고, 군부대 및 구성원의 행동지침을 제시하며 노력의 통합을 증진시킨다."[24]고 규정하고 있다.

---

24) 합동참모본부, 『군사기본교리(초안)』(서울 : 합동참모본부, 1994), p.3.

〈표 III-3〉『군사기본교리(초안)』(1994)의 주요 내용

주요 내용	
제1장 총 론	
제1절 개 요	제2절 군사교리
제2장 국가안보와 군사력	
제1절 개 요	제2절 국가안전보장
제3절 군사력 사용	
제3장 군사전략	
제1절 개 요	제2절 군사전략 수립
제3절 군사전략 발전	제4절 군사태세
제4장 군사작전	
제1절 개 요	제2절 전쟁원칙
제3절 전쟁수준별 군사행동	제4절 합동작전
제5절 연합작전	제6절 전쟁이외의 작전활동

* 출처 : 『군사기본교리(초안)』(1994), p.1.

교리의 범위에 관해서는 ① 군사교리의 개념, 체계 및 분류 제시, ② 국가전략 구현을 위한 군사력 사용의 기본원칙을 제시하고 군사력의 기획, 건설 및 정비를 위한 근거 제공, ③ 군사전략의 구현을 위하여 부대 및 개인이 어떻게 기여해야 할 것인가에 관한 기본 틀(framework)을 제공하며, 군사력 운용의 기본원칙과 지침, 책임 및 절차 등을 제시, ④ 합동 및 연합작전에서 통합된 활동에 필요한 개념, 관계, 절차 등을 제시한다고 규정하고 있다.

제2장은 국가안보와 군사력으로서 국가안전보장과 군사력 사용에 관하여 제시하고 있다. 국가안전보장이란 "국내외의 각종 군사·비군사적 위협으로부터 국가목표를 달성하기 위하여 정치·외교·경제·사회·문화·군사·과학기술 등의 제 수단을 종합적으로 운용함으로써 기존의 위협을 효과적으로 배제하고, 또한 일어날 수 있는 위협의 발생을 미연에 방지하며, 나아

가 발생할 불시의 사태에 적절히 대처하는 것"[25]이라고 일반적인 개념을 명시하고 있다. 군사력의 사용목적에 관해서는 ① 외부의 군사적 위협과 침략으로부터 국토방위, ② 영구 또는 일시적으로 특정 지역을 확보 또는 통제, ③ 적대국의 정책수정 강요 및 도발행위에 대한 응징보복, ④ 국가비상사태 하에서 공공의 안녕질서 유지, ⑤ 상호방위조약에 의한 증원, ⑥ 국가정책 지원 및 재난구호활동, ⑦ 국제평화유지활동을 제시하고 있다.

제3장 군사전략에서는 군사전략의 수립, 군사전략 발전, 군사태세에 관하여 기술하고 있다. 군사전략 수립체계는 위협요소를 분석 평가하여 이에 대처할 수 있는 전략개념과 행동방책을 설정하여 이를 구현하기 위한 군사력 운용개념을 정립하고 군사력의 소요와 우선순위를 결정하는 논리적 사고(思考)과정이라고 정의하면서, 군사전략수립체계로서 ① 국가목표 및 정책목표의 인식, ② 전략상황 판단, ③ 군사전략목표 및 개념 정립, ④ 군사력 소요 등을 들고 있다.

군사전략 발전에 관해서는 군사전략의 영향요소로 국가의 이념, 가치 및 신념체계, 정치철학, 대내외 정책 등 정치적 요소와 국가경제 상태, 자원 보유 등 경제적 요소, 고유한 역사적 경험과 전통 등 사회·문화적 요소, 과학기술의 수준 등에 의하여 영향을 받는다고 명시하고 있다. 특히 대내외 정책, 군사사상, 군사기술 수준 및 예상되는 장차전 양상에 의해 영향을 많이 받기 때문에 이러한 요소들을 고려하여 한반도 실정에 맞는 군사전략을 발전시켜야 한다고 강조한다. 군사태세에 대해서는 유사시에 대비하여 채택된 전략에 따라 적의 공격이나 침략을 억제하고 필요한 군사행동을 취하기 위하여 국가가 보유하고 있는 총체적인 군사적 수단으로서 군사력의 양, 특징, 배치 등이 포함된다고 기술하고 있다.

제4장 군사작전에서는 전쟁원칙, 전쟁수준별 군사행동, 합동작전, 연합작전, 전쟁이외의 작전활동에 관하여 명시하고 있다. 전쟁원칙은 군사행동

25) 상게서, pp.12~13.

을 계획하고 실시할 때 군사적인 사고(思考)에 도움을 주는 광범위한 고려사항으로서 많은 전쟁을 통하여 얻어진 최선의 공약수이며 귀납적 결론으로 정의하고, 전쟁의 원칙으로는 목표, 공세, 집중, 기동, 지휘통일, 경계, 기습, 사기의 원칙 등 8개의 원칙을 제시하고 있다.[26] 전쟁수준별 군사행동에 대해서는 전략적 수준의 군사행동, 작전적 수준의 군사행동, 전술적 수준의 군사행동 등으로 구분하여 각각의 행동에 대하여 개념 및 주요 행동에 대하여 제시하고 있다.

합동작전에 대해서는 한반도에서의 합동작전 지침과 각 군의 기능, 합동군(부대) 편성 및 지휘체계, 합동 지휘·통제, 합동정보, 합동기획, 합동군수, C4I체계 및 상호운용에 대하여 명시하고 있다. 또한 연합작전에 관해서는 지휘체계 구성시 고려사항으로 ① 연합 최고 전쟁지도기구 수립, ② 최고사령관의 권한 명시, ③ 각국 군사대표에 대한 명확한 임무 및 권한 부여 등을 제시하고 있으며, 연합작전시 고려사항으로는 ① 작전목표, ② 군사교리 및 훈련, ③ 장비, ④ 문화적 차이점, ⑤ 언어, ⑥ 팀워크(team work)와 신뢰를 들고 있다.[27] 전쟁 이외의 작전활동에 관해서는 국가정책지원과 재난구호활동, 평화유지활동(PKO : Peace Keeping Operations)을 들고 있다.

이상에서 살펴본 『군사기본교리(초안)』(1994)을 바탕으로 국방부, 합동참모본부, 육·해·공군의 모든 장성(將星)을 대상으로 의견수렴을 했으며, 각 군 대학에 대한 순회교육을 통한 의견수렴, 그리고 합동참모본부에 근무하는 중·소령급 실무자들의 윤독회(輪讀會)와 의견수렴 과정을 거쳐 제시된 의

---

26) 『군사기본교리(초안)』 제정 당시, 육군의 전쟁원칙은 목표, 공세, 집중, 기동, 지휘통일, 경계, 기습, 정보, 사기, 창의의 원칙 등 10개를 적용하고 있었으며, 해군은 목표, 공세, 집중, 기동, 지휘통일, 경계, 기습, 사기, 이동, 준비의 원칙 등 10개, 공군은 목표, 공세, 집중, 기동, 지휘통일, 경계, 기습, 절용, 간명의 원칙 등 9개를 적용하고 있었다. 한편, 미국의 『국방기본교리』에서는 목표, 공세, 집중, 기동, 지휘통일, 경계, 기습, 간명, 절약의 원칙 등 9가지의 원칙을 적용하고 있었으며, 미국의 육·해·공군 전쟁원칙은 「국방기본교리」에서 명시하고 있는 전쟁의 원칙과 동일하였다. 지금도 미군의 전쟁원칙은 합참, 육·해·공군이 모두 동일하다.

27) 합동참모본부(1994), 전게서, pp.99~105.

견[28]을 보완하여 1997년 9월에 명실공히 『군사기본교리』(1997)를 건군(建軍) 이후 최초로 제정·발간하였다.

『군사기본교리』(1997)의 주요 내용은 〈표 III-4〉에서 보는 바와 같이 총론, 국가안전보장과 군사력, 군사전략, 군사작전 등 총 4개의 장으로 구성되어 있다.

〈표 III-4〉 『군사기본교리』(1997)의 주요 내용

주요 내용	
제1장 총 론	
제1절 개 요	제2절 군사교리
제2장 국가안보 기본 개념	
제1절 개 요	제2절 국가안전보장
제3절 군사력 사용	
제3장 군사전략	
제1절 개 요	제2절 군사전략 수립
제3절 군사전략 발전	제4절 군사대비태세
제5절 방위력 개선	제6절 합동기획
제4장 군사작전	
제1절 개 요	제2절 전쟁원칙
제3절 전쟁수준별 군사행동	제4절 합동전장운영개념 및 기능
제5절 합동작전	제6절 연합작전
제7절 대침투작전	제8절 전쟁 이외의 작전활동

* 출처 : 『군사기본교리』(1997), pp.i~ii.

제1장은 총론으로서 1994년도에 제정한 『군사기본교리(초안)』(1994)와 동

28) 당시 제시된 의견은 총 662건이었으며, 이중 582건(88%)을 수정·보완하여 한국군 최초의 군사기본교리를 제정하였다. 안재봉, 「한국군의 군사교리 발전방향 연구 : 합동교리를 중심으로」(서울 : 국방참모대학, 1998), p.31.

일하다. 다만 범위를 제시함에 있어서 "군사전략의 구현을 위하여 부대 및 개인이 어떻게 기여해야 할 것인가에 관한 사고(思考)의 기본 틀을 제공하며, 군사력 운용의 원칙과 지침, 책임 등을 제시한다."[29]고 명시함으로써 군사전략과의 연관성을 규정하고 있다. 또한 군사교리의 성격과 역할[30]에 대하여 명시하고 있다.

제2장 국가안보 기본 개념에서는 개요, 국가안전보장, 군사력 사용 등 총 3개의 절로 구성되어 있다. 주요 내용으로는 국가안전보장의 기반은 국력이며, 국력의 원천으로는 인구, 지리, 국민의 생활수준, 정치적 안정도, 경제력, 과학기술, 군사력, 정신력, 대외정보, 외교력 등이 포함된다고 규정하고 있다. 군사력의 역할에 대해서는 분쟁이나 전쟁 등 직접적인 위협에 대한 대처수단의 일부로서 뿐만 아니라, 평시에도 국가안전보장 전략목표 달성을 위한 군사적 수단으로서 타 분야의 정책 추진을 뒷받침하는 배경이 되고, 국가이익의 보호와 증진에 기여한다고 규정하고 있다. 즉 군사력은 국가안전보장전략의 수단으로서 군사력을 통하여 기존의 위협을 효과적으로 배제하고, 예상되는 위협을 미연에 방지하며, 우발적인 사태에 대처할 준비를 해야 한다는 것이다.

군사력의 사용에 대해서는 국가전략목표를 달성하기 위한 국력의 일부로서 분쟁 또는 전쟁을 예방하고 타 국가와의 관계 유지 및 국가이익을 위하여 강압적으로 또는 평화적으로 사용되어야 하며, 현대전에서는 무기체계의 치명성, 정밀성, 파괴력 등의 향상으로 그 영향력이 크게 증대되었으므로 국가 간의 문제 해결 시 군사적 수단이 가장 효과적이라 하더라도 군

29) 합동참모본부, 『군사기본교리』(서울 : 합동참모본부, 1997), p.2.

30) 군사교리의 성격에 대하여 "① 군사사상과 군사이론은 군사교리와 상호보완적이고 유기적으로 작용하며, 순환적 관계를 이루고 있다. ② 권위가 있어야 하나 융통성 있는 적용이 필요하다. ③ 계속적인 검토와 수정이 필요하다."고 제시하고 있으며, 군사교리의 역할에 대해서는 "① 각 구성원에 대하여 군사(軍事)에 관한 개념을 통일시킨다. ② 대외적으로는 군사력의 사용 및 운용개념을 전파하고 이해시키는 역할을 한다."고 명시하고 있다. 상게서, pp.3~6.

사력의 사용은 신중하게 고려되어야 한다는 점을 강조하고 있다.

제3장은 군사전략에 관한 내용으로서 개요, 군사전략 수립, 군사전략 발전, 군사대비태세, 방위력 개선, 합동기획 등 총 6개의 절로 구성되어 있으며, 주요 내용으로는 군사전략 수립지침과 군사대비태세, 그리고 방위력 개선 관련 지침을 제시하고 있다. 군사전략 수립 시에는 적의 위협, 군사사상, 장차전 양상 등을 고려하여 작성해야 하며, 전략평가, 군사전략 목표 및 개념, 군사력 건설 및 방위력 개선 방향, 부대 발전방향 등이 포함되어야 한다는 점을 적시(摘示)하고 있다.

군사대비태세는 적의 위협에 대응하는 군사적 준비상태를 지칭(指稱)하는 일반적 용어로서 전략적, 작전적, 전술적 차원의 대비태세를 망라한 개념이며, 적의 공격이나 침략을 억제하고 필요할 경우에는 적절한 군사행동을 취할 수 있도록 준비된 상태라고 명시하고 있다. 방위력 개선에 대해서는 많은 자원이 소요되므로 군사력 건설 및 방위력 개선 업무는 정확한 상황판단을 기초로 신중하게 추진되어야 하며, 군사전략 개념을 토대로 국군의 조직 및 부대구조, 무기체계, 교육훈련, 전쟁 지속능력 확보 등 모든 분야에 걸쳐 방위력이 균형적으로 개선되고 발전되어야 한다는 점을 강조하고 있다.

제4장은 군사작전에 관한 내용으로서 개요, 전쟁의 원칙, 전쟁수준별 군사행동, 합동전장운영개념 및 기능, 합동작전, 연합작전, 대침투작전, 전쟁 이외의 작전활동 등 총 8개의 절로 구성되어 있다. 주요 내용으로는 지휘권 행사와 군사작전을 성공적으로 수행하는 데 있어 가장 중요한 원칙인 전쟁의 원칙[31]을 목표, 정보, 공세, 집중, 기동, 통일,[32] 경계, 기습, 사기, 간명[33]

---

31) 전쟁의 원칙은 군사행동을 계획하고 실시할 때 군사적인 사고(思考)에 도움을 주는 광범위한 고려사항으로서 오랜 기간 동안의 수많은 전쟁을 통하여 입증되고, 여러 군사 사상가들 간에 최선의 공감대가 형성된 결론이다.

32) 통일의 원칙은 군사력을 운용함에 있어 모든 전투력이 공동의 목적을 추구함으로써 노력이 분산되지 않도록 하는 것을 의미하며, 이러한 방법에는 지휘의 통일과 노력의 통일이 있다.

등 총 10개의 원칙을 제시하고 있다.

전쟁수준별 군사행동에 대하여 전략적 수준의 군사행동, 작전적 수준의 군사행동, 전술적 수준의 군사행동을 제시하고 있으며, 전쟁수준별 군사행동은 상호 연계 및 보완되어 국가목표 달성을 위해 모든 노력이 통합되어야 함을 강조하고 있다. 전쟁의 전략적 수준이란 국가 차원에서 국가목표를 결정하고, 이 목표를 달성하기 위해 국가적 자원을 개발하고 운용하는 수준으로서, 이 수준에서 요구되는 군사행동은 국가의 군사목표를 설정하고 주도권을 유지하며, 제한사항을 설정하고 군사 및 기타 무력수단의 사용에 대한 조건과 위협요소를 평가하여 군사목표 달성을 위한 전쟁계획을 발전시키는 것이다. 전쟁의 작전적 수준이란 전략목표를 달성하기 위하여 작전지역 내에 주요 작전을 계획하고 수행하며 지속시키는 수준으로서, 이 수준에서의 군사행동은 전략목표 달성에 필요한 작전적 목표를 설정하고, 작전적 목표를 달성할 수 있도록 전략과 전술을 연계시킨다는 점을 강조하고 있다. 전쟁의 전술적 수준이란 전술단위부대 또는 특수임무부대에 부여된 작전목표를 달성하기 위해 전투와 교전이 계획되고 수행되는 수준으로, 이 수준에서의 군사행동은 전장에서 전력을 운용하는 것과 관련된 것이라고 규정하고 있다.

특이사항으로는 첫째, 걸프전쟁 이후 미국을 중심으로 군사교리에 반영되었던 전쟁의 수준이 한국군의 최상위 교리인 『군사기본교리』(1997)에 반영되었다는 점이다. 당시, 미군에서는 전략과 전술을 상호 연계시키는 술(術)로서 작전술(operational art)이라는 용어를 사용했으나, 한국군은 작전술이라는 용어 대신에 작전적 수준의 군사행동이라고 용어를 설정하여 교리에 반영하였던 것이다. 작전적 수준에서의 군사행동이란 "전략목표 달성에 필요한 작전적 목표를 설정하고, 작전적 목표를 달성할 수 있도록 하는 사태

33) 간명(簡明)이란 공동의 이해를 증진하고, 군사작전 계획이나 명령을 간결하고 명확하게 수립 및 시행하는 것이다.

의 순서를 정하며, 사태를 전개시키고 소요자원을 사용함으로써 전략과 전술을 연계시키는 술(術)"[34]로 정의하였다. 즉, 작전적 수준의 군사행동은 전투수행의 시기, 장소 및 전투수행 여부에 관한 기본적인 결정을 포함하는 것으로서 그 핵심은 아군의 중심을 식별하고 보호하며, 적의 중심을 식별하여 우세한 전투력을 집중함으로써 결정적인 승리를 쟁취하는 것이다.

둘째, 당시 합동참모본부 중심으로 연구했으나 육·해·공군 간에 첨예하게 의견이 대립했던 「합동전장운영개념」[35]을 교리에 포함했다는 점이다. 또한 합동전장기능을 ① 지휘·통제·통신, ② 정보, ③ 기동/대(對)기동, ④ 화력, ⑤ 방호, ⑥ 해양통제, ⑦ 공중통제, ⑧ 특수전, ⑨ 작전지원 등 9가지로 분류하여 제시하였다. 합동작전에 대해서는 합동작전의 개념[36]과 합동작전을 위한 각 군의 역할을 제시하고 있다. 연합작전에 대해서는 연합작전의 개념, 연합군의 편성 및 지휘체계에 대해 규정하고 있고, 연합작전시 고려사항으로 ① 작전목표, ② 노력의 통합, ③ 군사교리 및 훈련, ④ 장비, ⑤ 문화적 차이점, ⑥ 언어, ⑦ 팀워크(teamwork)와 신뢰 등 7가지를 들고 있다.

셋째, 합동작전의 효율적 수행을 위하여 '합동성'을 강조하고 연합작전의 중요성을 강조하고 있다는 점이다. 당시 합동작전 수행의 기본개념은 결정적인 작전으로 적 중심을 마비시킨다는 것으로서, 합동작전에 있어서 유리한 작전여건이 조성되면 적의 중심을 마비시킬 수 있는 결정적인 시간과 장소에 지상·해상·공중전력을 집중적으로 운용하여 적을 물리적, 심리적

---

34) 합동참모본부(1997), 전게서, p.69.

35) 「합동전장운영개념」은 군사전략을 구체화하여 합동 및 작전술 수준에서 "어떻게 싸울 것인가?"를 구현하고, 전장에서의 제반 기능을 체계적으로 통합 운용함으로써 전투력 상승효과를 창출하는 통합전장관리 개념으로서, 합동참모본부가 합동작전에서 '합동성'을 제고한다는 명분으로 연구를 수행했으나, 육·해·공군본부에서 의견이 합치(合致)되지 않아 합동개념으로 확정되지 않았다.

36) 합동작전이란 육군·해군·공군 중 2개 군 이상이 합동으로 실시하는 작전으로, 각 군의 전력을 통합 운용함으로써 전투력 상승효과를 창출하여 전력운용의 통합성과 효율성을 극대화하기 위하여 실시한다. 합동참모본부(1997), 전게서, p.83.

으로 교란시키고 마비시켜서 저항의지를 박탈하고 결정적인 승리를 달성한다는 것이다.

3) 『군사기본교리』 개정(제1차) : 2002년

2000년도 들어 21세기의 새로운 안보상황과 한국의 국방여건을 고려하여 자주국방을 목표로 한국군의 군사사상과 철학이 반영된 최상위 군사교리를 정립하기 위해 1997년도에 제정했던 『군사기본교리』(1997)를 개정하기 위하여 연구를 시작하였다. 그로부터 2년 후에 발간된 『군사기본교리』(2002)는 〈표 Ⅲ-5〉에서 보는 바와 같이, 총 5개의 장으로 작성되었다.

제1장은 총론으로서 개요, 국가활동과 국가전략으로 구성되어 있다. 특이사항으로는 국가 활동의 근원은 헌법의 정신과 가치, 국가이익, 국가목표에 부합되어야 하고, 국가는 국가목표를 달성하기 위하여 국가정세 판단과 국가전략 구상을 기초로 국가의 당면 목표를 설정하고, 이를 구현하기 위한 국가정책[37]과 국가전략[38]을 수립한다고 제시하고 있다.

제2장은 국가안전보장과 군사력에 관한 내용으로서 개요, 국가안전보장, 군사력 등 3개의 절로 구성되어 있다. 주요 내용으로는 국가안전보장 활동에 대하여 정치 및 외교분야, 경제 및 과학기술분야, 사회 및 문화분야, 군사분야 등으로 구분하여 각 분야별 활동 중점을 명시하고 있다. 군사력의 건설, 유지 및 발전에 관해서는 "군사력은 현재와 미래의 위협에 대비하여 군사전략 및 교리를 토대로 건설, 유지 및 발전되어야 한다."[39]고 명시하고, 주요 과제로 ① 군 구조 및 편성, ② 무기체계, ③ 교리, ④ 교육 훈련, ⑤ 인력 계발, ⑥ 군수지원, ⑦ 동원 등을 제시하고 있다.

---

37) 국가정책이란 국가목표를 추구하기 위하여 국가차원에서 채택한 광범위한 방책 또는 지도 방향을 말한다.

38) 국가전략이란 국가정책을 지원할 수 있도록 국가의 정치·외교, 경제·과학기술, 사회·문화, 군사적 여러 역량을 발전시키고 이를 효과적으로 운용하는 방책을 말한다.

39) 합동참모본부, 『군사기본교리』(서울 : 합동참모본부, 2002), p.18.

〈표 III-5〉『군사기본교리』(2002)의 주요 내용

주요 내용	
제1장 총 론	
제1절 개 요	제2절 국가활동과 국가전략
제2장 국가안전보장과 군사력	
제1절 개 요	제2절 국가안전보장
제3절 군사력	
제3장 전쟁과 군사활동	
제1절 개 요	제2절 전쟁의 개관
제3절 국가총력방위	제4절 전쟁 및 작전기획
제5절 전쟁수행	
제4장 군사작전	
제1절 개 요	제2절 군사작전의 개관
제3절 합동작전	제4절 연합작전
제5장 전쟁 이외의 군사활동	
제1절 개 요	제2절 전쟁 이외의 군사활동 유형

* 출처 : 『군사기본교리』(2002), pp.i-iv

제3장은 전쟁과 군사활동에 관한 내용으로서 개요, 전쟁의 개관, 국가총력방위, 전쟁 및 작전기획, 전쟁수행 등 5개의 절로 구성되어 있다. 주요 내용으로는 전쟁은 국가의 생존과 번영을 좌우한다고 강조함으로써 전쟁의 위협으로부터 국가를 방위하는 것은 국가의 최우선 과업이라고 전쟁관을 명확히 제시하고, 국가는 국민, 영토, 주권을 수호하기 위해서 평시에는 전쟁억제 능력을 확보하여야 하며, 전시에는 국가의 모든 역량을 집중하여 단기간 내에 전쟁에서 승리해야 한다고 규정하고 있다. 또한 전쟁의 속성으로 이성, 감성, 지적 모험성을 들고, 이성이란 폭력을 본질로 하는 전쟁을 정치적 수단으로 이끌어 가는 힘으로서, 전쟁의 무질서한 혼돈상태를 통제된 폭력상태로 인도하는 것으로 보았다. 감성은 전쟁에서의 폭력행위를 정당화

시키는 힘으로서 전쟁을 정치적 수단으로부터 파괴, 공포·공황 등을 초래하는 폭력적인 수단으로 변질시키는 요인으로 보았다. 지적 모험성은 전쟁에서의 성공에 대한 기대와 가능성을 포착하고, 이를 확대하기 위하여 전쟁의 수단과 폭력을 조직하는 힘으로 보고, 국가는 전쟁을 수행함에 있어 리더십을 발휘하여 감성과 지적 모험심을 최대로 확대하는 동시에, 이성으로 이를 적절히 통제할 수 있도록 균형을 유지해야 한다는 것이다.

또한 국가는 전쟁을 준비하고 수행함에 있어서 제반 사항을 신중히 판단하고 결심하여야 하며, 전쟁 시 기본 고려사항으로 ① 전쟁 목적 및 목표, ② 국민의지와 리더십, ③ 군사력, ④ 동원능력, ⑤ 외교 및 동맹, ⑥ 전쟁 범위 및 기간, ⑦ 국가자원보호, ⑧ 국제법 등을 들고 있다.[40] 전쟁 및 작전기획에 대해서는 군사전략적 수준의 전쟁기획 절차로 ① 전략평가, ② 전략목표 설정, ③ 전략개념 구상, ④ 군사력 소요 판단, ⑤ 과업 부여 및 자원 할당 등을 들고 있다.

제4장은 군사작전에 관한 내용으로서 개요, 군사작전의 개관, 합동작전, 연합작전 등 4개의 절로 구성되어 있다. 주요 내용으로는 용병술과 군사작전에 대하여 "용병술이란 국가전략 개념 하에서 전쟁을 준비하고 수행하는 활동으로서 국가목표를 달성하기 위한 군사전략, 작전술 및 전술·전기를 망라한 이론과 실제"[41]로 정의하고, 이러한 용병술을 바탕으로 가용한 군사력을 운용하는 계획되고 체계화된 군사행동을 군사작전[42]으로 규정하고 있다.

특이사항으로는 기존의 '전쟁의 원칙'을 '군사작전 원칙'[43]으로 수정하고 목표, 정보, 방호[44], 지휘통제, 주도권[45], 통합, 지속성[46], 사기 등 8개의

---

40) 상게서, pp.26~32.

41) 상게서, p.56.

42) 군사작전이란 전쟁과 분쟁 또는 평시에 국가 및 군사전략적 목적을 달성하기 위하여 전장 또는 그 이외의 특정 지역에서 군사적 수단을 사용하는 제반 군사행동을 말한다.

43) 군사작전의 원칙은 군사작전의 계획·준비 및 실시간에 적용하여야 할 지배적인 원리로서, 이들은 상호 밀접한 관계를 가지고 있다.

원칙을 제시하고 있다. 합동작전에 관한 내용은 대동소이하나 합동작전 계획 수립절차를 명시하고, 계획 수립 시 고려사항으로 ① 작전의 목적과 목표, ② 임무, ③ 지휘관 의도, ④ 작전개념, ⑤ 가용전력, ⑥ 기타사항으로 전쟁법규 및 모든 규정, 예행연습, 지휘통제전, 기만, 심리전, 작전보안, 전자전, 민사, 위험요인 등을 고려하여 계획을 수립할 것을 규정하고 있다. 연합작전에 대해서는 연합군 편성 및 지휘구조, 연합작전시 고려사항 등 이전의 교리와 유사한 내용으로 기술하고 있으나, 연합작전시 고려사항[47]을 수정·보완하여 ① 공동목표, ② 교리, 훈련 및 장비, ③ 문화적, 언어적 차이, ④ 자원관리, ⑤ 신뢰와 팀워크, ⑥ 합법성 등 6가지를 들고 있다.

제5장은 전쟁 이외의 군사활동에 관한 내용으로서 개요, 전쟁 이외의 군사활동 유형 등을 명시하고 있다. 전쟁 이외의 군사활동은 크게 국내에서의 전쟁 이외의 군사활동과 국외에서의 전쟁 이외의 군사활동으로 구분하고 있다. 국내에서 실시하는 전쟁 이외의 군사활동은 ① 침투 및 국지도발 대비작전, ② 대(對)테러작전, ③ 국가치안 유지 지원, ④ 정부의 타(他) 기관 활동지원, ⑤ 국가 재해·재난지원, ⑥ 대민지원 등이 있으며, 국외에서 실시하는 전쟁 이외의 군사활동은 ① 국제평화유지활동, ② 재외국민보호, ③ 국위선양 등을 명시하고 있다.

특이사항으로는 첫째, '전쟁의 원칙'을 '군사작전 원칙'으로 용어를 변경하였다는 점이다. 전쟁의 원칙은 전·평시를 불문하고 한 국가의 군사력을

44) 방호(防護)란 적의 위협으로부터 아군의 전투력을 효과적으로 보존하고 행동의 자유를 보장하기 위한 조직적인 활동이다.

45) 주도권이란 전장에서 아군에 유리한 상황을 조성하여 아군이 원하는 방향으로 제반 작전을 이끌어 나가는 능력이다.

46) 지속성이란 전(全) 작전기간 동안 지휘관이 요망하는 수준의 전투력 집중과 작전 템포(tempo)를 유지시켜 주는 능력으로서, 이는 효율적인 전투력 발휘와 원활한 전장기능 수행을 보장하는 데 필수적이다.

47) 1997년도에 제정한 『군사기본교리』에서는 연합작전시 고려사항으로 ① 작전목표, ② 노력의 통합, ③ 군사교리 및 훈련, ④ 장비, ⑤ 문화적 차이점, ⑥ 언어, ⑦ 팀워크(teamwork)와 신뢰 등 7가지를 제시하였다.

운용하는 기본원칙으로써 군사기본교리의 핵심적인 내용이다. 2014년도에 개정한 『군사기본교리』(2014)에 의하면, 전쟁의 원칙이란 "전쟁 수행을 위한 계획과 준비 그리고 실시(實施) 간에 적용해야 할 지배적인 원리와 원칙으로서, 전략적·작전적·전술적 수준에서 전쟁에 대한 지침과 원칙을 제공한다."고 명시하고 있다. 이와 같이 중요한 '전쟁의 원칙'을 삭제하고 '군사작전 원칙'으로 용어를 수정함에 따라, 당시 한 국가의 '전쟁의 원칙'이 없는 기이(奇異)한 현상을 초래하였으며, 이로 인해 당시 합동참모본부와 육·해·공군 간에 많은 논쟁을 유발하였다.

둘째, 걸프전쟁 이후, 군사교리로 새롭게 정립된 전쟁의 수준에서 '작전적 수준의 군사행동'이라는 용어가 용병술체계 상에서 '작전술(operational art)'이라는 용어로 최초로 사용되었다는 점이다. 당시 한국군 내에서는 '작전술'에 대한 논의가 활발히 진행되고 있었으나, 『군사기본교리』(2002)에 반영된 것을 처음이었다. 『군사기본교리』(2002)에 의하면, 용병술이란 "국가전략 개념 하에서 전쟁을 준비하고 수행하는 활동으로서 국가목표를 달성하기 위한 군사전략, 작전술 및 전술·전기를 망라한 이론과 실제"라고 규정하였다.

셋째, '전쟁의 기본 고려사항'을 제시하고 있다는 점이다. 전쟁은 국가의 생존과 번영을 좌우하는 중대사이므로, 국가는 전쟁을 준비하고 수행함에 있어서 제반 사항을 신중히 판단하고 결심하여야 하며 기본적으로 고려해야 할 사항을 명시하고 있다. 기본 고려사항으로는 전쟁목적 및 목표, 국민의지와 리더십, 군사력, 동원능력, 외교 및 동맹, 전쟁 범위 및 기간, 국가자원 보호, 국제법 등을 들고 있다.

4) 『합동기본교리』 개정(제2차) : 2009년

우리 군은 당시 2012년도에 예정되어 있던 전시 작전통제권 전환에 대비하여 한국군 주도의 전구(戰區)[48]작전 수행능력 구비를 목표로 지난 수년간 합동성 강화를 위한 노력에 매진해 왔다. 그러나 2012년도에 예정되어 있던 전시작전통제권 전환이 연기됨에 따라 현행 한·미 연합방위체제 하에서 효율적으로 적용할 수 있는 국군의 최상위 군사교리의 정립 필요성이 제기되었다. 또한 2006년도에 재정립된 합동교리 및 교범체계를 반영하고, 『합동군사전략서』의 부록 문서인 『합동개념서』(2006)를 2006년 11월에 발간함에 따라 체계적인 합동교리 연구가 가능하였다.

이에 따라 2007년도부터 『군사기본교리』(2002)의 개정을 위한 연구를 시작하여 2년여에 걸친 연구 결과, 교리의 명칭을 『합동기본교리』(2009)로 변경하고 총론, 국가안전보장, 국가방위, 합동작전, 연합작전 등 총 5개의 장으로 구성된 교리로 개정하였으며, 주요 내용은 〈표 III-6〉과 같다.

제1장은 총론으로서 안보환경과 군사작전 전망 등 2개의 절로 구성되었다. 안보환경에서는 한반도의 지리적·전략적 환경을 평가하여 우리의 안보를 위협하는 요인으로 북한의 위협인 직접적 위협, 주변국의 위협인 잠재적 위협, 그리고 비군사적 위협[49]을 들고 있다. 군사작전의 전망에서는 현대전의 특징과 군사작전 양상을 기술하고 있다.

---

48) 전구(戰區, Theater)란 단일의 군사전략목표 달성을 위하여 지상, 해상, 공중작전이 실시되는 지리적 지역을 의미한다.

49) 비군사적 위협은 국가 및 비국가 행위자의 군사력 이외 수단 또는 자연적인 요인에 의하여 발생함으로써 국가안전보장을 위태롭게 하는 요인으로, 국내적 위협요인으로는 테러, 사이버 공격, 환경오염, 전염병, 재난, 대규모 불법 파업 및 폭동 등이 있으며, 초국가적 요인으로는 테러, 국제범죄(무기 및 마약 밀매, 밀입국, 해적 등), 사이버 공격, 환경오염, 전염병, 대규모 탈북난민 발생 등이 있다. 한편, 초국가적 위협이란 국가 또는 비국가 행위자가 군사력 이외의 수단으로 국경을 초월하여 야기하는 비군사적 위협의 한 형태로서 탈냉전 이후 중요성이 강조되고 있는 새로운 위협을 의미한다.

〈표 III-6〉『합동기본교리』(2009)의 주요 내용

주요 내용	
제1장 총 론	
제1절 안보환경	제2절 군사작전 전망
제2장 국가안전보장	
제1절 개 요	제2절 국가안전보장
제3절 국가안보와 군사력	
제3장 국가방위	
제1절 개 요	제2절 전쟁과 국가총력방위체제
제3절 국방부와 주요 부대의 임무 및 기능	
제4절 통합 활동	제5절 국방기획 및 시행
제4장 합동작전	
제1절 개 요	제2절 합동작전의 기반
제3절 합동작전기획	제4절 군사작전 범주별 합동작전
제5장 연합작전	
제1절 개 요	제2절 연합군의 편성과 지휘 및 통제
제3절 연합작전을 위한 노력의 통일	

* 출처 : 『합동기본교리』(2009), pp.i~iv.

특히 정보통신기술(ICT)로 대표되는 첨단 과학기술의 급속한 발전은 전통적인 전쟁수행 개념에서 탈피하여 정보화·과학화·네트워크를 기반으로 한 전장통제영역의 확장과 비선형전(nonlinear warfare)[50] 수행 가능성을 증대시켰으며, 현대전은 지휘·통제·통신·컴퓨터·정보·감시 및 정찰(C4ISR) 기능의 체계화와 정밀유도무기(PGM)의 연계를 통한 네트워크 중심전(NCW) 위주로 수행된다. 또한 현대전은 작전 수행과정의 합법성을 보장하면서 최단

---

50) 비선형전(非線型戰, nonlinear warfare)이란 피·아 화기의 사거리와 명중률 및 파괴력의 증대, 정보와 지휘 및 통제능력의 발전으로 전장(戰場) 종심이 확대되고, 전후방에서 전투가 동시에 실시됨에 따라 일정한 전선이 없이 전개되는 전쟁양상을 말한다.

시간 내에 요망되는 효과를 효율적으로 달성할 수 있는 효과중심의 전 영역 동시통합(synchronization)[51]작전으로 수행된다.

제2장은 국가안전보장에 관한 내용으로서 개요, 국가안전보장, 국가안보와 군사력 등 총 3개의 절로 구성되었다. 국가활동의 근원으로는 헌법의 정신과 가치,[52] 국가이익,[53] 국가목표[54]를 들고 있다. 또한 국가안전보장의 개념과 국가안보목표, 국가안보활동, 국가안보수단, 국가안보전략 그리고 국가안보와 군사력에 관한 사항을 기술하였다. 국가안보목표는 국가이익의 핵심적 요소인 국가안보를 달성하기 위해 설정되며, 당면한 안보환경하에서 국가의 모든 역량을 활용하여 반드시 달성해야 할 목표로서, 대한민국의 국가안보목표는 ① 한반도의 안정과 평화 유지, ② 국민 안전보장 및 국가번영 기반 구축, ③ 국제적 역량 및 위상 제고라고 명시하고 있다.[55] 군사력은 국가의 안전을 보장하는 직접적이고 실질적인 국가안보 수단의 일부이며, 군사작전을 수행할 수 있는 군사적인 능력과 역량으로서 전쟁을 억제하는 수단과 유사시 방위수단으로서 사용하며, 정부기관 및 민간지원이나 국외에서의 평화작전 수행 등 국가정책을 지원하는 수단으로도 사용된다.

특히 군사교리에 관하여 기술하고 있는데, 군사교리는 군사력 운용에

---

51) 동시통합(synchronization)이란 결정적인 시간과 장소에서 전투력을 상대적으로 극대화하기 위해 적절한 시간, 장소 및 목적 하에 군사활동을 배열(arrangement)하는 것이다.

52) 헌법정신은 국가의 일반의지가 지향하는 보편적인 가치로 모든 국가 활동의 근원이 된다. 일반의지란 장자크 루소(Jean-Jacques Rousseau, 1712~1778)가 저술한 『사회계약론』의 핵심개념으로서, 항상 정당하면서 공공의 이익을 목적으로 하고 전체 국민(구성원 전원)의 의지를 바탕으로 형성되어야 하며, 모든 국민(모든 구성원)에게 적용되어야 한다는 것을 의미한다.

53) 국가이익은 헌법에 반영된 기본 정신에 따라 국가의 존립과 발전에 도움이 되는 것을 의미하며, 어떠한 경우에서도 최우선적으로 추구해야 할 기본적인 가치이며, 국가목표 설정 및 선택의 기준이 된다.

54) 국가목표는 한 국가가 국가이익을 보호하고 증진하기 위하여 국가정책과 전략이 지향되고 국가의 모든 노력과 자원이 집중되어야 할 목표이다. 국가목표는 국가이익의 대상과 범위를 구체화한 것으로서 내용상으로는 국가이익과 동일하다.

55) 합동참모본부, 『합동기본교리』(서울 : 합동참모본부, 2009), p.12.

적용되어야 할 국가이익, 국가목표, 적의 위협, 군사정책, 군사이론, 역사적 경험, 군사능력 등을 체계화한 것으로서, 군사교리는 국가의 특정 여건과 환경 그리고 군사력 운용이 예상되는 모든 상황에 적합해야 하고 보편성과 타당성이 있어야 하며, 승리에 대한 신념을 반영하여야 한다고 기술하고 있다.[56] 이러한 군사교리의 역할은 "어떻게 싸워 이길 것인가?"에 대한 방법과 군사력 운용에 관한 사고의 기본 틀을 제시하고 구성원들의 노력을 통일하며, 군사력을 유지하고 발전시키는 데 있어서 기본원칙과 지침을 제공한다. 따라서 군사교리를 적용함에 있어, 모든 지휘관과 참모들은 군사교리를 충분히 이해한 가운데, 자신과 부대가 처한 전략적·작전적·전술적 상황을 고려하여 창의적이고 융통성 있게 적용함으로써 효율성을 제고할 수 있다.

제3장은 국가방위에 관한 내용으로서 개요, 전쟁과 국가총력방위체제, 국방부와 주요 부대의 임무 및 기능, 통합 활동, 국방기획 및 시행 등 5개의 절로 구성되어 있다. 주요 내용으로 '국가방위'에 대하여 외부로부터의 군사적·비군사적 위협이나 침략행위를 억제 또는 배제함으로써 국가의 평화와 독립을 수호하고 국가의 생존을 보존하는 것으로 정의하고 있다. 따라서 국방은 군사분야를 포함하여 국가안보의 수단을 총동원하여 외부의 군사적 위협 및 침략으로부터 국가의 구성요소 모두를 지키는 국가전략적 수준의 광의의 국방과 한 국가의 영토·영해·영공에 대하여 외부로부터의 군사적 위협 및 침략을 방지 또는 격퇴하는 군사전략적 수준의 협의의 국방으로 구분할 수 있다.

또한 국가총력방위에 대하여 "국가의 가용한 모든 역량을 총동원하여 국가를 방위하는 것으로서 정치·외교, 정보, 군사, 경제, 사회·문화, 과학기술 등 국가안보의 수단별 고유 역량과 활동을 유기적이고 상호 보완적으로 조직하여 국내외로부터의 위협과 무력침략에 종합적으로 대응함으로써

56) 상게서, p.22.

총력전쟁을 수행하는 것"[57]으로 기술하고 있다. 즉 국가총력방위가 외부로부터의 위협과 군사적 침략에 대한 종합적인 방위이며, 전시 및 이에 준하는 비상사태를 전제로 하는 반면, 국가안보는 외부로부터의 군사적 침략을 포함하여 국내외의 모든 위협에 대한 국가의 안전을 확보하는 활동으로서, 전·평시에 관계없이 기존(既存) 위협의 배제와 미래 위협의 사전 방지 및 예상하지 못한 급변사태 대처 등을 위하여 국가의 모든 수단을 동원하고 조치하는 것을 의미한다.

군사작전의 수준에 대해서는 용병술체계에 따라 전략적·작전적·전술적 수준의 군사작전을 제시하고 있으며, 국방부와 주요 부대의 임무와 기능에 대하여 규정하고 있다. 통합 활동에 대해서는 국가안보 차원에서의 국가적 수준의 통합과 합동참모본부를 중심으로 한 작전적 수준의 통합, 그리고 국방부를 통한 유관기관과의 긴밀한 협조를 강조하고 있다. 또한 국방기획에 대해서는 합동전략기획에 대한 지침을 기술하고, 합동전략기획의 5단계[58]에 대하여 규정하고 있다.

제4장은 합동작전에 관한 내용으로서 개요, 합동작전 기반, 합동작전기획, 군사작전 범주별 합동작전 등 4개의 절로 구성되어 있다. 주요 내용으로는 합동작전을 효율적으로 수행하기 위한 권한 및 책임을 명확히 규정하기 위해 [그림 Ⅲ-5]와 같이 지휘관계를 설정하고 있다는 점이다.

---

57) 상게서, p.33.

58) 합동전략기획은 국가안보목표와 국방목표를 달성하기 위하여 군사전략을 수립하고 군사전략목표와 전략개념을 구현하는데 필요한 군사력 건설 소요를 제기하여 확정된 군사능력을 과업과 함께 할당하는 일련의 과정으로서 ① 전략환경 평가, ② 군사전략 목표 설정 및 전략개념 구상, ③ 군사력 건설 소요 판단, ④ 군사력 건설 소요 제기 및 조정, ⑤ 과업부여와 자원 할당 등 5단계로 이루어진다. 상게서, p.61.

[그림 III-5] 작전수행 상의 지휘관계

작전 지휘(operational command) : 합참의장의 고유 권한
•작전소요 통제　　•지휘관계(작전통제, 전술통제, 지원)설정
•임무부여, 목표지정　　•임무수행에 필요한 기타지시

작전 통제(operational control) : **지휘관에게 위임된 권한**
•임무 또는 과업부여, 목표지정　　•지휘관계(작전지휘 제외)설정/재설정
•예하부대 전개·지시·통제, 협조/통제 계획수립　　•합동훈련 지침 하달 및 실시

전술 통제(tactical control) : **위임시**
•부여된 임무나 과업완수에 필요한 작전 지역 내에서의 이동 혹은 기동에 대한 지시 및 통제에 국한되는 권한

지원(support) : **지원관계 설정시**
•타 부대를 도와주거나 방호를 제공
•필요한 전투력을 보충 또는 유지

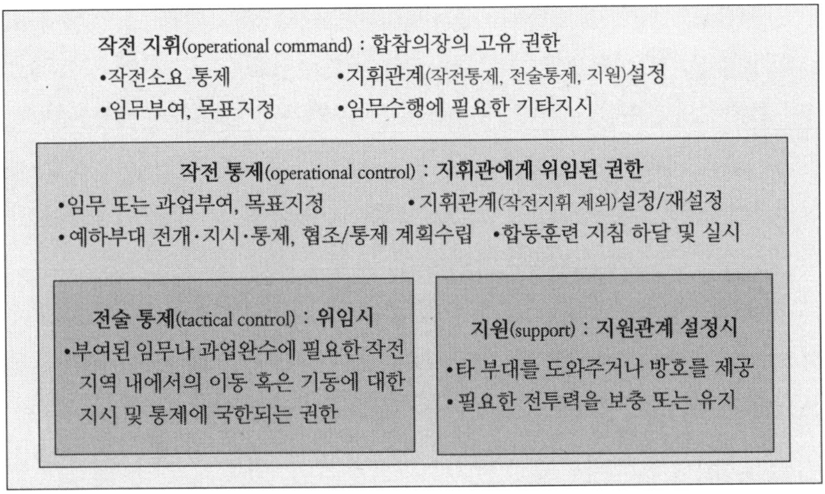

* 출처 : 『합동기본교리』(2009), p.82.

작전 수행 상의 지휘관계로서 작전 지휘, 작전 통제, 전술 통제, 지원에 대하여 설명하고 있는데, 작전 지휘(OPCOM : Operational Command)는 전투를 주 임무로 하는 각 군의 작전부대에 대하여 합참의장이 행사할 수 있는 지휘관계이며, 위임하거나 양도할 수 없다고 명시하고 있다.

작전 통제(OPCON : Operational Control)는 작전지휘에 포함된 지휘관계이며, 지정된 부대의 운용, 임무 또는 과업 부여, 부대의 전개 및 재할당 등 작전계획 또는 명령 상의 특정 임무나 과업을 수행하기 위하여 지휘관이 행사하는 비교적 제한적이고 일시적인 권한이라고 기술하고 있다.

전술 통제(TACON : Tactical Control)는 작전통제에 포함된 지휘관계이며, 지정된 부대 또는 과업 부여가 가능한 군사능력에 대하여 지휘관이 행사하는 지휘권을 의미한다.

지원(support) 관계의 설정권한은 상급부대 지휘관이 예하부대 지휘관 간의 피지원 및 지원의 관계를 설정하는 지휘권으로서, 특정부대가 다른 부대

를 지원, 방호, 보충, 유지하는 경우에 설정되는 권한이라고 명시하고 있다.

합동작전기획에서는 합동작전기획의 개념, 시행체계, 합동작전계획 수립절차 등을 명시하고 있으며, 합동작전계획수립을 위한 7단계 절차[59]를 기술하고 있다. 또한 군사작전의 범주에 대해 평시 합동작전[60], 국지전시 합동작전[61], 전면전시 합동작전[62], 평화작전[63]으로 구분하고, 이러한 군사작전은 합동작전과 연합작전 그리고 상황에 따라 육·해·공군이 단독으로 작전을 수행한다고 규정하고 있다.

특이사항으로는 1990년 최초로 작성한 『군사기본교리연구(Ⅰ)』(1990) 제정 당시, '전쟁의 원칙'을 2002년도 개정된 『군사기본교리』(2002)에서는 '군사작전 원칙'으로 변경하였으나, 이때 개정된 『합동기본교리』(2009)에서는

---

59) 합동작전계획 수립 절차는 합동작전부대 지휘관과 참모가 기획활동을 수행하고 부여된 임무와 지휘관 의도에 대한 이해를 공유하게 하며, 합동적전계획과 작전명령을 효과적으로 발전시키는데 도움을 준다. 단계별 수립 절차는 ① 계획 착수, ② 임무 분석, ③ 방책 수립, ④ 방책 분석, ⑤ 방책 비교, ⑥ 방책 승인, ⑦ 계획 또는 명령 작성 등 7단계로 이루어진다.

60) 평시 합동작전은 억제를 위한 합동작전과 정부기관 및 민간지원작전을 통해 수행된다. 억제를 위한 합동작전은 평시에는 국지전이나 전면전의 발생을 억제하고, 국지전이 발생하면 더 이상 확전(擴戰)되지 않도록 방지하며, 전면전 하에서는 현 상황을 유지하거나 추가적인 악화를 방지하기 위하여 수행되는 작전을 말한다. 정부기관 및 민간지원작전은 군사적·비군사적 위협에 대비하여 정부기관과 민간에 대한 지원을 통하여 국가기능을 조기에 정상화하기 위하여 수행하는 합동작전을 말한다.

61) 국지전 시 합동작전은 적의 직접적인 군사적 위협을 포함한 주변국과의 분쟁 억제를 위한 노력에 실패하여 특정 지역에 대한 적의 침범 또는 무력도발이 발생한 경우에 적을 격퇴하고 조기에 원상을 회복하며, 전면전으로의 확전을 방지하기 위한 작전을 말한다.

62) 전면전 시 합동작전은 적의 직접적인 군사적 위협으로 발생한 위기를 해소하고 국가를 방위하기 위하여 실시하는 작전을 말한다. 이는 억제가 실패하였거나 또는 국지전이 전면전으로 확전되었을 경우에 군사력을 포함한 국가안보의 모든 수단과 역량을 투입하여 국가총력전을 수행함으로써 최단기간 내에 최소의 희생으로 전쟁에서의 승리를 목적으로 작전을 수행한다.

63) 평화작전은 유엔 등 국제사회의 다국적·범정부적 모든 작전요소와 협조체제를 유지하여 국외에서 발생한 위기상황이나 분쟁을 억제하고 평화정착과 재건(再建) 지원 및 합법적 통치로의 이양이 가능하도록 안정된 환경을 조성하기 위하여 수행하는 합동작전을 말한다.

'합동작전 원칙'으로 다시 수정하였다. 합동작전 원칙은 합동작전을 성공적으로 수행하게 하고 설정된 군사전략목표를 달성하는데 도움을 주는 것으로 정의하고, 목표, 공세, 집중과 절약[64], 기동, 보안, 기습, 지휘통일, 간명, 절제(節制)[65], 합법성[66] 등 10가지를 들고 있다. 각각의 원칙에 대한 개념은 기존의 『군사기본교리』(2002)의 내용과 대동소이하다.

제5장은 연합작전에 관한 내용으로서 개요, 연합군의 편성과 지휘 및 통제, 연합작전을 위한 노력의 통일 등 3개의 절로 구성되어 있다. 주요 내용으로는 연합군의 편성과 지휘 및 통제에 관하여 기본 지침을 제시하고 있으며, 연합군의 편성은 국가별 편성, 기능별 편성, 혼합 편성 등으로 구분하고 연합작전에 참여하는 국가의 부대는 [그림 Ⅲ-6]에서 보는 바와 같이 국가별 지휘체계와 연합군 지휘체계를 병행하여 유지한다고 규정하고 있다.

연합작전을 위한 노력의 통일을 위해 연합작전 시 고려사항으로는 기존 교리의 내용[67]을 수정·보완하여 ① 공동 목표, ② 교리·훈련·장비, ③ 참가국에 대한 이해, ④ 언어 소통, ⑤ 자원관리, ⑥ 동반자 정신과 상호협력 및 조정, ⑦ 합법성 등 7가지를 들고 있다.[68]

---

64) 집중이란 결정적인 성과를 달성하기 위하여 가장 유리한 시간과 장소에서 전투력의 상대적 우세를 유지하는 것이며, 절약이란 임무수행에 꼭 필요한 만큼의 전투력을 운용하기 위하여 적의 의도와 전투능력을 고려하여 우선순위가 낮은 부차적인 노력에 필수 전투력을 최소로 할당하는 것을 말한다.

65) 절제란 군사력의 부수적인 손실을 방지하고 불필요한 사용을 예방하는 것으로 군사력의 신중한 사용을 필요로 한다.

66) 합법성은 군사력 운용 과정과 결과에 대한 적법성, 도덕성, 공정성을 의미하며 국가전략적 최종상태를 달성하는데 필요한 의지를 발전시키고 유지하기 위한 것이다.

67) 기존의 『군사기본교리』(2002)에서는 공동 목표, 교리·훈련 및 장비, 문화적·언어적 차이, 자원관리, 신뢰와 팀워크, 합법성 등 6가지를 들고 있다.

68) 합동참모본부(2009), 전게서, p.121.

[그림 III-6] 연합작전 수행을 위한 지휘체계

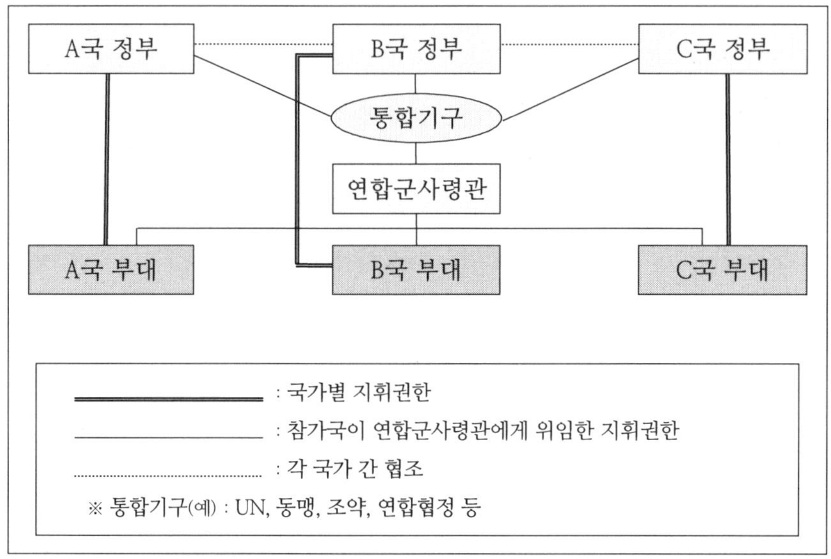

* 출처 : 『합동기본교리』(2009), p.116.

특이사항으로는 첫째, 합동성을 강화한다는 명분으로 한국군의 최상위 교리 명칭을 『군사기본교리』(2002)에서 『합동기본교리』(2009)로 변경하고, 핵심 내용인 '군사작전 원칙'을 '합동작전 원칙'으로 용어를 수정하였다는 점이다. 특히, 2002년도 개정된 『군사기본교리』(2002)에서 '전쟁의 원칙'을 '군사작전 원칙'으로 용어를 수정하였는데, 이를 다시 '합동작전 원칙'으로 수정함으로써 한국군의 최상위 교리에서 '전쟁의 원칙'과 '군사작전의 원칙' 이란 용어가 삭제되는 초유(初有)의 상태가 되었다.

둘째, 전쟁의 수준을 군사작전의 수준으로 수정하여 구분하고 있다는 점이다. 전쟁의 수준은 I 장(전쟁의 본질 및 수준)에서 살펴 본 바와 같이, 군사이론적인 측면에서 전 세계적으로 통용되고 있는 용어임에도 불구하고, 이를 군사작전의 수준으로 변경함으로써 전투원들에게 적잖은 혼선을 초래하였다. 당시의 교리에 의하면, 군사작전이란 "전쟁, 분쟁 또는 평시에 국가 및 군사전략적 목적을 달성하기 위하여 전장 또는 그 이외의 특정 지역에서 군사적 수단을 사용하는 제반 군사 활동"[69]으로 정의하고 있다. 이러한 군사작전의 수준은 군사력을 효율적으로 운용하기 위하여 용병술체계에 따라 전략적·작전적·전술적 수준으로 구분한다고 명시함으로써 논리적 모순을 내포하고 있다.

셋째, 효율적인 작전을 수행하기 위한 지휘관계를 명확하게 규정하고 있다는 점이다. 유사시 일사불란한 작전을 수행하기 위해서는 지휘통일의 원칙이 가장 중요하다. 『군사기본교리』(2002)에서는 지휘관계의 핵심인 작전지휘, 작전통제, 전술통제, 지원에 대하여 명확한 지침과 원칙을 제시하고 있다. 지휘관계는 지휘관이 부여 받은 임무를 달성하기 위하여 예하부대와 인원을 지휘하는 권한과 책임을 명확히 규정한 것으로 중앙집권적 통제와 분권적 임무수행 그리고 노력의 통일에 기여한다.

69) 상게서, pp.39~40.

3. 현재의 『군사기본교리』: 2014년

한국군은 2020년도 이후 전시 작전통제권 전환에 대비하여 한국군 주도의 작전수행능력 구비를 목표로, 지난 수년간 '합동성'[70] 강화를 위한 노력을 다각적으로 경주해 오고 있다. 이러한 노력의 일환으로 합동참모본부 전략기획본부(합동전투발전과)에 합동교리 업무의 조정 및 통제기능을 부여하고, 『합동군사전략서』를 기초로 작성된 합동전투발전체계의 최상위 기획문서인 『합동개념서』를 2006년도에 최초로 발간하였으며, 2013년도에는 명칭을 변경하여 『미래 합동작전기본개념서』[71]로 개정 발간함으로써 합동교리발전에 대한 방향과 지침을 제시하였다.

또한 「합동교리발전업무 훈령(국방부 훈령 제1651호)」을 개정함에 따라 체계적이고 내실 있는 합동교리 발전 및 연구가 가능하였다. 이에 합동참모본부에서는 2014년 제3차 개정된 교리에서 「합동교범 1」의 명칭을 「합동교범 0」으로 수정하고, 국군의 최상위 교리의 명칭도 『합동기본교리』에서 『군사기본교리』로 환원(還元)하였다. 이렇게 개정한 이유는 현대전 수행 개념이 대부분 합동작전 또는 연합작전을 통한 전투력 발휘의 극대화를 추구하고 있을 뿐만 아니라, 한국군은 합참의장이 연합작전과 합동작전, 그리고 독립작전과 대비정규전 작전을 지휘 및 감독하고 이와 관련된 군사연습과 훈련, 기타 국방부장관이 정하는 작전지휘·감독에 관한 군사사항을 관장(管掌)[72]하기 때문이다. 이에 따라 『군사기본교리』(2014)는 한국군의 최상위

---

70) 합동성이란 전장에서 승리하기 위해 지상·해상·공중전력 등 모든 전력을 기능적으로 균형있게 발전시키고, 이를 효율적으로 운용함으로써 상승효과를 달성할 수 있게 하는 능력 또는 특성을 의미한다.

71) 『미래 합동작전기본개념서』는 합동작전부대 지휘관이 미래의 특정기간에 예상되는 위협에 대응하기 위해 필요한 군사력을 "어떻게 운용할 것인가?"를 제시한 기본적인 사고(思考)의 틀로서, 군사력 운용지침과 군사력 건설방향을 제시한다.

72) 국군조직법 제9조(합동참모의장의 권한) ②, ③항에 의하면, "② 합동참모의장은 군령(軍

군사교리로서 국가방위를 위한 군사력 운용의 기본원칙과 지침을 제시하고 있다.

개정된 『군사기본교리』(2014)는 〈표 Ⅲ-7〉에서 보는 바와 같이 총론, 국가총력방위, 연합방위, 군사력 운용 지침 등 총 4개의 장으로 구성되었다.

〈표 Ⅲ-7〉 『군사기본교리』(2014)의 주요 내용

주요 내용	
제1장 총 론	
제1절 개 요	제2절 한반도 안보환경
제2절 국가안보와 군사력	제3절 전 쟁
제2장 국가총력방위	
제1절 개 요	제2절 국가총력방위체제
제3절 국방조직과 역할	제4절 통합 및 협조 활동
제3장 연합방위	
제1절 개 요	제2절 한·미 연합방위체제
제3절 연합·다국적군의 편성과 지휘통제	
제4장 군사력 운용 지침	
제1절 개 요	제2절 전략지침과 전략지시
제3절 지휘통제	제4절 합동기획

* 출처 : 『군사기본교리』(2014), pp.1-1~1-3.

제1장은 총론으로서 개요, 한반도 안보환경, 국가안보와 군사력, 전쟁 등 4개의 절로 구성하였다. 제1절 개요에서는 한국군이 수행해야 할 미래의

令)에 관하여 국방부장관을 보좌하며, 국방부장관의 명을 받아 전투를 주 임무로 하는 각 군의 작전부대를 작전지휘·감독하고, 합동작전 수행을 위하여 설치된 합동부대를 지휘·감독한다. 다만, 평시 독립전투여단급 이상의 부대 이동 등 주요 군사사항은 국방부장관의 사전 승인을 얻어야 한다. ③ 제2항에 따른 전투를 주 임무로 하는 각 군의 작전부대 및 합동부대의 범위와 작전지휘·감독권의 범위는 대통령령으로 정한다."고 명시하고 있다. 「국군조직법」(법률 제10821호, 일부 개정 2011. 7. 14.)

군사작전은 지상·해양·공중·우주·사이버 공간 등 확장된 영역에서 다양하고 복합적인 군사작전 수단을 동시 통합적으로 운용하여 전력 운용의 경제성, 효율성 및 상승효과를 극대화하는 방식으로 진행될 것으로 전망하고 있다.[73)]

미래전을 예측함에 있어서, 미래의 전장에서는 로봇과 무인항공기 등과 같은 무인체계와 레이저 무기 등 비살상무기의 사용도 증대될 것이며, 첨단 정보통신기술을 활용한 제반 작전요소들의 효과적인 통합을 통하여 분산된 위치에서도 전장상황을 공유하면서 실시간 지휘통제가 가능한 네트워크 중심의 작전환경(NCOE)이 조성될 것으로 예상하고 있다.

또한 한국군이 작전을 수행할 전장공간은 네트워크화 된 지상·해양·공중·우주·사이버 공간의 모든 영역이 될 것이며, 이로써 비선형(非線型) 전장 형성에 의한 효과적인 군사작전의 수행이 불가피할 것이다. 이를 위해 전력 운용 측면에서는 국가총력방위체제 하에서 민·관·군·경 통합전력과 연합전력을 운용하며, 살상무기와 비살상무기, 대칭전력과 비대칭전력, 재래식 전력과 첨단전력 등의 제반 수단들이 상호 보완적으로 운용되어야 한다. 전쟁수행방법 측면에서는 최단기간에 최소의 희생과 비용으로 적의 핵심 노드(node)[74)]나 중심을 마비시킴으로써 결정적 승리를 달성할 수 있도록 공세적 통합작전의 수행이 전개될 것으로 보고 있다.

제2절 한반도 안보환경에서는 한반도의 지정학적 환경과 안보위협[75)]의

---

73) 합동참모본부, 『군사기본교리』(서울 : 합동참모본부, 2014), pp.1-1~1-3.

74) 네트워크(network)에서 노드(node)란 연결점을 의미하며, 데이터 송신의 재분배점 또는 끝점을 말하기도 한다. 일반적으로 노드(node)는 데이터를 인식하고 처리하거나 다른 노드로 전송하기 위해 특별히 강화된 성능을 가지도록 프로그램 되어 진다.

75) 위협이란 상대방의 능력과 기도 또는 환경 등 다양한 요인으로부터 받는 심리적인 긴장상태를 의미하며, 안보위협이란 국가의 생존과 번영을 불가능하게 하거나 손상시킬 수 있는 국가의 모든 분야에서 발생하는 당면 위협과 예상되는 위협을 말한다. 한편, 위기는 대한민국과 그 영토, 국민과 군대, 소유권 혹은 이익에 위협을 주는 사건 또는 상황이며, 위협으로 인해 외교적, 정치적, 경제적, 군사적으로 중요한 여건이 조성되어 군대 및 자원의 투입이 요구되는 사건이나 상황을 말한다.

요인을 제시하고 있으며, 국가안보와 군사력에서는 국가안보의 개념과 군사력의 개념, 역할, 군사력의 사용 목적 등을 제시하고 미래 합동작전 수행에 요구되는 능력을 구비하기 위해 발전시켜야 할 분야로서 교리, 군 구조와 편성, 교육훈련, 무기·장비·물자, 인적자원, 시설 등을 들고 있다.

제3절 국가안보와 군사력에서는 국가안보의 개념과 국가안보목표, 국가안보활동, 국가안보요소, 군사력의 개념과 역할 등을 제시하고 있다. 국가안전보장이란 "국가의 궁극적인 목적인 생존과 번영을 추구하는 데 기본적으로 필요한 국가의 안전과 평화가 확보된 상태를 의미한다. 그러므로 국가는 국가목표를 달성하고 국가가 추구하는 여러 가치를 보존 및 향상시키기 위하여 정치·외교, 정보, 군사, 경제, 사회·문화, 과학기술 등 국가안보의 요소들을 종합적으로 운용해야 한다."[76]고 기술하고 있다.

국가목표는 한 국가가 국가이익을 보호하고 증진하기 위하여 국가정책과 전략이 지향되고 국가의 모든 노력과 자원이 집중되어야 할 목표이다. 국가목표는 국가이익의 대상과 범위를 구체화한 것으로서, 내용상으로는 국가이익과 동일하다. 또한 국가목표는 비교적 장기적인 성격을 가지며, 국가정책과 국가전략 수립의 바탕이 된다. 국가는 이러한 요소들을 통하여 당면한 위협을 효과적으로 배제하고, 장차 발생할 수 있는 위협을 미연에 방지함은 물론, 불의의 사태 발생에 적절히 대처할 수 있다. 국가목표를 기반으로 국가안보목표[77]가 설정되며, 군사력을 운용하여 국가안보목표를 구현하기 위해 국방목표[78]를 설정한다.

---

76) 합동참모본부(2014), 전게서, p.1-11.

77) 2018년 12월에 발간한 『문재인정부의 국가안보전략』(2018. 12.)에 의하면, 대한민국의 국가안보목표는 "① 북핵 문제의 평화적 해결 및 항구적 평화 정착, ② 동북아 및 세계 평화·번영에 기여, ③ 국민 안전과 생명을 보호하는 안심 사회 구현"이라고 명시하고 있다.

78) 2019년 1월에 발간한 『2018 국방백서』에 의하면, 대한민국의 국방목표는 "외부의 군사적 위협과 침략으로부터 국가를 보위하고, 평화통일을 뒷받침하며, 지역의 안정과 세계 평화에 기여하는 것이다."라고 명시하고 있다.

군사력의 개념은 국가의 안전을 보장하는 직접적이고 실질적인 국력의 일부로서, 군사작전을 수행할 수 있는 군사적인 능력과 역량을 말하며, 상비전력과 예비전력 그리고 연합전력으로 구성된다. 군사력의 역할은 대한민국 헌법 제5조[79]에 근거하여 외부의 모든 군사적 도발을 억제 및 격퇴하여 국가를 방어하며, 평화통일을 군사적으로 뒷받침하고 유사시 한반도의 통일여건을 조성하며, 지역의 안정과 유지에 기여하고 국제평화 활동에 동참하는 등 국가이익을 증진하고 국가정책 추진을 지원하는 것이다.

군사력의 기능은 우선적으로 전쟁을 억제하고, 억제에 실패할 경우에는 전쟁에서 승리하며, 유리한 조건에서 상황을 종결할 수 있도록 기여하는 것이다. 이러한 군사력의 유지 및 발전은 관련 법령(法令)[80]과 합동전투발전체계를 통하여 이루어지며, 합동전투발전체계는 ① 합동개념발전, ② 능력기반평가, ③ 능력 요구, ④ 합동소요결정의 4단계로 구성된다.[81]

제4절 전쟁에서는 전쟁의 개념, 전쟁의 원칙, 전쟁의 수준 등에 관하여 제시하고 있다. 전쟁은 본질적으로 국가정책을 수행하는 정치적인 수단의 하나로서, 반드시 정치적인 목적을 가지게 된다는 점과 전쟁은 이에 의존하지 않고는 문제를 해결할 수 없을 경우에 선택하는 최후의 수단임을 강조하고 있다. 2009년도 개정교리에서 '합동작전 원칙'으로 수정했던 '전쟁의 원칙'을 다시 환원하여 목표, 공세, 집중, 절약, 기동, 지휘통일, 보안, 기습, 간명 등 9개의 원칙을 채택하였다.

전쟁의 기본고려사항에 대해서는 전쟁은 국가의 생존과 번영에 영향을 미치는 중대사로서, 국가는 전쟁을 준비하고 수행함에 있어서 제반사항을 신중히 판단하고 결심해야 하므로 ① 전쟁목적, ② 국민의지와 리더십, ③

---

79) 대한민국 헌법 제5조에 의하면, "① 대한민국은 국제평화의 유지에 노력하고 침략적 전쟁을 부인한다. ② 국군은 국가의 안전보장과 국토방위의 신성한 의무를 수행함을 사명으로 하며, 그 정치적 중립성은 준수된다."고 규정하고 있다.

80) 관련 법령으로는 국방개혁에 관한 법률, 국방개혁에 관한 법률 시행령, 국방기획관리 기본 훈령, 국방전력발전업무 훈령, 합동전투발전업무 훈령 등이 있다.

81) 합동참모본부(2014), 전게서, p.1-19.

군사력, ④ 동원능력, ⑤ 외교와 동맹, ⑥ 전쟁범위와 기간, ⑦ 국가자원 보호, ⑧ 법적 고려사항 등 8가지를 들고 있다. 또한 전쟁의 수준을 제시하고 있는데, 전쟁의 수준은 전쟁을 수행하는 주체별로 담당 영역과 수행해야 할 과업을 용병술체계에 따라 전략적, 작전적, 전술적 수준으로 구분하고 있다.

이러한 전쟁의 수준은 지휘의 수준이나 부대의 규모 또는 유형에 따라 구분된 것이 아니라, 국가전략목표 달성을 지원하기 위해 어떤 역할과 활동을 해야 하는가에 따라 [그림 III-7]과 같이 구분한다.

[그림 III-7] 전쟁의 수준

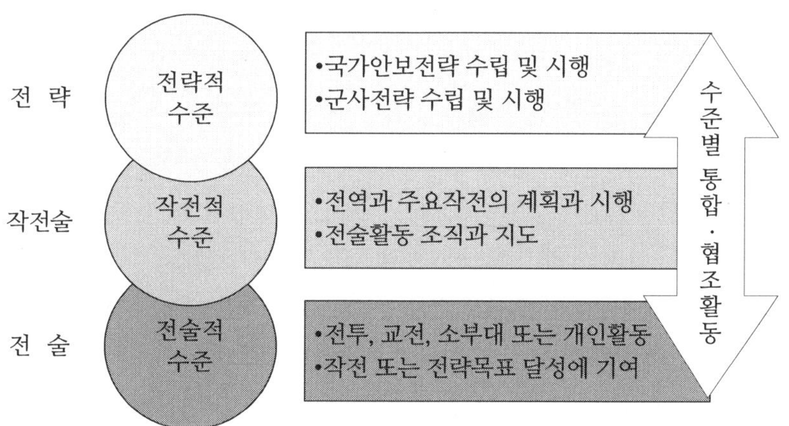

* 출처 : 『군사기본교리』(2014), p.1-34.

[그림 III-7]에서 보는 바와 같이, 전쟁의 수준을 구분하는 것은 국가전략목표를 구체화시키고 수준별 활동을 연계시키며, 각종 기획 및 작전계

획의 수립을 보다 용이하게 함으로써 전쟁을 효과적으로 수행하기 위한 것이다.

전쟁의 수준별 구분은 지휘관들이 임무의 논리적 배열을 가시화하고 자원을 할당하는 데 도움을 주는데 있으며, 전쟁의 전략적 수준은 국가전략목표 달성을 지원하기 위하여 국가적 차원에서 전쟁을 기획하고 지도하며 자원과 수단을 준비하는 활동으로서, 국가전략적 수준과 군사전략적 수준으로 구분하여 수행된다. 전쟁의 작전적 수준은 전략목표 달성을 지원하기 위하여 군사작전을 계획, 시행, 유지함으로써 전략지침을 군사적으로 전환하고, 전술부대에 대한 행정 및 군수를 지원하고 전술적 성공을 보장하기 위한 수단을 제공하는 등 전술활동을 조직하고 지도함으로써 전략적 수준과 전술적 수준을 연계시키는 활동이 포함된다. 전쟁의 전술적 수준은 작전목표 달성을 지원하기 위하여 전술부대가 전투나 교전 또는 기타 활동을 계획하고 수행하며 평가하는 활동을 말한다. 전술적 수준에서는 목표를 달성하기 위하여 적 또는 아군 부대의 상황에 따라 전투력을 질서있게 배치하고 기동하는 데에 중점을 두며, 전쟁관리로서 국가위기관리, 전시체제 전환, 전쟁 수행, 전쟁 종결[82] 등에 관한 지침을 제시하고 있다.

제2장은 국가총력방위에 관한 내용으로서 개요, 국가총력방위체제, 국방조직과 역할, 통합 및 협조활동 등 4개의 절로 구성되어 있다. 국가는 국가방위를 위하여 평시에는 전쟁을 예방하고 전쟁수행능력을 확보해야 하며, 전시에는 국가안보의 모든 요소를 통합하여 단기간 내에 최소의 희생으로 전쟁에서 승리해야 한다. 국가안보를 위한 국가총력방위체제는 대통령을 중심으로 심의·의결기구인 국무회의, 자문기구인 국가안전보장회의, 정책의 수립과 집행을 위한 기구인 정부 각 부처로 구성되며, 국가총력방위체제를 그림으로 도식화하면 [그림 Ⅲ-8]과 같다.

---

82) 군사력을 통하여 국가전략목표 또는 군사전략목표를 달성함으로써 전쟁을 종결하는 방법에는 강요에 의한 방법과 협상에 의한 방법이 있다.

[그림 III-8] 국가총력방위체제

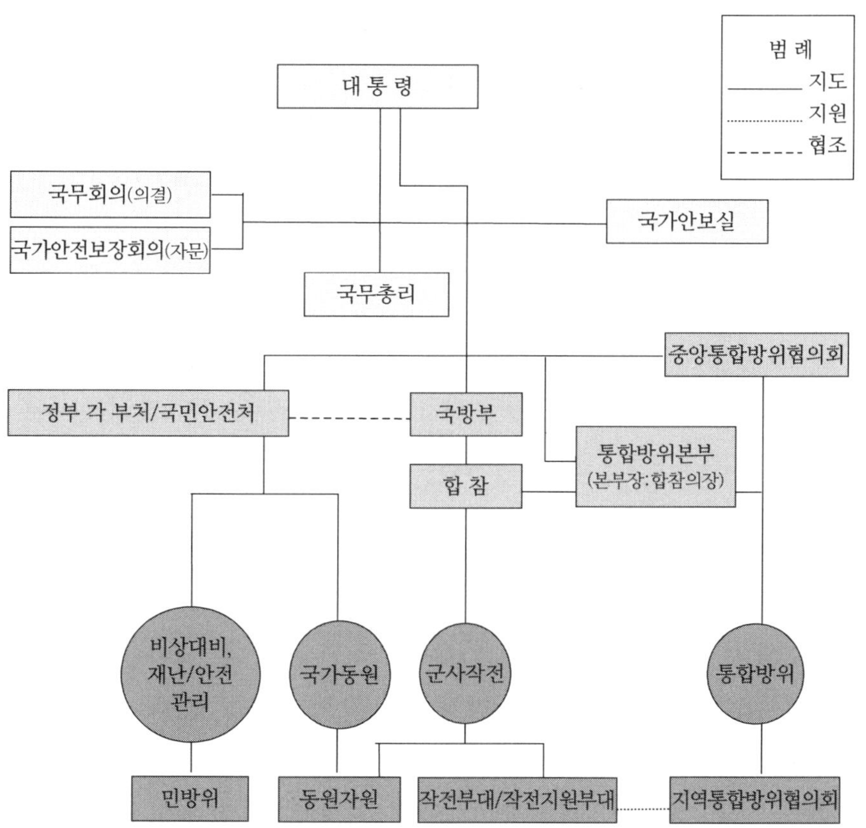

* 출처 : 『군사기본교리』(2014), p.2-4.

[그림 III-8]에서 보는 바와 같이, 대통령은 국방부장관을 통하여 군령(軍令)[83] 분야와 군정(軍政)[84] 분야로 구분하여 군을 통제하고 권한을 행사한다.

---

83) 군령(軍令)이란 국방목표 달성을 위하여 군사력을 운용하는 기능으로서, 군사전략기획, 군사력 건설 소요 제기, 작전계획의 수립, 작전부대에 대한 작전지휘와 운용(運用), 합동작전 수행능력 강화를 위한 훈련·교육·전비태세검열 등을 말한다.

84) 군정(軍政)이란 국방목표 달성을 위하여 군사력을 건설·유지·관리하는 기능으로서, 국방정책 수립, 국방관계 법령의 제정·개정·시행, 자원의 획득·배분·관리, 작전지원 등을 말한다.

군령분야에 관한 권한은 대통령으로부터 국방부장관을 통하여 합참의장이 행사하는 기능이며, 군정분야에 관한 권한은 대통령으로부터 국방부장관을 통하여 각 군 참모총장이 행사하는 기능이다. 특히 군정 기능이 이루어지는 과정에서도 군령과 관련된 경우에는 합참의장이 국방부장관을 보좌한다.

군사작전의 개념에 대해서는 "군사작전이란 전쟁과 이에 미치지 못하는 분쟁 또는 평시에 국가 또는 군사전략적 목적을 달성하기 위하여 전쟁 또는 그 이외의 특정 지역에서 군사적 수단을 사용하는 제반 군사활동으로서, 용병술을 바탕으로 가용한 군사력을 운용하기 위하여 계획되고 체계화된 군사활동을 통하여 수행된다."[85]고 제시하고 있다. 이러한 군사작전의 목적은 전시에는 전쟁에서 승리하여 국가를 방위하고, 분쟁 또는 평시에는 전쟁을 억제하며, 국익증진과 평화유지에 기여하는 것이다. 합동작전기본개념은 합동작전 수행시 적용해야 할 최상위 개념으로서, 군사전략목표를 달성하기 위해 합동작전부대가 "어떻게 작전할 것인가?"에 대한 기본적인 사고의 방향을 말한다.

한국군의 합동작전기본개념은 '공세적 통합작전'이다. 공세적 통합작전이란 네트워크 중심의 작전환경하에서 선제적·능동적·주도적인 행동을 통해 전(全) 영역의 다양한 능력과 활동을 시간적·공간적·효과적으로 통합하여 전력 운용의 상승효과를 극대화하고 적의 중심(重心, CoG)을 마비시킴으로써 승리를 달성하는 것이다. 여기서 말하는 공세적 작전은 지휘관과 참모가 강한 전투적 사고와 의지를 바탕으로 선제적·능동적·주도적으로 전력을 운용하는 적극적인 행동을 말한다. 통합작전은 지상·해양·공중·우주·사이버 공간 등 모든 영역에서 민·관·군·동맹군·다국적국 등의 여러 능력(수단)과 기동전·정보작전·사이버작전·군사정보지원작전 등의 제반 활동(방법)을 시간·공간·목적 측면에서 조직화·동시화하여 전력 운용의 상

85) 합동참모본부(2014), 전게서, p.2-10.

승효과를 달성하는 작전을 말한다. 이와 같은 합동작전기본개념을 구현하기 위하여 육군은 '전 전장 공세적 통합작전'[86]을 지상작전의 기본개념으로 설정하고 있으며, 해군은 '공세적 통합 해양작전'[87]을 기본개념으로, 공군은 '네트워크 기반 효과 중심의 항공우주작전'[88]을 기본개념을 설정하고 있다.

제3절 국방조직과 역할에서는 국방부, 합동참모본부, 육·해·공군본부, 육·해·공군 작전부대의 기능과 역할 등을 제시하고 있다. 국방부는 국방에 관련된 군정과 군령, 그 밖에 군사에 관한 사무를 관장한다.

국방부 조직은 [그림 III-9]에서 보는 바와 같이, 국방부 본부와 직할 부대 그리고 기관, 합참, 육군, 해군, 공군, 해군 소속의 해병대로 구분되며, 합참을 통해 육·해·공군 전투부대의 작전지휘와 감독은 물론 합동작전과 연합작전을 수행토록 한다.

86) '전(全) 전장 공세적 통합전투'란 지상군이 수행해야 할 모든 범주와 영역의 작전을 주도적이고 능동적이며 적극적으로 수행하며, 제반 수단과 활동을 시간·공간·목적 면에서 조직화하고 동시화하여 통합을 달성하는 것이다. 이는 상대적인 정보우위를 유지하고, 모든 작전요소를 결정적인 시간과 장소에 통합하며, 작전지속성을 유지한 가운데, 결정적 기동으로 전장의 주도권을 장악·유지·확대함으로써 작전을 조기에 종결하고 최소의 전투로 승리하기 위한 것이다.

87) '공세적 통합 해양작전'이란 네트워크 중심의 작전환경 하에서 해군의 입체전투력을 수상, 수중, 공중, 지상 및 사이버 공간에서 공세적으로 운용하여 전략적·작전적·전술적 목표를 달성함으로써 전쟁승리를 주도하는 것이다. 또한 해군력을 다차원 영역에서 통합하여 적의 도발을 억제하고, 유사시 조기에 해양우세를 확보하며 전력투사 및 전략적 타격을 통해 전구(戰區) 작전의 결정적 승리에 기여하는 것이다.

88) '네트워크 기반 효과중심작전'은 네트워크를 기반으로 효과위주의 작전과 병행작전을 통하여 항공우주력을 공세적으로 운용함으로써, 적의 전쟁수행 의지와 능력을 무력화하여 군사작전 목표 달성과 전쟁승리를 주도하는 것이다. 공군은 이러한 작전개념을 구현하기 위하여 공중 및 우주에서의 우세와 정보우세를 우선적으로 확보하고, 전략적·작전적·전술적 표적에 대한 정밀공격과 신속대응에 중점을 두고 있다.

[그림 III-9] 국방부 조직 및 편성

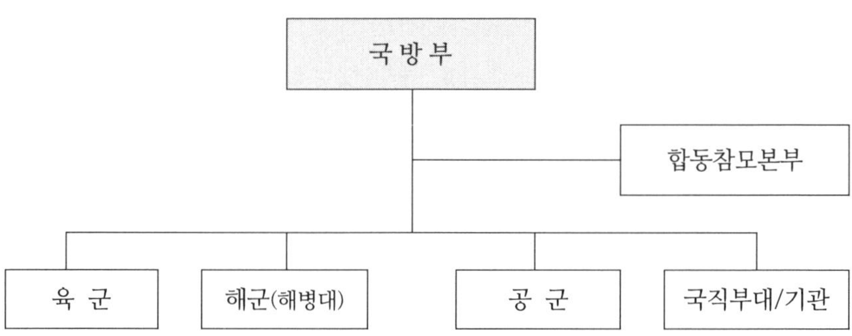

* 출처 : 『군사기본교리』(2014), p.1-25.

국방부장관은 대통령의 국군통수를 보좌하며, 국방조직의 모든 기능은 국방부장관의 권한, 지시, 통제 하에 수행된다. 국방부장관은 합참의장을 통하여 군령에 관한 권한을 행사하고, 육·해·공군 참모총장을 통하여 군정에 관한 권한을 행사한다고 명시하고 있다. 합참의장은 군령에 관하여 국방부장관을 보좌하며, 국가안전보장회의에 대하여 군사 보좌임무를 수행한다고 기술하고 있다.[89] 이에 따라 적의 군사도발이나 국가이익에 현저한 손실을 초래할 수 있는 위기상황이 발생할 경우에는 대통령과 국방부장관의 정책 또는 대안 결정을 보좌하며, 민·관·군·경의 노력을 통합하여 필요한 대응조치를 시행한다.

육군은 지상작전, 해군은 상륙작전을 포함한 해상작전, 공군은 항공 및 우주작전, 해병대는 상륙작전을 주 임무로 하며, 각 군은 이를 위하여 편성되고 장비되며 필요한 교육과 훈련을 실시하고, 각 군의 참모총장은 전투를 주 임무로 하는 작전부대에 대한 작전지휘와 감독 이외의 권한에 대해 국방부장관의 명을 받아 각각 해당 군을 지휘하고 감독한다고 규정하고 있다. 각 군의 작전부대는 전투를 주 임무로 하는 각 군의 야전군사령부 및 작전

89) 합동참모본부(2014), 전게서, pp.2-26~2-32.

사령부로서 지상, 해상, 항공작전과 특정지역 방어, 특수작전, 상륙작전 등을 수행하며, 각 군의 작전부대 지휘관은 해당 작전지역의 작전과 훈련 및 군 행정에 관한 사항을 관장하며, 군 작전지역 중에서 작전책임은 합참의장이, 그 밖의 책임에 관한 사항은 각 군 참모총장이 정한다고 명시하고 있다.[90]

제4절은 통합 및 협조활동에 관한 내용을 제시하고 있다. 국방을 위한 국가총력방위체제의 구축은 외부의 군사적 위협과 무력침략으로부터 국가의 안전을 보장하고 전쟁에서의 승리를 달성하기 위하여 군사적 수단을 포함한 국력의 모든 수단을 통합 운용하기 위한 것으로서, 현대전을 수행하는데 필수적이기 때문이다. 여기에서 제시하고 있는 통합 및 협조활동은 노력의 통일을 달성하기 위하여 합참, 각 군의 작전부대, 합동부대, 필요시 설치되는 합동기동부대 간에 이루어지는 제반 활동을 일치·통합·조정하는 활동은 물론 군사작전과 정부기관, 동맹국, 국제기구, 비정부기구 등의 활동을 일치·통합·조정하는 활동까지 포함한다.

한편, 유관(有關) 기관 협조는 합동작전부대가 국방목표를 달성하기 위하여 국방부를 통해 정부기관, 외국 정부, 국제기구, 국내외 비정부기구 등과 상호 연계되어 이루어지는 활동이며 의사소통과정으로서, 통상 유관기관 간 협조를 통하여 이루어진다. 최근 들어 군에 대한 유관기관의 활동과 관심이 군사적 수단의 적절성과 군사작전의 정당성 또는 군의 인권보호 준수 여부에 대한 감시 등의 분야로 점차 확대됨에 따라, 군사작전을 수행하는 과정에서 지휘관들은 대민관계 해결 등 군사작전 이외에 대비하기 위하여 더 많은 비군사적 노력을 필요로 하는 상황에 직면해 있다는 점을 강조하고 있다.

제3장은 연합방위에 관한 내용으로 개요, 한·미 연합방위체제, 연합·다국적군의 편성과 지휘통제 등 3개의 절로 구성되어 있다. 한국과 미국이 연

---

90) 상게서, p.2-43.

합작전을 가능하게 하는 법적 근거는 한·미 군사동맹 관계를 규정하고 있는 한·미 상호방위조약[91], 주한 미군기지 제공 및 주둔 근거인 한·미 주둔군 지휘협정(SOFA : Status of Forces Agreement)[92], 미 증원군의 신속한 전개 및 전쟁수행능력을 제고하기 위한 한국의 전시지원을 규정하고 있는 전시지원협정(WHNS : Wartime Host Nations Support)[93], 한·미 연합지휘체계구성에 관한 관련 약정(TOR : Terms of Reference), 전략지시 등에 기초하고 있다는 점을 명시하고 있다.

---

91) 1953년 7월 27일 한국전쟁이 종결된 직후, 북한이 다시 침략할 때 미국 등 우방국이 개입할 법적 근거가 필요하다는 주장에 따라 한국과 미국은 상호방위조약을 협의하였다. 1953년 10월 1일 미국 워싱턴 D.C.에서 변영태 한국 외무장관과 존 덜레스(John Foster Dulles, 1888~1959) 미국 국무장관이 '한·미 상호방위조약'에 서명하였으며, 양국 국회의 비준을 거쳐 1954년 11월 18일부로 발효되었다. 한·미 상호방위조약은 미군의 한국 주둔을 위한 제도적 보장 장치이며, 연합 방위체제의 법적 근간으로서, 주한미군지위협정 및 정부 간 또는 군사 당국 간의 각종 안보·군사 관련 후속 협정들의 기초를 제공하였다.

92) 정식명칭은 「대한민국과 아메리카 합중국 간의 상호방위조약 제4조에 의한 시설과 구역 및 대한민국에서의 아메리카 합중국 군대의 지위에 관한 협정(Agreement under Article 4 of the Mutual Defence Treaty between the Republic of Korea and the United States of America, Regarding Facilities and Areas and the Status of United States Armed Forces in the Republic of Korea)」으로서, 약칭(略稱)은 「한·미 SOFA(Status of Forces Agreement)」라고 부른다. 그동안 한·미 행정협정이라고 통칭됐지만 "행정협정"은 국회에서 정식으로 비준되지 않은 약식 조약을 지칭해서 부적절하다는 지적에 따라 최근엔 잘 사용하지 않는 대신 한·미 SOFA나 주한 미군지위협정이라고 쓴다. 아메리카 합중국 군대의 주둔에 필요한 시설과 구역의 제공, 반환, 경비·유지를 주 내용으로 한다. 1950년 6월 25일 한국전쟁이 발발하자 같은 해인 6월 27일과 7월 7일의 UN안전보장이사회 결의와 1953년 10월 1일에 체결된 한·미 상호방위조약에 따라 대한민국 영역과 그 부근에 아메리카 합중국 군대가 배치되어 아메리카 합중국 군대 주둔에 필요한 세부 절차를 내용으로 하는 한·미 SOFA가 1966년 7월 9일 대한민국 행정부 대표 외무부장관과 아메리카 합중국 행정부 대표 국무장관 간에 조인되어 1967년 2월 9일 발효되었으며, 이 협정은 한·미 상호방위조약이 유효하는 동안 효력이 발생한다.

93) 전시지원협정(Wartime Host Nation Support)은 한반도 유사시에 미국은 한·미 상호방위조약과 연합사 작전계획에 따라 한국에 증원군을 파견하며 한국은 미국 증원군에 대해 접수국으로서 군수, 병참 등 필요한 지원을 제공하는 것을 포괄적으로 규정한 조약이다. 1985년 한·미 연례안보협의회에서 미국 측이 제기해 협상을 계속해오다 1991년 7월 양국 당국자가 조인함으로써 이루어졌다.

한·미 연합방위체제 하의 한국과 미국군의 지휘관계는 정전(停戰) 시와 전시(戰時)로 구분하여 지휘 통제하며, 한·미 연합사와 유엔군사령부는 지원과 피지원 관계이다. 미국 태평양사령관은 미국 합참의장의 전략지침을 받아 한미연합사령관과 유엔군사령관에게 협조와 지원을 제공한다. 미국 태평양사령관은 주한 미군사령관을 전투지휘[94]하며, 주한 미군사령관을 통해 한미연합사와 유엔군사령부에 대한 미군의 지원을 제공한다. 주한 미군사령관은 한·미 연합작전을 위하여 미군의 지원을 제공할 책임이 있으며, 한미연합사령관은 지상군·해군·공군·연합해병 구성군[95] 사령부 등 지정된 부대들을 작전 통제한다.[96] 연합군 및 다국적군의 편성과 지휘통제에 관한 사항은 2009년도 개정교리에서 제시하고 있는 지휘구조, 즉 통합 지휘구조, 주도국 지휘구조, 병립 지휘구조, 혼합 지휘구조 등을 들고 있다.

제4장은 군사력 운용지침에 관한 내용으로서 개요, 전략지침과 전략지시, 지휘통제, 합동기획 등 4개의 절로 구성되어 있다. 군은 국가방위를 위하여 평시에 전쟁에 대비한 국방정책과 군사전략을 수립하고 국방 소요를 예측하여 부족한 자원을 확보하며, 군사력 운용에 관한 방책을 구체적으로 발전시킨다는 점을 기술하고 있다.

전략지침은 국가전략을 군사전략으로 전환하기 위한 지침으로 합동작전계획 또는 연합작전계획을 수립해야 하는 특정 위협에 대한 국가전략목표, 군사전략목표, 부대와 자원, 제한 사항 등을 다양한 형태로 제시하는 대통령과 국방부장관의 지침이며, 전략지시는 전략지침을 군사적으로 이행하는데 필요한 보다 구체화된 합참의장의 지침임을 명시하고 있다.

---

94) 전투지휘란 미군의 전투사령관이 사령부와 부대의 편성 및 운용, 과업 부여, 목표 지정, 필요한 군사작전, 합동훈련, 군수 등 모든 분야에 대하여 예하부대를 지휘하는 권한을 말한다.

95) 구성군이란 2개 군 이상이 합동부대를 편성하여 합동작전을 수행할 경우에 합동부대 사령관의 작전통제 하에 있는 각 군 부대의 총체를 의미한다. 구성군에는 각 군 구성군과 기능 구성군이 있다.

96) 합동참모본부(2014), 전게서, p.3-8.

제2절 전략지침과 전략지시에서는 국가안보전략지침, 군사전략지침, 전략지시와 연합작전지침 등에 관하여 제시하고 있으며, 제3절 지휘통제에서는 지휘통제시 고려사항, 작전수행상의 지휘관계, 편성상의 지휘관계, 합동지휘통제체계 등에 관하여 제시하고 있다. 제4절 합동기획에서는 합동기획체계와 합동전략기획절차, 합동작전계획 수립절차 등에 관하여 기본적인 지침을 제시하고 있다. 합동기획은 국가안보목표와 국방목표 달성을 위하여 전략환경을 평가하고 군사력 운용 방향을 구상하여 군사전략 목표를 설정하고, 이를 달성하기 위한 최선의 군사전략을 수립하고 군사력을 운용하는 일련의 과정을 말한다. 합동기획은 [그림 Ⅲ-10]에서 보는 바와 같이, 합동전략기획과 합동작전기획으로 구분되며, 합동전략기획체계와 합동작전기획 및 시행체계를 통하여 이루어진다.

특이사항으로는 첫째, 한국군 최상위 교리의 명칭을 『합동기본교리』(2009)에서 『군사기본교리』(2014)로 환원되었다는 점이다. 그 이유는 합참의장이 연합작전과 합동작전 또는 독립작전, 대(對)비정규전을 지휘 감독하고, 이와 관련된 군사연습과 훈련, 기타 국방부장관이 정하는 작전지휘 및 감독에 관한 군사사항[97]을 관장하기 때문이다. 이로써 『군사기본교리』(2014)가 한국군의 최상위 군사교리로서 각 군의 교리발전에 기본 지침을 제공할 뿐만 아니라, 국가방위를 위한 군사력 운용의 기본원칙과 지침을 제공할 수 있게 되었다.

97) 「국군조직법」 제9조 3항에 대한 규정과 「대통령령 제25377호」 제4조 1~4항에 관련된 사항으로서, "전투를 주 임무로 하는 각 군의 작전부대 및 합동부대의 범위와 작전지휘 및 감독권의 범위는 대통령령으로 정한다."고 되어 있다.

[그림 III-10] 합동기획체계

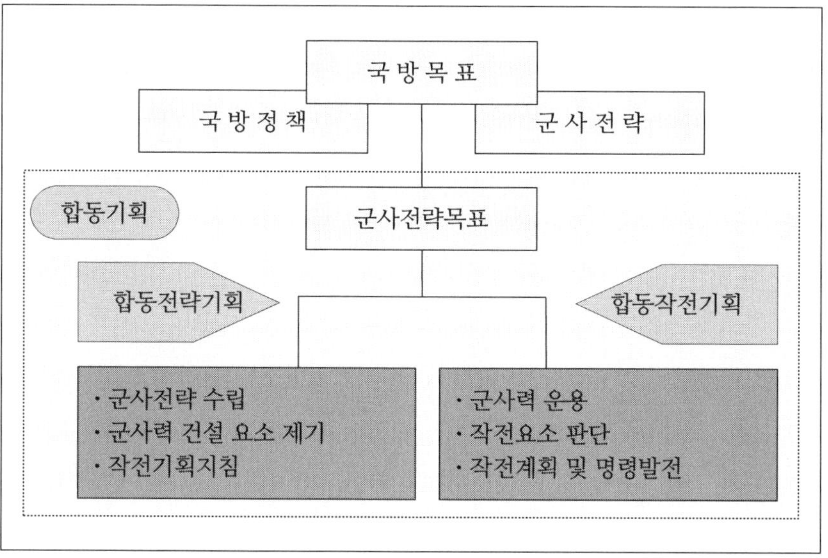

* 출처 : 『군사기본교리』(2014), p.4-27.

둘째, '합동작전 원칙'으로 되어 있던 용어를 '전쟁의 원칙'으로 바로 잡았다는 점이다. 1990년도에 KIDA에서 작성한 『군사기본교리연구(Ⅰ)』(1990)에서부터 '전쟁의 원칙'으로 자리 잡았던 용어를 '군사작전 원칙', '합동작전 원칙'을 거쳐, 다시 '전쟁의 원칙'으로 환원되었다는 점이 무엇보다도 큰 의미를 갖는다고 하겠다. 즉 '전쟁의 원칙'을 통하여 군사력 운용의 지침을 염출할 수 있고, 합동작전 및 각 군의 작전 원칙을 재정립할 수 있는 준거(準據)가 마련된 셈이다.

셋째, 『군사기본교리』(2014)에서 '우주작전'이라는 용어를 최초로 사용하였다는 점이다. 그동안 '우주작전'은 공군의 고유작전으로서 『공군기본교리』에서만 명시하고 있었으나, 『군사기본교리』(2014)에서 각 군의 역할과 기능에 대하여 명확하게 규정하고 있다는 점에서 큰 의미가 있다. 즉 각 군의 역할과 기능에 대하여 "육군은 지상작전, 해군은 상륙작전을 포함한 해상작전, 공군은 항공 및 우주작전, 해병대는 상륙작전을 주 임무로 하며, 각 군은 이를 위하여 편성되고 장비되며 필요한 교육과 훈련을 실시한다."고 명백하게 규정하고 있다.

끝으로, 1990년 이후부터 지속적으로 이루어진 한국군의 최상위 교리로서 위상을 확립하고 합동교리 및 각 군의 군사교리 발전과 군사력 운용의 기본 원칙과 지침을 제공하기 위한 사고(思考)의 기본 틀을 제시하고 있다는 점에서 매우 큰 의미를 찾을 수 있다.

4. 한국군의 『군사기본교리』 발전을 위한 함의

한국군의 군사교리는 군령 최고사령부인 합동참모본부에서 발간한 『군사기본교리』(2014)를 최상위 교리로 하여 합동교리, 육·해·공군의 기본교리와 기능별, 수준별 하부 교리를 정립하여 운용하고 있다. Ⅲ장에서 분석한 내용을 종합해 보면, 다음과 같은 함의를 식별할 수 있다.

첫째, 한국군의 군사교리체계는 합동참모본부에서 발간한 『군사기본교리』(2014)를 근간(根幹)으로 표준화되어 있지 않다는 점이다. 이를 그림으로 도식하면 [그림 Ⅲ-11]와 같다.

[그림 Ⅲ-11] 한국군의 교리체계 종합

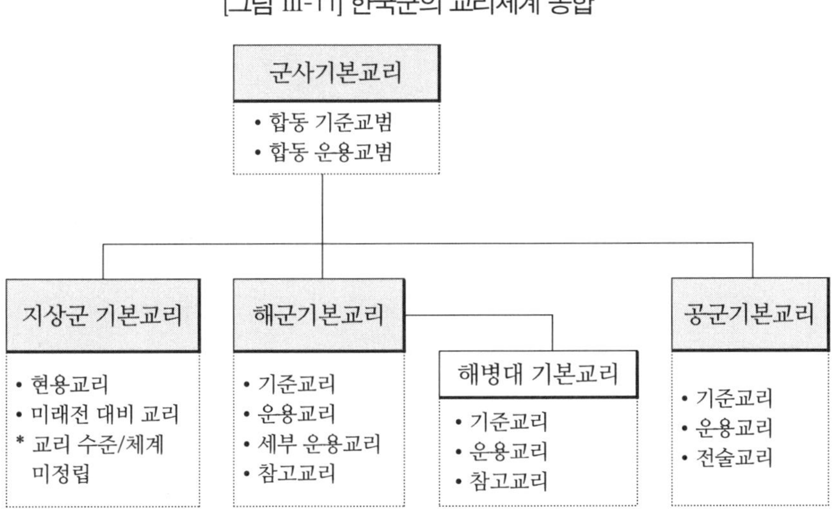

I 장(군사교리의 수준)에서 살펴 본 바와 같이, 군사교리의 수준은 전략적 수준의 교리, 작전적 수준의 교리, 전술적 수준의 교리로 나누어지며, 이를 적용함에 있어서는 기본교리, 작전교리, 전술교리 또는 기본교리, 운용교

리, 세부운용교리 등으로 나누어진다. 그러나 한국군의 군사교리체계는 [그림 III-11]에서 보는 바와 같이, 최상위 군사교리인 『군사기본교리』(2014)를 바탕으로 하여 합동참모본부 차원에서는 합동기준교범과 합동운용교범으로 정립하고 있다. 또한 용어도 '교리'와 '교범'을 혼용(混用)함으로써 전투원들에게 혼란을 주고 있다. 또한 육군은 교리 수준 및 체계를 정립하지 않고 『지상군 기본교리』(2011)를 최상위 교리로 하여 현용교리와 미래전 대비 교리로 구분하고 있다. 해군은 『해군기본교리』(2017)를 최상위 교리로 하여 해군과 해병대 교리로 분류하고, 해군교리는 기준교리, 운용교리, 세부운용교리, 참고교리로 정립하고, 해병대교리는 기준교리, 운용교리, 참고교리로 정립하고 있다. 공군은 『공군기본교리』(2015)를 최상위 교리로 하여 기준교리, 운용교리, 전술교리로 정립하고 있다.

이와 같이 한국군의 교리체계는 전쟁의 수준과 용병술체계에 부합한 일반적인 군사교리 수준에 맞는 표준화된 교리체계를 정립하지 않은 채, 합동참모본부, 육·해·공군이 각각 상이한 군사교리체계를 유지하고 있다. 여기에서 중요한 것은 전쟁의 수준에 맞게 전략적 수준의 교리, 작전적 수준의 교리, 전술적 수준의 교리를 칼로 두부 자르듯이 정형화할 수는 없지만, 합동참모본부에서 발간하는 작전적 수준의 교리는 육·해·공군에서 발간하는 작전적 수준의 교리보다 전략적 수준에 더 가깝다고 할 수 있으며, 합동성 강화와 군사력 운용에 관한 원리와 원칙을 포함하고 있다는 점이다.

둘째, 한국군 최상위 교리의 명칭이 제대로 정립되지 않고, 당시의 최고 지휘관 의지에 따라 변동되어 왔다는 점이다. 1990년 한국군 최초로 발간한 『군사기본교리(Ⅰ)』(1990)에 대하여 연구를 거듭한 끝에 7년 만에 공식적으로 공포(公布)한 1997년도 제정(制定) 교리와 2002년도 개정(改定) 교리에서는 『군사기본교리』라는 명칭을 사용해 오다가, 2009년 개정된 교리는 당시 합참의장의 지시에 따라 '합동성'을 강화한다는 명분으로 교리의 명칭을 『합동기본교리』로 개칭(改稱)하였고, 2014년 개정 시에는 다시 『군사기본교리』라는 본래의 이름을 되찾았다.

이를 그림으로 표시하면 [그림 Ⅲ-12]와 같다.

〈그림 Ⅲ-12〉 한국군의 최상위 교리명칭 변경 과정

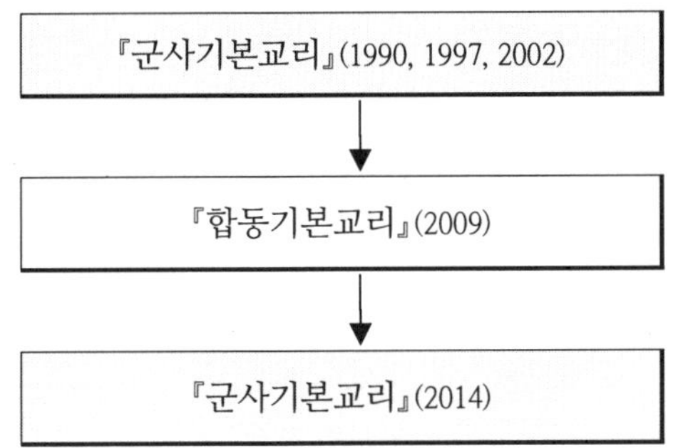

셋째, 『군사기본교리』의 가장 중요한 내용으로서 군사력 운용에 있어 기본적인 원리와 원칙을 제시하는 '전쟁의 원칙'이 몇 차례 수정되었는데, [그림 Ⅲ-13]에서 보는 바와 같다.

[그림 Ⅲ-13] 한국군의 교리명칭 변경 과정

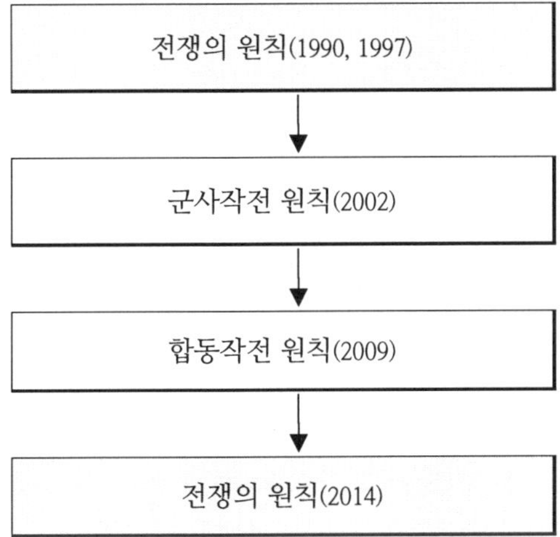

[그림 Ⅲ-13]에서 보는 바와 같이, 1990년 최초 연구안과 이후 계속된 연구 초안을 거쳐 최초로 제정된 『군사기본교리』(1997)에서는 '전쟁의 원칙'으로 사용했으나, 2002년에 개정된 『군사기본교리』(2002)에서는 '군사작전 원칙'으로 용어를 변경하였고, 2009년에는 '합동성'을 강화한다는 명분으로 교리 명칭을 『합동기본교리』(2009)로 변경하였을 뿐만 아니라, '군사작전 원칙'을 '합동작전 원칙'으로 변경하였다. 이후 2014년에 개정 발간한 『군사기본교리』(2014)에서는 다시 '전쟁의 원칙'으로 환원되었다. 이로써 한 동안 한국군의 최상위 군사교리에 '전쟁의 원칙'이 명시되어 있지 않았던 때가 존재하였다.

넷째, 합동참모본부와 각 군의 군사교리 발전을 위한 영향요소가 〈표 Ⅲ-8〉에서 보는 바와 같이, 각각 상이하다는 점이다.

〈표 Ⅲ-8〉 군사교리 발전에 영향을 주는 요소 종합(교리문헌)

구 분	국가이익	군사목표	군사정책	적의위협	군사사상·이론	역사적 경험	군사능력	과학기술	지리적 환경	신무기체계	전쟁수행개념	전장환경변화
군사기본교리	○	○	○	○	○	○	○		○			
육군교리발전 업무 규정				○			○			○	○	○
해군교리발전 업무 규정							○			○	○	○
공군기본교리					○	○		○				

〈표 Ⅲ-8〉에서 보는 바와 같이, 합동참모본부에서 그동안 발간한 『군사기본교리』와 『합동기본교리』에서는 군사교리 발전을 위한 영향요소로 국가이익, 군사목표, 군사정책, 적의 위협(의도, 능력), 군사사상과 군사이론, 역사적 경험, 군사능력, 지리적 환경 등을 들고 있다. 육군은 『교리발전업무

규정』(2013)에서 교리발전에 영향을 주는 요소로 전투수행 개념의 변화, 전투수행 기능별 운용개념 발전, 지상작전 수행에 영향을 미치는 위협요소의 변화와 무기체계의 발전 등 작전환경의 변화가 교리발전 소요를 식별하고 발전시키는데 영향을 미친다고 제시하고 있다. 해군은 『해군 교리발전업무 규정』(2012)에서 교리발전에 영향을 주는 요소로 미래 전장환경, 전략 및 작전개념, 신무기체계 도입 등에 의해 소요가 결정된다고 제시하고 있으며, 공군은 『공군기본교리』(2015)에서 교리발전에 영향을 주는 요소로 이론, 경험, 기술을 들고 있다. 이는 군사교리 발전을 위한 입력요소(input)가 합참, 육·해·공군이 서로 다르다는 것을 입증하고 있다. 따라서 군사교리 발전에 영향을 주는 요소에 대한 개념 정의 및 요소의 표준화가 절실하다.

다섯째, 합동참모본부의 『군사기본교리』(2014)와 육·해·공군의 교리발전 규정에서 정의하고 있는 군사교리의 정의 및 개념이 각각 상이할 뿐만 아니라, 군사교리에 대한 정의가 구체적이지 못한 측면이 있다. 군사교리는 이미 앞에서 살펴본 바와 같이, "군사력으로 국가목표를 달성하기 위하여 공식적으로 승인된 군사행동의 기본 원칙과 지침" 또는 "미래전의 성격에 대한 군사력의 건설과 발전방향, 전쟁목적과 국가의 사회적·경제적·기술적 및 군사적 능력에서 생겨나는 무력전의 방법과 수행에 대한 공식적인 기본원칙과 지침"이라고 정의하고 있다.

여섯째, 합참과 육·해·공군의 기본작전개념이 명확하고도 세부적으로 정립되어 있지 않다. 〈표 III-9〉에서 보는 바와 같이, 육·해·공군은 합동참모본부의 '공세적 통합전투'라는 합동작전기본개념을 구현하기 위하여 육군은 '공세적 통합작전', 해군은 '공세적 통합 해양작전', 공군은 '효과중심의 공세적 항공우주작전'을 제시하고 있으나, 공세적 운용에 관한 구체적인 개념과 지침을 제시하고 있지 않다.

〈표 Ⅲ-9〉 합동참모본부 및 육·해·공군의 작전개념

구 분	작전 수행개념
『군사기본교리』	공세적 통합전투
『지상군 기본교리』	전 전장 공세적 통합작전
『해군기본교리』	공세적 통합 해양작전
『공군기본교리』	효과중심의 공세적 항공우주작전

육·해·공군의 기본전투개념은 합동참모본부의 『군사기본교리』(2014)를 근간으로 해서 '공세적'이라는 용어를 사용하고 있음에도 불구하고, 자군(自軍)의 전투력을 '어떻게 공세적으로 운용할 것인가?'에 대한 세부적인 지침을 제시하지 않고 있으며, 합참의 『군사기본교리』(2014)도 마찬가지이다. 또한 한·미 동맹을 축으로 한 한·미 연합전력을 이용한 북핵 및 미사일 대응개념인 4디(4D)[98] 수행작전 개념과 핵·WMD(대량살상무기) 대응체계의 전략 및 작전개념을 제시하고 있지 않다.

핵·WMD(대량살상무기) 대응체계라는 용어는 2019년 1월 11일, 「2019~2023 국방중기계획」을 발표하면서 종전에 국방부가 북한의 핵·미사일 위협의 대응전력과 작전을 의미하는 용어로 사용해 왔던 '한국형 3축체계'[99]라는

98) 북한의 핵과 미사일을 탐지하고 파괴하는 대응체계로서, 4D는 탐지(Detect), 교란(Disrupt), 파괴(Destroy), 방어(Defense) 등 4단계 작전의 앞 글자를 따서 붙인 용어이다.

99) 국방부는 2016년 9월 9일 북한 5차 핵실험 직후 우리 군의 자체적인 북핵 위협 대응전략으로 한국형 '3축 체계'를 발표했다. 이것이 바로 킬체인(Kill Chain), 한국형 미사일방어체계(KAMD), 대량응징보복(KMPR)의 '3K 타격체계'다. '3축 체계'는 크게 3가지 상황을 상정한 대응 전략으로서, 킬체인(Kill Chain)은 북한이 미사일을 발사하기 전에 도발원점을 선제 타격한다는 것이며, 한국형 미사일방어체계(KAMD)는 발사된 북한 미사일이 날아오는 것을 도중에 요격한다는 것이고, 대량응징보복(KMPR)은 북한 미사일이 우리 영내를 타격했을 때 보복하는 개념을 말한다. 군은 2016년 9월 9일, 북한 풍계리 핵실험장에서 5차 핵실험 직후 '北 핵·미사일 위협에 대한 우리 군의 능력과 태세'라는 입장자료를 발표하고 킬체인(Kill Chain), 한국형 미사일방어체계(KAMD) 등 기존의 2K에 대량응징보복(KMPR)이라는 개념을 더한 '3K'를 공식화했다. 대량응징보복(KMPR)이란 북한이 핵과 미사일로 우리 측을 타격했을 때 북한 최고지도부를 응징, 보복하는 체계

용어를 대상범위와 능력을 확장한 용어로서 '핵·WMD 대응 체계'라는 용어로 수정되었다. 이는 기존에 군이 사용해 왔던 '북한 핵과 WMD 위협 대응'이란 문구에서 '북한'을 뺀 것이며, 3축 체계를 구성하는 주요 전력과 작전 용어도 변경하였다. 즉 킬 체인(Kill Chain)은 '전략표적 타격'으로, 한국형 미사일방어체계(KAMD)는 '한국형 미사일방어'로, 유사시 북한 지휘부를 제거하는 대량 응징보복(KMPR)은 '압도적 대응'으로 용어를 수정하였다.[100)]

일곱째, 합동참모본부의 『군사기본교리』(2014)와 육·해·공군의 기본교리에서 제시하고 있는 '전쟁의 원칙'과 각 군의 '작전수행 원칙'이 상이(相異)하다는 점이다. 전쟁의 원칙은 군사작전의 계획과 준비 그리고 실시(實施)간에 적용해야 할 지배적인 원리로서, 군사전략목표를 구현함에 있어 노력의 통일을 증진시킨다. 그럼에도 불구하고 〈표 III-10〉에서 보는 바와 같이, 전시에 "어떻게 싸워 이길 것인가?"에 대한 원리와 원칙인 합동참모본부의 전쟁원칙과 육·해·공군의 작전원칙이 각각 다르다.

합참의 '전쟁의 원칙'과 육군의 '지상작전 원칙'은 동일[101)]하나, 해군은 합참의 '전쟁의 원칙'인 정보·방호의 원칙을 채택하고 있지 않으며, 절약·보안·간명·경계의 원칙을 채택하여 적용하고 있다. 특이한 것은 공군으로서, '항공우주작전의 원칙'으로 합참이 채택한 전쟁의 원칙 중에서 공세·집중·기동의 원칙은 채택하지 않고 보안의 원칙을 채택하고 있으며, '전쟁의 원칙'을 통하여 구현해야 하는 '선택과 집중의 원칙', '주도권의 원칙'을 '항공우주작전의 원칙'으로 설정하고 있다는 점이다.

다. 북한이 미사일로 공격하는 순간 평양의 전략적 중심을 우리 군의 미사일과 전투기를 이용한 정밀타격과 특수부대의 적 지휘부 참수작전 등이 포함된 개념이다. 요지는 공격받는 즉시 그보다 훨씬 더 큰 피해를 상대방에 가하는 것이 주 목적이다. 이와 같은 '3축체계'의 용어와 개념은 2019년 1월 11일, 「2019~2023 국방중기계획」을 발표하면서 '핵·WMD 대응 체계'로 변경되었다.

100) 국방홍보원, 「국방일보」(서울 : 국방홍보원), 2019년 1월 14일자.

101) 합참의 교리발전 부서에 근무하는 실무자 대부분이 육군이다 보니, 자연스럽게 육군이 적용하고 있는 '지상작전의 원칙'을 합참을 비롯한 각 군이 공통적으로 적용해야 할 '전쟁의 원칙'으로 동일시 한 개연성이 없지 않다고 본다.

〈표 Ⅲ-10〉 합참의 '전쟁의 원칙' 및 육·해·공군의 '작전원칙'

(○ : 채택)

구 분	합 참 (전쟁의 원칙)	육 군 (지상작전의 원칙)	해 군 (해군작전 원칙)	공 군 (항공우주 작전의 원칙)
목표의 원칙	○	○	○	○
공세의 원칙	○	○	○	
집중의 원칙	○	○	○	
절약의 원칙			○	
기동의 원칙	○	○	○	
보안의 원칙			○	○
지휘 통일의 원칙	○	○	○	○
기습의 원칙	○	○	○	○
간명(간결)의 원칙			○	○
경계의 원칙			○	
정보의 원칙	○	○		
방호의 원칙	○	○		
사기의 원칙	○	○	○	
선택과 집중의 원칙				○
주도권 확보의 원칙				○

여덟째, 한국군의 최상위 교리로서, 『군사기본교리』에서 제시해야 할 표준화된 내용이 정립되어 있지 않다. 1990년도에 국방연구원에서 최초로 연구했던 『군사기본교리(Ⅰ)』(1990)로부터 2009년도 개정교리에 이르기까지의 내용을 분석해 보면, 매 개정 시마다 주요 내용이 변경되었다. 이는 『군사기본교리』에서 제시해야 할 주요 내용이 표준화 또는 일반화 되어 있지 않다는 점을 입증해 준다. 1990년 이후 『군사기본교리』 개정 시마다 변경된 내용은 〈표 Ⅲ-11〉과 같다.

〈표 Ⅲ-11〉에서 보는 바와 같이, 1990년도에 국방연구원에서 최초로 작성한 『군사기본교리(안)』(1990)에 따르면, 주로 국가와 군사력, 전쟁의 유형과 국군의 임무, 군사력의 준비 및 국군의 윤리 등으로 구성함으로써 군사교리의 본질인 "어떻게 싸워 이길 것인가?(용병)"와 "어떻게 준비할 것인가?(양병)"를 동시에 제시하고 있다. 특히, 한국의 안보상황과 국방여건을 고려하여 미래지향적인 군사력 발전방향과 한국군의 윤리 및 가치관을 제시함으로써 군인으로서의 소명(召命) 의식을 강조하고 있다.

〈표 Ⅲ-11〉 개정 『군사(합동)기본교리』의 주요 내용

구분	『군사기본교리(안)』 (1990)	『군사기본교리』 (1997)	『군사기본교리』 (2002)	『합동기본교리』 (2009)
제1장	국가와 군사력 - 헌법 및 법률적 기반 - 국가목표 및 국가안보 - 국방목표와 군사력의 역할	총 론 - 개 요 - 군사교리	총 론 - 개 요 - 국가활동과 국가전략	총 론 - 안보환경 - 군사적전 전망
제2장	전쟁의 유형과 국군의 임무 - 군사적 위협 - 전쟁의 유형 - 국군의 임무	국가안보 기본 개념 - 개 요 - 국가안전보장 - 군사력 사용	국가안전보장과 군사력 - 개 요 - 국가안전보장 - 군사력	국가안전보장 - 개 요 - 국가안전보장 - 국가안보와 군사력
제3장	전쟁의 원칙과 용병체계 - 현대전의 용병체계 - 전쟁의 원칙	군사전략 - 개 요 - 군사전략 수립 - 군사전략 발전 - 군사대비태세 - 방위력 개선 - 합동기획	전쟁과 군사활동 - 개 요 - 전쟁의 개관 - 국가총력방위 - 전쟁 및 작전기획 - 전쟁 수행	국가방위 - 개 요 - 전쟁과 국가총력방위체제 - 국방부와 주요 부대의 임무 및 기능 - 통합 활동 - 국방기획 및 시행
제4장	군사력의 준비 - 조직 및 부대구조 - 무기체계 - 교육 및 훈련 - 전쟁지속능력	군사작전 - 개 요 - 전쟁 원칙 - 전쟁 수준별 군사행동 - 합동전장운영개념 및 기능 - 합동작전 - 연합작전 - 대침투작전 - 전쟁 이외의 작전활동	군사작전 - 개 요 - 군사작전의 개관 - 합동작전 - 연합작전	합동작전 - 개 요 - 합동작전의 기반 - 합동작전 기획 - 군사작전 범주별 합동작전
제5장	국군의 윤리 - 직업(소명)으로서의 국군의 윤리 - 개인의 가치관		전쟁 이외의 군사활동 - 개 요 - 전쟁 이외의 군사활동 유형	연합작전 - 개 요 - 연합군의 편성과 지휘 통제 - 연합작전을 위한 노력의 통일

1997년도에 제정된 한국군 최초의 『군사기본교리』(1997)는 주로 국가안보개념, 군사전략과 군사작전에 중점을 두어 작성함으로써, 합동참모본부에서 수행하는 용병차원의 원칙, 즉 군사전략과 군사작전 중심의 "어떻게 싸워 이길 것인가?"에 대한 지침을 제시하고 있다.

제1차 개정 교리인 2002년도 『군사기본교리』(2002)에서는 국가안전보장과 군사력, 전쟁과 군사활동, 군사작전, 전쟁 이외의 군사활동에 중점을 두고 개정함으로써 군사전략에 관한 사항을 삭제하고, 합동참모본부 차원에서 "어떻게 싸워 이길 것인가?"에 대한 원칙을 제시하고 있다. 특이사항은 전략적 수준의 교리(기본교리)에서 가장 핵심적인 내용을 이루고 있는 '전쟁의 원칙'을 '군사작전의 원칙'으로 수정하였다.

2009년도에 개정된 교리는 명칭을 『합동기본교리』(2009)로 변경하고, 국가안전보장, 국가방위, 합동작전, 연합작전에 대하여 중점을 두고 "어떻게 싸워 이길 것인가?"에 대한 원칙과 지침을 제시하면서, '합동성'을 강화한다는 명분으로 '전쟁의 원칙'을 '군사작전의 원칙'으로 수정했던 것을 다시 '합동작전의 원칙'으로 수정하였다. 3차에 걸친 개정교리의 공통점으로는 명확한 기준이 없이 당시의 상황에 따라서 "어떻게 싸워 이길 것인가?"에 대하여 중점을 두고 개정하였을 뿐, 미래지향적인 군사력 건설을 위하여 "어떻게 준비할 것인가?"에 대한 양병의 원칙을 제시하는 데에는 소홀히 하였다.

Chapter

Ⅳ. 주요 국가의 군사교리

한국군의 군사교리 발전을 위한 방안을 식별해 내기 위해서 미국, 영국, 중국의 군사교리 및 군사전략을 고찰하고자 한다. 세계의 많은 국가 중에서 이들 세 국가를 선정한 이유는 다음과 같다.

한국군은 유사시 굳건한 한·미 동맹의 틀 내에서 연합작전을 수행해야 하는 특수한 여건을 갖고 있다. 이에 따라 2013년 3월에 개정 발간한 미국의 최상위 군사교리로서 미국의 군사력 운용에 관한 기본적인 원리와 원칙, 그리고 포괄적인 지침을 제시하고 있는 『군사기본교리(*Doctrine for the Armed Forces of the United States*)』에 관하여 소개하고자 한다. 아울러, 저자가 34년 동안 공군에 몸담고 있었던 관계로 1918년 세계에서 가장 먼저 독립한 영국 공군의 『영국 항공우주력교리(*British Air and Space Power Doctrine*)』의 주요 내용을 소개하고자 한다. 끝으로 미래 안보환경을 조망해 보는 차원에서 한국의 주변국이면서 잠재적 위협으로 평가받고 있는 중국이 2015년 5월에 한자(漢字)와 영문(英文)으로 동시 발간한 『중국의 군사전략(中國的軍事戰略, *China's Military Strategy*)』[1]의 주요 내용을 소개하고자 한다.

특히, 미국의 최상위 군사교리인 『미국 군사기본교리』(2013)는 합동작전을 수행하기 위한 군사교리의 핵심을 구성하고 있는 합동 팀(team)으로서 전투하도록 전투수행 지침과 군사이론을 보완하였다. 즉, 전쟁의 수준(levels of

---

1) 중국은 군사교리를 공개하지 않고 2015년 5월 26일, 군사전략을 백서 형식으로 공포(公布)함에 따라 군사교리 대신에 군사전략을 분석하였다. 분석 결과, 국가안보정세, 중국군의 사명과 전략적 과제, 적극방어와 전략적 지침, 중국군의 건설 및 발전, 군사투쟁 준비, 군사안보협력 등 용병(用兵) 및 양병(養兵)에 대한 기본 지침과 미래 비전을 제시하고 있다는 차원에서 미군이 적용하고 있는 『미국 군사기본교리』(2013)와 유사하다는 점을 식별하였다.

war)에 관한 용어와 전쟁에 관한 용어를 종전의 교리에서는 전쟁(war)으로 표기하였는데, 본 개정교리에서는 전쟁보다는 하위 개념인 전(戰, warfare)으로 수정해서 전쟁의 수준(levels of warfare)을 기술하고 있다. 또한 전쟁의 이론 및 기본개념, 군 통합지침 적용 교리, 국방부 및 예하 주요 기관의 기능, 합동사령부 조직, 합동 지휘 통제, 합동전력 발전 등에 관하여 포괄적인 지침을 제시하고 있다.

영국의 『영국 항공우주력교리』(2009)는 현대전에 있어서 핵심적인 역할을 수행하고 있는 항공우주력의 본질, 현대 작전환경에서의 항공력, 항공우주력의 역할 및 지휘 통제 등을 제시하고 있다.

한편, 중국의 『중국의 군사전략』(2015)에서는 중국이 중화민족의 위대한 부흥이라는 중국의 꿈(中國夢)을 실현하기 위한 전략지침, 즉 국가안보 정세, 군대의 사명과 전략과제, 적극 방어전략 방침, 군사력 건설 및 발전, 군사투쟁 준비, 군사안보협력 등에 대한 포괄적인 지침을 제시함으로써 미국 등 선진국의 군사기본교리의 내용과 유사한 성격을 지니고 있다.

따라서 본 장에서는 미국이 2013년 3월에 개정 발간한 『미국 군사기본교리』(2013)와 2009년 영국 공군이 발간한 『영국 항공우주력교리』(2009), 그리고 중국이 2015년 5월에 발간한 『중국의 군사전략』(2015)의 주요 내용을 심층 분석하여 한국군의 군사기본교리 발전을 위한 논의 및 시사점을 식별하고자 한다.

1. 미국의 군사기본교리

1) 주요 내용

미국의 최상위 군사교리인 『미국 군사기본교리』(2013)는 미 합동참모본부에서 작성하며, 최상위 합동교리로서 'Joint Publication 1'로 발간한다. 미군의 합동교리는 [그림 IV-1]에서 보는 바와 같이, 군사기본교리인 『미국 군사기본교리』(2013)를 최상위 교리로 하여 인사, 정보, 작전, 군수, 기획, 통신체계 분야의 하위 교리로 구성된다. 이 합동교리는 군사정책과 군사교리를 연결하는 역할을 하고 군 지휘관이 행사할 수 있는 합법적인 지휘관계와 권한 그리고 미국 연방법 제10조에 근거한 작전 관련 업무들을 기술한다.[2)]

[그림 IV-1] 미국 합동교리 간행물체계

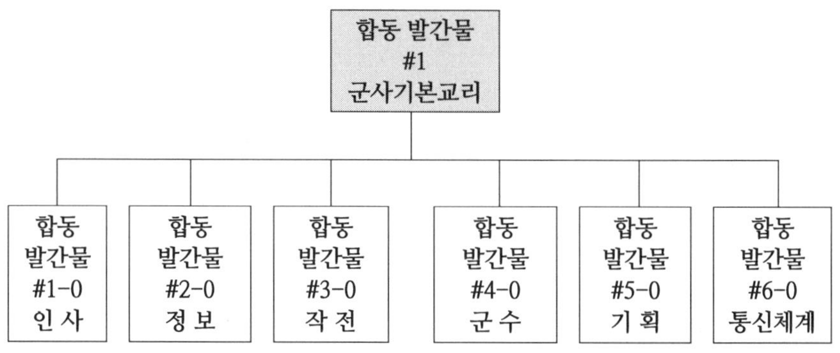

* 출처 : 미국의 *Doctrine for the Armed Forces of the United States*, p.GL-15.

합동교리의 목적은 공동의 목표를 가진 미국 군사력의 운용에 지침을 주는 기본 원칙을 제공함으로써 합동군의 작전 효율성을 증진시키는데 있으

2) Joint Chiefs of Staff of the United States, *Doctrine for the Armed Forces of the United States* (Joint Publication 1, 2013. 3. 25.), p.I-1.

며, 본 합동교리를 제외한 다른 군사교리는 정책적인 사항을 제시하지 않는다. 합동교리의 사용은 모든 미국 군대 내에서 용어, 훈련, 지휘관계, 책임 및 절차를 일반화함으로써 합동군사령관과 참모들이 전략적, 작전적, 전술적 문제를 해결하는데 있어 기본적인 원리와 원칙을 제공한다.

〈표 IV-1〉『미국 군사기본교리』의 주요 내용

주요 내용	
제1장 이론 및 기본개념	
제1절 이 론	제2절 기본 개념
제2장 군 통합지침 적용 교리	
제3장 국방부 및 예하 주요 기관의 기능	
제1절 국방부	제2절 합동참모회의
제3절 각 군성 및 각 군	제4절 전투사령관
제4장 합동사령부 조직	
제1절 통합 및 예하 합동사령부 설치	
제2절 합동군의 사령관, 참모 및 구성군	
제3절 군기	제4절 인사근무 지원 및 행정
제5장 합동지휘통제	
제1절 지휘관계	제2절 합동군 지휘통제
제6장 합동전력 개발	
제1절 합동전력 개발 기본원칙	제2절 합동전력 개발 과정

* 출처 : *Doctrine for the Armed Forces of the United States*, p.I-4.

그동안 수많은 작전에서 국력의 수단들을 어떻게 운용하였는가에 대한 역사적 자료와 최근의 전쟁교훈을 참고하여 도출된 이들 원칙들은 미군이 국가목표를 달성하기 위한 최선의 방법으로 교육하고, 믿고, 옹호하였던 원칙들이다. 미군이 적용하고 있는『미국 군사기본교리』(2013)는 〈표 IV-1〉에서 보는 바와 같이, 총 6개의 장으로 구성되어 있다.

제1장은 '이론 및 기본개념(theory and foundations)'으로서 이론, 기본개념 등 2개의 절로 구성되어 있다. 제1절 이론(theory)에서는 기본 원칙으로서 본 교리의 발간 목적, 국가전략목표 달성을 위한 미군의 운용, 합동군으로서의 작전 수행, 각 군 간의 조합을 의미하는 합동성 등에 대하여 기술한다. 또한 전쟁의 본질[3]과 전쟁의 원칙[4]을 제시한다.

특기사항으로는 전쟁이라는 용어를 'war'와 'warfare'로 구분하여 기술하면서, 'war'는 국가가 분쟁을 외교적 수단으로 해결하는데 실패한 경우에 발생할 수 있는 것으로 보았고, 'warfare'는 적과 상대하는 무력 분쟁의 구조, 방식, 양상이며, 전쟁을 수행하는 방법론으로써 지속적으로 변화하며 정치, 외교, 사회, 기술에 의해 변형된다고 명시하고 있다.[5] 전쟁(warfare)의 형태에 대해서는 재래전과 비정규전으로 구분하고 있으며, 전쟁의 수준에 대해서는 전통적인 구분인 전략적 수준, 작전적 수준, 전술적 수준으로 구분하고 있다. 전쟁의 수준에 대한 전통적 구분은 지휘관들에게 적합한 사령부에 대한 임무의 논리적 배열을 가시화하고, 자원을 할당하며, 과업을 부여하는데 도움을 줌으로써 전역 및 주요 작전들이 합동군의 임무 달성에 필요한 기본 틀을 제공한다고 명시하고 있다.

전략적 수준(strategic level)이란 전구 및 다국적 목표들을 달성하기 위하여 국력의 제반 수단들을 동시통합(synchronized) 또는 통합해서 운용하는 신중한 사고(思考) 또는 일련의 사고들이다. 작전적 수준(operational level)은 군사적 최종상태와 전략적 목표들을 달성하는데 필요한 작전적 목표들을 수립함

---

3) 토머스 홉스(Thomas Hobbes, 1588~1679)는 인간은 본성적으로 개인의 이익, 안전 그리고 명예를 위해 투쟁한다고 주장한다. 투키디데스(Thucydides, B.C. 460~B.C. 400년경)는 두려움, 명예 그리고 이익이 국가 간 분쟁의 공통 원인이라고 주장하였다. *Joint Chiefs of Staff of the United States*(2013), *op.cit.*, p.I-2.

4) 전쟁의 원칙으로 목표, 공세, 집중, 절용, 기동, 지휘의 통일, 보안, 기습, 간명의 원칙 등 9가지를 들고 있다. *Ibid.*, p.I-3.

5) 역사학자 존 키간(John Keegan, 1934~2012)은 전쟁이란 보편적인 현상이며 그 형태와 범위는 전쟁을 수행(waging)하는 사회에 의해서 정의된다고 주장한다. 'warfare'의 형태와 범위가 계속 바뀐다는 것이, 'war'와 'warfare'를 구별 짓는 특징이다. *Ibid.*, p.I-4.

으로써 전략과 전술을 연결시켜 준다. 전술적 수준(tactical level)은 전술적 부대와 합동기동부대에 부여된 군사목표들을 달성하기 위하여 전투 및 교전이 계획되고 수행되는 것을 말하며, 전술은 부대 간의 관계에서 부대의 운용 및 질서 있는 배열을 말한다.

또한 전역(capaign)과 작전(operation)에 대하여 정의하고 있는데, 전역이란 주어진 시간 및 공간에서 전략목표 및 작전목표의 달성을 목적으로 하는 일련의 상호 관련된 주요 작전을 말하며, 작전이란 공동의 목적 또는 통일된 주제를 가진 일련의 전술행동으로서 특정 전투 또는 전역의 목표를 달성하는데 필요한 이동, 보급, 공격, 방어 그리고 기동 등을 포함한 전투를 수행하는 과정을 수반한다. 또한 전쟁(warfare)의 수행과 관련하여 3가지 핵심 개념인 과업(task)[6], 기능(function)[7] 그리고 임무(mission)[8]에 대하여 제시하고 있다.

제2절 기본개념에서는 전략적 안보환경과 국가안보의 도전요소를 제시하고 있으며, 국력의 수단과 군사작전의 범주를 들고 있다. 전략적 안보환경의 특징으로는 불확실성, 복잡성, 급격한 변화, 그리고 지속적인 분쟁을 들고 있다. 이와 같은 안보환경은 동맹 및 협력관계가 지속적으로 변화하고, 새로운 위협과 초국가적 위협들이 끊임없이 발생하고 사라지는 등 유동적이다.

국가안보의 도전요소로는 국토안보(secure the homeland), 전쟁에서의 승리(win the nation's wars), 우리의 적에 대한 억제(deter our adversaries), 안보협력(security cooperation), 민간기관 지원(support to civil authorities), 환경변화 적응(adapt to

---

6) 과업은 개인이나 조직에 부여된 명확하게 정의된 행동 또는 활동으로서 합법적인 권한에 의해 부과되므로 반드시 수행해야 할 명확한 과제(assignment)이다.

7) 기능은 조직이 편성, 장비, 훈련되어 수행할 광범위하고 일반적이며 지속적인 역할로서, 일반적으로 기능은 조직이 편성된 목적이다. 합동군의 운용측면에서, 합동기능은 지휘통제, 정보, 화력, 이동 및 기동, 방호, 지속지원 등 6가지이며, 이는 합동군사령관이 합동작전을 통합, 동시통합, 그리고 지시하는데 도움을 준다.

8) 임무는 목적과 함께 수행해야 할 행동과 이유가 분명히 제시된 과업을 수반한다. 임무는 항상 누가(수행하는 조직), 무엇을(달성해야 할 과업 또는 조치가 필요한 행동), 언제(과업을 달성하는 시간), 어디서(과업을 달성하는 위치), 왜(과업이 지원하는 목적) 등 5개의 요소로 구성된다.

changing environment) 등을 들고 있으며, 이러한 도전요소들이 어떻게 부상하고 어떤 형태를 취할 것인지를 정확하게 예측하는 것은 불가능하지만, 우리는 불확실성, 모호성, 그리고 기습이 지역적, 범세계적 사건의 과정을 지배할 것이라는 것을 예측할 수 있다고 가정한다. 부상하는 경쟁 국가들과의 전통적인 분쟁에 추가하여, 새롭게 부상하는 주요 도전요소들은 비정규적 위협, 적대세력의 선전, 우리의 민간지도자 및 주민을 직접적인 표적으로 하는 정보활동, 대량살상무기에 의한 파멸적인 테러, 군사력 투사능력과 첨단기술의 우위를 유지하고자 하는 우리의 능력을 와해시키려고 하는 여타의 위협을 포함하고 있다.[9]

국력의 수단으로는 외교력(Diplomatic), 정보력(Informational),[10] 군사력(Military), 경제력(Economic) 등 다임(DIME) 요소를 들고 있으며, 군사작전의 범주로는 [그림 IV-2]에서 보는 바와 같이, ① 군사교류, 안보협력 및 억제, ② 위기 대응 및 제한된 군사 우발사태 작전, ③ 주요 작전 및 전역 등 3가지를 들고 있다. 이밖에도 합동작전, 합동기능, 합동작전기획, 전쟁법에 대하여 제시하고 있다.

제2장 '군 통합지침 적용 교리(doctrine governing unified direction of armed forces)'에서는 별도의 절을 구분하지 않고 국가전략지침, 전략지침 및 책임 등 11개 항목을 제시하고 있다.[11] 국가전략지침은 미국의 헌법 및 법률, 국제적으로 인정된 법률에 입각한 미국정부 정책 그리고 국가안보정책에 명시된 국가이익에 따라 결정되며, 이 지침은 국가목표를 달성하기 위해 노력의 통

---

9) Joint Chiefs of Staff of the United States(2013), *op.cit.*, p.I-10.

10) 'Information'의 정확한 의미는 '첩보'로서 '정보'를 생산하기 위해 수집한 자료를 사용자가 이해할 수 있는 형태로 처리하였으나 분석하지 않은 산물을 말한다. 즉 '첩보'를 분석하여 '정보'를 생산하는 것이다. 그러나 'Informational'은 형용사로서 '첩보를 제공하는' 또는 '첩보의' 등으로 해석됨에 따라, 보다 광의의 개념인 '정보력'으로 유추해서 번역하였다. 합동참모본부(2014), 전게서 p.453., p.516.[세부내용은 p.77.의 주 52)를 참조바람.]

11) *Ibid.*, pp.II-1~II-25.

일을 가져오는 통합 활동을 가능하게 한다.

[그림 IV-2] 군사작전의 범주

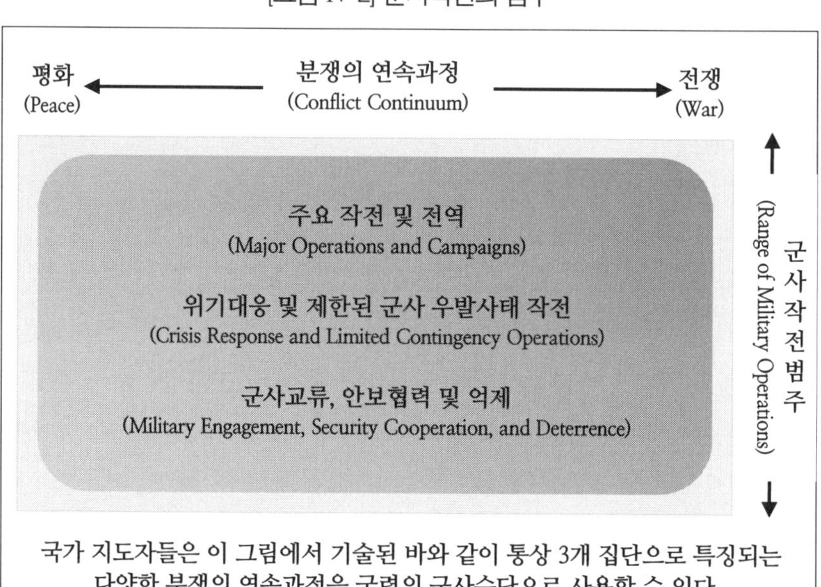

* 출처 : *Doctrine for the Armed Forces of the United States*, p.I-4.

전략적 수준에서 노력의 통일은 행정부 내 부처 및 기관의 시행부서 간에, 비정부 기구와 정부 간 기구 및 민간분야와 함께 행정부와 의회부서 간에, 그리고 양자 또는 다자 협력관계인 동맹 및 연합국 간에 긴밀한 협력을 필요로 한다고 강조하고 있다. 국가정책과 기획문서들은 대부분 국가전략 지침을 제공하게 되는데, 대통령과 국방장관은 합참의장을 경유하여 각 군 참모총장, 각 군 장관, 전투사령관 및 전투지원 기관장들에게 다음과 같은 전략지침을 하달한다는 점을 명시하고 있다.

첫째, 명확하게 정의되고 달성 가능한 국가전략목표 제시

둘째, 적시적인 전략지침 제시

셋째, 전투에 대비하여 현역 구성군 및 예비군 구성군 준비
넷째, 국방부 정보체계 및 노력들을 작전환경에 집중
다섯째, 국방부, 우방국 또는 여타 정부부처 및 기관 등의 활동을 기획 및 차후 작전에 통합
여섯째, 요구된 모든 지원 자산에 대하여 최상의 준비태세 유지
일곱째, 합동군사령관의 작전개념을 지원할 준비가 되어 있는 전력 및 지속지원 능력의 전개 등이다.

한편, 전략지침 및 책임에 대하여 명시하고 있는데, 국가전략서로서 『국가안보전략서(NSS : National Security Strategy)』, 『국방전략서(NDS : National Defense Strategy)』, 『국가 군사전략서(NMS : National Military Strategy)』와 전략기획문서로서 『통합사령부 기획서(UCP : Unified Command Plan)』, 『군사력 운용 지침서(GEF : Guidance for Employment of the Force)』, 『합동 군사전략능력기획서(JSCP : Joint Strategic Capabilities Plan)』 등의 전력화 과정을 [그림 IV-3]과 같이 제시하고 있다.

또한 통합 활동(unified action)에 대하여 명시하고 있는데, 통합 활동이란 "노력의 통일을 달성하기 위하여 합동작전, 각 군의 작전 및 다국적군 작전을 미국의 여타 정부기관, 비정부기구, 정부 간 기구(예컨대, UN 등) 및 민간 분야 등의 활동과 동시통합(synchronization), 협조 및 통합하는 것"[12] 말한다. 이 밖에도 역할 및 기능[13], 지휘계통, 통합사령부 계획, 전투사령부, 각 군성, 각 군, 부대, 전투지원기관 및 주 방위국, 전투사령관, 각 군 장관, 각 군 참모총장 및 부대 간의 관계, 유관 기관 간 협조, 다국적 작전 등에 관하여 기본원칙과 포괄적인 지침을 제공하고 있다.

---

12) *Ibid.*, p.II-7.
13) '역할과 기능(roles and functions)'이란 용어는 양자(兩者) 사이의 구분이 중요하기 때문에 서로 뒤바꾸어 사용해서는 안 된다. 역할은 각 군과 전투사령부가 법적으로 설치된 광범위하고 영속적인 목적들을 말하며, 기능은 개인, 부서 또는 조직에 적절하게 부여된 의무, 책임, 임무 또는 과업을 말한다. *Ibid.*, p.II-9.

[그림 IV-3] 전략서, 기획서의 작성 과정

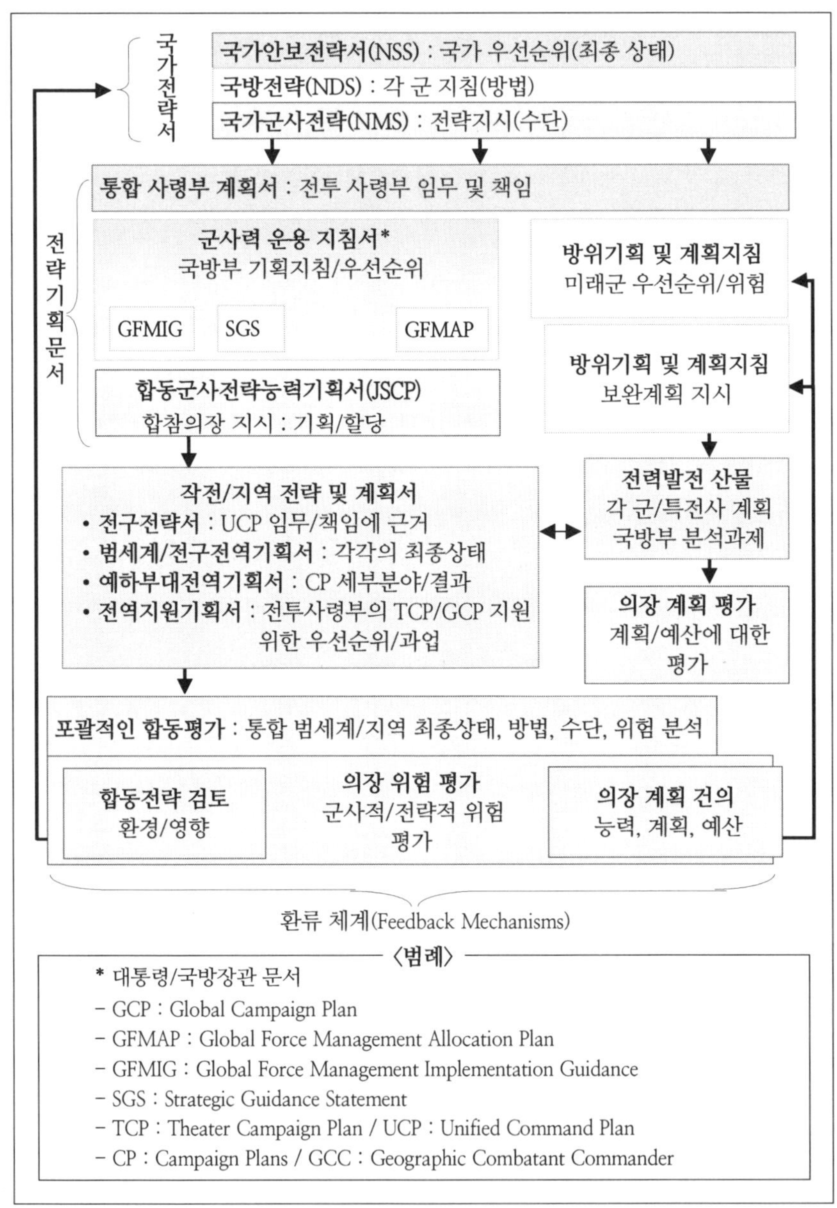

* 출처 : *Doctrine for the Armed Forces of the United States*, p.II-5.

특기사항으로는 세 가지를 들 수 있는데, 그 첫째가 지휘계통에 관하여 명확한 원칙을 제시하고 있다는 점이다. 대통령과 국방장관(SecDef)은 지휘 및 통제에 있어, [그림 IV-4]에서 보는 바와 같이 두 개의 명확한 계통을 통하여 군에 대한 권한, 지침, 통제의 권한을 행사한다.

그 하나는 자신들의 사령부에 부여된 임무와 예속 부대에 대해 대통령으로부터 국방장관을 경유하여 전투사령관들에게 이르는 것이며, 다른 하나는 전투사령부에 대한 작전지시 이외의 다른 목적을 위해, 대통령으로부터 국방장관을 경유하여 각 군 장관 그리고 각 군 장관 지시에 의해 각 군 부대 지휘관에게 이르는 것이다. 별도로 편성된 각 군성(軍星)은 각 군 장관의 권한, 지시 및 통제 하에 운용된다.

각 군 장관들은 자신들의 해당 참모총장들을 통해 행정통제 권한을 행사한다. 각 군 참모총장들은 법으로 규정한 경우를 제외하고는 자신들이 직접 책임을 지는 해당 군 장관의 권한, 지시 및 통제 하에 자신들의 의무를 수행한다. 또한 군과 유관기관과의 협조에 관하여 명확한 원칙과 지침을 제시하고 있다. 유관기관과의 협조란 "목표를 달성하기 위해 미국 정부의 부처 및 기관 간에 이루어지는 협력이며, 의사소통"[14]을 말한다. 예컨대, 국방부 차원에서의 협조는 목표를 달성하기 위해 국방부의 여러 기관들과 정부 간 기구 또는 비정부기구 간의 협조를 의미한다. 합동유관기관 협조단 편성의 개념적 구조는 [그림 IV-5]와 같다.

유관기간 간 협조 및 통합을 위하여 합동 유관기관 협조단(JIACG : Joint Interagency Coordination Group)을 구성하는데, 이 협조단은 [그림 IV-5]에서 보는 바와 같이, 전투사령관의 한 참모부서로서 여타 미국 정부 부처 및 기관들과 정기적(regular), 적시적(timely), 협력적 업무(collaborative working)를 전담하며, 필요시 정밀기획 및 위기조치기획에 참여한다.

14) *Ibid.*, p.II-13.

[그림 IV-4] 지휘계통(chain of command)

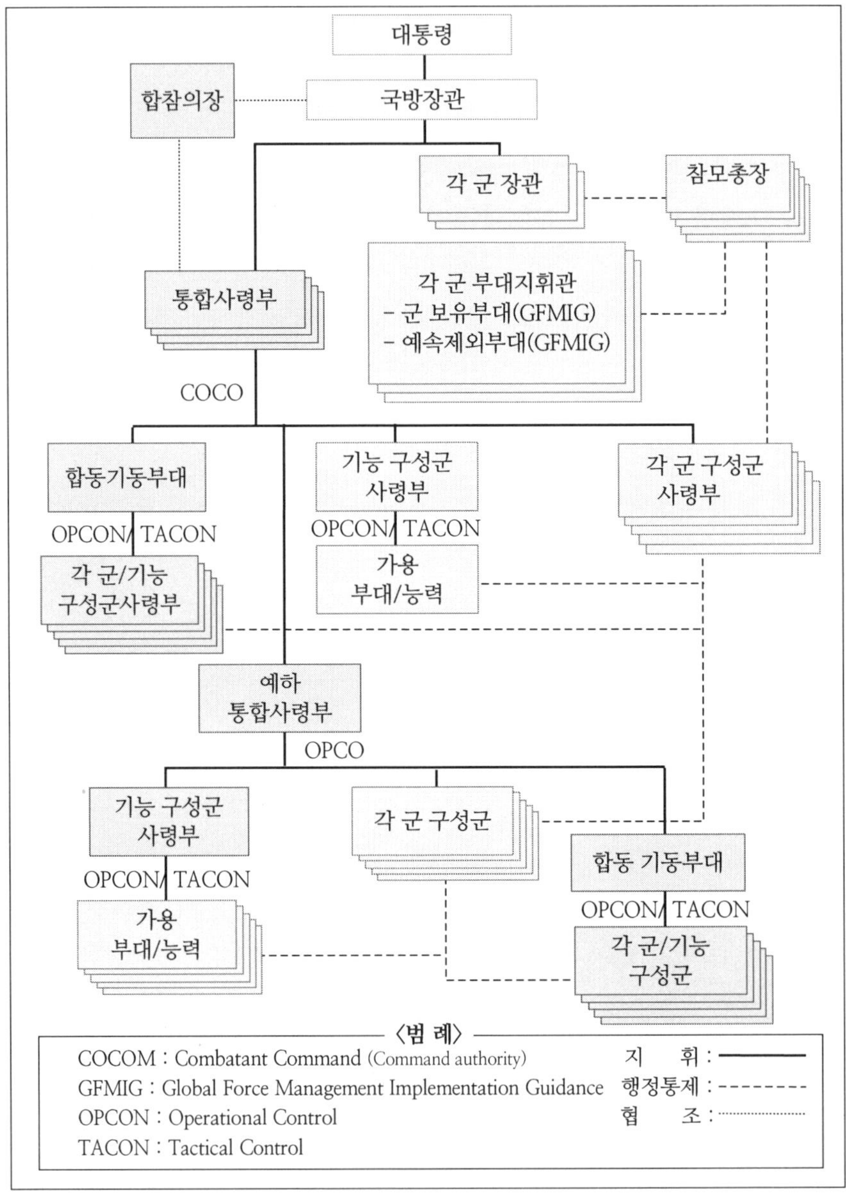

* 출처 : *Doctrine for the Armed Forces of the United States*, p.II-10.

[그림 Ⅳ-5] 합동유관기관 협조단 편성의 개념적 구조

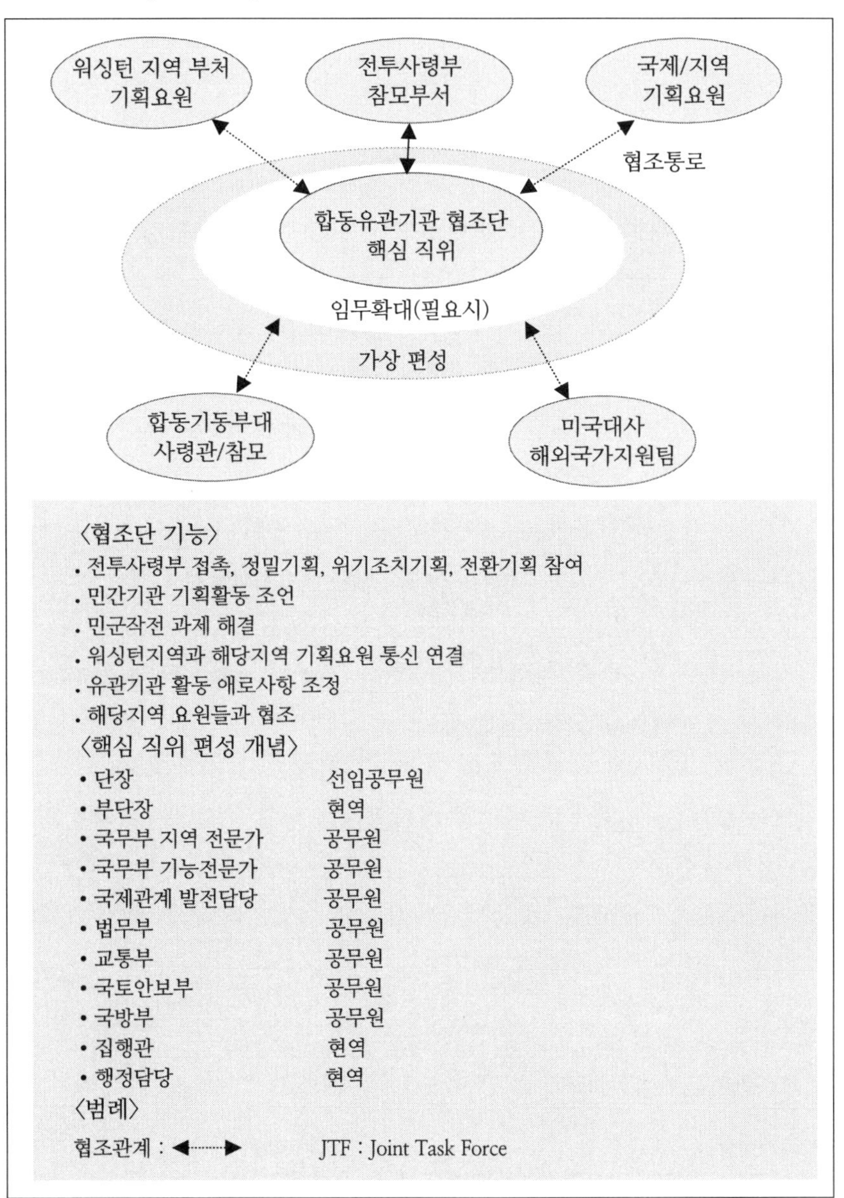

* 출처 : *Doctrine for the Armed Forces of the United States*, p.II-19.

셋째, 다국적군 작전(multinational operations)[15]에 대한 기본 원칙과 포괄적인 지침을 제시하고 있다. 범세계적 환경에 영향을 미치기 위해 노력하는 미국과 동맹국의 능력은 21세기의 위협을 물리치는데 기초가 된다는 점을 역설하고 있다. 이를 위해, 미국은 가능한 모든 분야에서 다른 국가들과 함께 또는 이들 국가들을 통하여 일할 것이며, 이를 통하여 동맹국과 우방국들의 역량을 구축하고 오늘날의 복잡한 도전요소들에 대한 위험과 책임을 공유하는 장치를 발전시켜 나가도록 지원한다는 것이다.

한편, 문재인 정부는 스스로 책임지는 국방태세 구축을 위해 전시 작전통제권[16]을 조기에 전환하여 한미연합방위 주도능력을 확보하겠다는 것이다. 이에 따라, 미군의 교리에 명시되어 있는 다국적 작전에 대하여 보다 구체적으로 살펴보고자 한다.

다국적 작전은 일반적으로 연합(coalition) 또는 동맹(alliance)의 구조로 수행되며, 관련 국가 간 협력은 유엔(UN)이나 유럽안보협력기구(OSCE : Organization for Security and Cooperation in Europe)와 같은 정부 간 기구에 의해 수행된다. 다국적 작전을 위해 사용되는 용어로는 동맹(allied), 양자(bilateral), 연합(combined), 다자간(multilateral) 등이 있다.

다국적 작전에서 가장 중요한 것은 지휘통제로서, 다국적 작전의 기본 구조는 통합형, 주도국형, 병립형 지휘 등 3개 형태중 하나를 선택하게 된다. 첫째 통합형 지휘구조(Integrated command structure)는 사령부 본부에 회원국 국적의 대표자들을 두고, 통합사령부 예하에 편성된 다국적 사령부는 회원

15) 다국적군 작전(Multinational Operations)이란 2개 국가 이상의 군대에 의해 수행되는 작전을 말한다.

16) 전시 작전통제권 전환이란 안보의 자율성을 강화함으로써 한국 주도의 연합방위체제로 전환하는 것이다. 정부는 전시 작전통제권을 전환함에 있어, 조건에 기초하여 전환한다는 개념이다. 조건은 크게 세 가지가 있는데, 조건 1은 전작권 전환 이후 한국군이 한미연합방위를 주도할 수 있는 핵심 군사능력을 확보하는 것이며, 조건 2는 북한의 핵·미사일 위협에 대해 한국은 초기 필수 대응능력을 확보하고 미국은 확장 억제 수단 및 전략자산을 제공한다는 것이고, 조건 3은 안정적인 전작권 전환에 부합하는 한반도 및 지역안보환경을 말한다.

국의 능력들이 해당 국가를 대표하고 올바르게 사용되도록 지원한다. 이 지휘구조의 좋은 예는 북미 우주사령부(NORAD)로, 사령관은 미국인이며 부사령관은 캐나다인이다. 각 지역사령부는 서로 다른 국적의 사령관과 부사령관을 임명하며, 사령부의 참모는 양국체계(bi national)이다. 둘째, 주도국 지휘구조(Lead national command structure)는 모든 회원 국가가 그들의 부대를 한 국가의 통제 아래 둘 때 존재한다. 주도국 지휘구조는 지배적인 한 주도국의 사령부 및 참모진이 구성되고, 예하부대는 주로 단일 국가의 인원들로만 구성된다. 셋째, 병립 지휘구조(Parallel command structure)는 단일 부대 사령관이 임명되지 않는다. 노력의 통일을 달성하기 위해 회원국 간 협조를 위한 협조본부(coordination center)를 두고 있지만, 단일 지휘관의 부재로 인해 부작용이 많아 병립 지휘구조는 가능한 피해야 한다.

다국적 작전에 참여하는 부대는 [그림 IV-6]에서 보는 바와 같이, 항상 최소한 2개의 별도 지휘계통, 즉 국가지휘(national command) 계통과 다국적군 지휘(multinational command)계통을 유지한다. 국가지휘란 미국의 대통령은 미국 군대에 대한 국가지휘권을 보유하며 양도할 수 없다는 것이다. 국가지휘는 군부대를 편성, 지시, 협조, 통제, 운용, 기획 및 방호하는 권한과 책임을 포함하며, 대통령은 언제든지 다국적군 작전에서 미군의 참전을 종료할 권한을 가지고 있다.[17)]

17) Joint Chiefs of Staff of the United States(2013), *op.cit.*, p.II-23.

[그림 IV-6] 다국적군 사령부의 개념적 구조

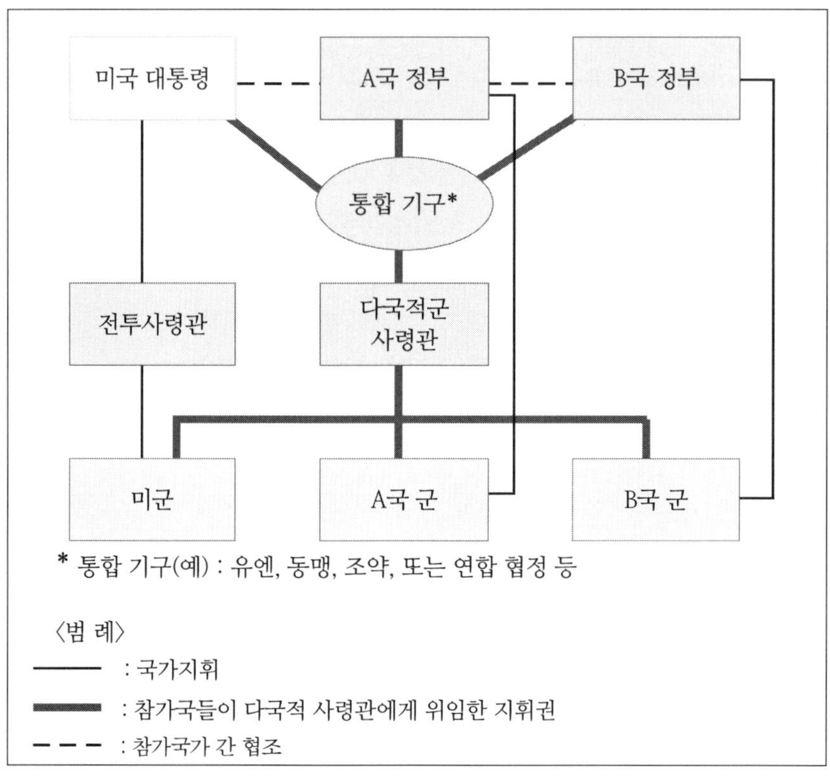

* 출처 : *Doctrine for the Armed Forces of the United States*, p.II-24.

다국적 지휘란 다국적군 사령관의 지휘권은 통상 참가국 간의 협정으로 결정되며 국가별로 다양할 수 있다. 지휘권은 시행 협정에 명시되며, 지원 및 협조 권한뿐만 아니라 작전통제 또는 전술통제의 형식을 포함할 수 있다. 시행협정에 명시된 권한에 대한 분명하고 공통적인 이해는 작전 수행에 필수적이다. 이는 특히 유사한 용어들이 다양한 참가국들에게 상이한 의미로 이해될 때 중요하다. 예를 들면 미국과 나토 양측은 작전통제(OPCON)라는 용어를 사용하지만, 미국의 작전통제 권한은 나토의 작전통제 권한보다 훨씬 더 포괄적이다. 따라서 다국적 지휘관과 부대들은 어떤 권한들이 명시되어 있는지를 반드시 확인하여 알고 있어야 한다.

여기서 중요한 것은 다국적군의 작전통제에 관한 사항으로, 미국의 대통령은 지휘권을 양도할 수 없지만, 다국적 작전환경에 따라서는 특정 군사 목표를 달성하기 위해 적합한 미국 군대를 다국적군 사령관의 작전통제 하에 두는 것이 현명하거나 유리할 수 있다고 융통성을 부여하고 있다는 점이다. 이러한 결정을 할 경우, 대통령은 임무, 제안된 미국 군대의 규모, 내재된 위험, 예상기간 그리고 교전규칙 등과 같은 요소를 신중하게 고려해야 한다고 명시하고 있다.

통상 미국 군대의 작전통제는 특정기간 또는 임무에 국한하여 부여하며, 대통령 지시로 이미 전개된 미국 군대와 미국군 장교가 지휘하는 미국의 단위 부대에 과업을 부여하는 권한을 포함한다. 미국 지휘관은 다국적 사령관에 추가하여 미국의 상급 군사기관에 보고하는 체계를 유지해야 하며, 미국의 법과 국제법에 위반되는 사항을 인지하였거나, 혹은 대통령이 동의한 임무를 벗어난 사안에 대해서는 우선적으로 외국 국적의 다국적 사령관과 해결을 시도하고, 만일 문제가 해결되지 않으면 상급 미국기관에 보고해야 한다는 점을 명확하게 규정하고 있다.[18] 우리는 이러한 점에 주목하여 전시 작전통제권 전환 이후 추진될 한국군 주도의 연합지휘체제를 보완해야 할 것이다.

제3장 '국방부 및 예하 주요 기관의 기능(functions of the department of defense and its major components)'에서는 국방부, 합동참모회의, 각 군성 및 각 군, 전투 사령관 등 4개의 절로 구성하였다. 제1절은 '국방부'라는 제목으로 국방부의 조직 및 기능, 책임 등에 관한 원칙을 제시하고 있다. 국방부의 기능에 대하여, 국방부는 다음과 같은 목적을 달성하기 위해 군사력을 유지하고 운용한다고 명시하고 있다. 주요 내용은 첫째, 국내외의 모든 적으로부터 미국의 헌법을 지지하고 보호한다. 둘째, 적시적이고 효과적인 군사행동으로

---

18) *Ibid.*, pp.II-23~II-24.

미국 영토 및 미국의 이익에 긴요한 지역의 안전을 보장한다. 셋째, 미국의 국가정책과 국가이익을 옹호 및 증진시키는 것이다.[19]

제2절은 '합동참모회의'라는 제목으로 합동참모회의의 편성과 기능, 합참의장 및 합참차장의 임명절차와 임무, 합동참모본부의 책무 등을 제시하고 있다. 여기서 특이한 사항으로는 "합참의장은 미군의 현역 상비군 장교 중에서 상원의 조언과 동의를 거쳐 대통령이 임명한다."고 명시하고 있으며, 합참의장은 직책을 수행하는 동안 군의 최선임 장교이나, "합참의장은 전투사령관, 합동참모회의 또는 모든 군에 대해 군사지휘권을 행사할 수 없다."[20]고 명시하고 있는 점이 한국군과 다른 점이다. 또한 합참의장은 국방장관의 권한과 지시 및 통제를 받으며, 특히 전투사령부의 작전소요에 대하여 전투사령관들의 대변인 역할을 수행한다. 전투사령관들은 합참의장에게 보고하고, 합참의장은 필요시 국방장관의 지시에 따라 이를 검토하여 장관에게 보고서를 제출한다. 또 합참의장은 군의 전략지침을 제공하는데 있어서 대통령과 국방장관을 보좌하는 임무를 수행한다. 이 점은 미래 안보환경의 변화와 연계하여 한국군의 전시작전통제권 환수 이후의 한·미 지휘구조 개편과 관련하여 시사해 주는 함의가 크다.

제3절은 각 군성 및 각 군이라는 제목으로 각 군 및 미 특수작전사령부의 공통 기능을 기술하고 있다. 제4절은 '전투사령관'이란 제목으로 지역전투사령부(geographic combatant command)[21] 및 기능전투사령부(functional combatant command)[22]의 책임을 제시하고, 전투사령관의 특별 권한과 예하 지휘관에 대한 권한, 그리고 국방부 기관 등에 관하여 제시하고 있다.

---

19) *Ibid.*, p.III-1.

20) *Ibid.*, p.III-4.

21) 대통령의 통합사령부 계획에 근거하여 미국 중부사령관, 미국 유럽사령관, 미국 태평양사령관, 미국 남부사령관, 미국 아프리카사령관, 미국 북부사령관 등은 예·배속 부대들과 함께 임무를 수행하는 지리적 책임지역을 각각 부여받는다.

22) 기능 전투사령부로는 미국 특수전사령부, 미국 전략사령부, 미국 수송사령부에 대한 책임을 명시하고 있다.

제4장 '합동사령부 조직(joint command organizations)'에서는 통합 및 예하 합동사령부 설치, 합동군사령관, 참모 및 구성군, 군기(軍紀), 인사근무지원 및 행정 등 4개의 절로 구성되어 있다. 제1절은 '통합 및 예하 합동사령부의 설치'로서 합동군의 설치 권한과 설치 기준, 합동군 편성 등에 대하여 제시하고, 통합 전투사령부, 특수 전투사령부, 예하 통합사령부, 합동기동부대의 편성방법에 대해 제시하고 있다. 합동군은 3가지 수준, 즉 통합 전투사령부, 예하 통합사령부, 합동 기동부대로 설치되며, 지리적 지역이나 기능적 기준 등에 따라 설치될 수 있다고 규정하고 있다.

제2절은 '합동군의 사령관, 참모 및 구성군'에 관한 사항으로서 사령관의 책임, 합동군 참모 편성, 각 군 구성군사령부 사령관의 임명 및 책임, 참모총장 보고, 군수권한에 대하여 제시하고 있으며, 기능 구성군사령부의 설치에 관한 사항과 책임 등에 관하여 제시하고 있다. 합동군사령관의 책임으로는 "첫째, 모든 필요한 협조 및 보고사항 요구와 함께 명확한 지휘관의 의도를 제공하며, 명시된 과업에 대하여 적시적으로 소통한다. 과업은 현실적이어야 하고, 호기(好期)를 이용하여 주도권을 장악하도록 작전개념과 능력 측면에서 예하 지휘관에게 융통성을 부여해야 한다. 둘째, 부여된 과업을 완수하기 위해 부대와 기타 능력을 지정된 예하 지휘관에게 전환한다. 셋째, 부여된 임무와 목표에 영향을 미치는 가용한 모든 정보를 예하 합동군사령관 및 구성군사령관들에게 제공한다. 넷째, 책임에 상응한 권한을 예하 합동군사령관 및 구성군 사령관들에게 위임한다."[23]고 제시하고 있다. 합동군의 참모는 관련된 각 구성원의 숫자, 경험, 직위의 영향력, 그리고 계급 등에 대해 합리적으로 균형이 맞아야 하며, 주요 참모장교, 사령관의 개인 참모단, 특별 참모단, 합동군의 참모부서장, 연락장교 또는 기관대표 등으로 원칙에 따라 편성해야 한다고 규정하고 있다.

제3절 '군기(軍紀)'에서는 합동군사령관, 각 군의 구성군사령관들의 책임

23) Joint Chiefs of Staff of the United States(2013), *op.cit.*, p.IV-12.

과 조정방법을 제시하고 있으며 군법, 규칙 및 규정, 관할권, 재판 및 처벌 등에 관하여 기술하고 있다. 합동군사령관은 합동조직에 보직된 군병력의 군기에 대한 책임이 있다. 예하 합동군사령관이 행사하는 군기 관련 권한에 추가하여, 전투사령관은 합동조직의 본부 부서에 보직된 각 군의 선임장교가 동일 합동조직에 보직된 자군(自軍)의 인원에 대해 행정 및 비사법적인 처벌권한을 행사할 수 있는 절차를 규정할 수 있다. 전투사령부의 각 군 구성군은 해당 군 구성군부대의 군기에 대한 책임이 있으며, 각 군의 규정과 전투사령관이 설정한 지시를 따른다. 합동군사령관은 통상 각 군 구성군사령관을 통해 실행 가능한 범위까지 군기에 대한 권한을 행사한다고 규정하고 있다.

제4절은 '인사근무 지원 및 행정'에 관한 사항으로, 사기·복지·휴양[24], 상훈[25], 효율성·건강 및 업무수행 보고서[26], 총체 전력의 건전성[27], 인원현황 유지, 종교업무, 정보관리[28] 등에 관하여 제시한다.

제5장은 '합동 지휘통제(joint command and control)'로서 지휘관계, 합동군 지휘통제 등 2개의 절로 구성되어 있다. 제1절은 '지휘관계'로서 지휘, 지휘의 통일과 노력의 통일, 지휘 및 참모, 권한의 수준 등 지휘의 일반원칙을 제시하고 있으며, 전투 지휘(COCOM), 작전 통제(OPCON), 전술 통제(TACON), 지원(support), 전투사령관 간의 지원관계, 구성군사령관 간의 지원관계, 지휘관

---

24) 합동군에서 각 군 구성원의 사기 및 복지에 관한 사항은 해당 군 구성군사령관의 책임이며, 합동군사령관은 작전지역내 사기·복지·휴양계획을 조정해야 한다.

25) 훈장 및 기장에 대한 건의는 각 군 규정에 따라, 또는 적용 가능시 국방부 훈령 1348.33 '군 훈장 및 포상 편람, 제1·2권'에 따라 합동군사령관이 실시한다.

26) 합동조직에 근무하는 장교 및 준사관, 부사관, 병사의 직속상관은 평정 대상자의 군 본부 지침에 따라 일명 근무평정보고서를 작성할 책임이 있다.

27) 총체전력의 건전성은 합동군의 건전성을 더 잘 이해하고 평가하며, 유지하기 위한 종합적이고 전체적인 기본 틀을 제공한다. 합동군의 특성인 품성, 직업전문주의, 그리고 가치는 지도자들이 우리의 군과 그들의 가족들을 보살펴 주기를 요구한다.

28) 합동군사령관은 모든 정보가 기록물로 취급되고, 법적 요구사항과 건전한 기록물 관리 원칙 등을 준수하기 위해 적절히 통제되도록 보장해야 한다.

계와 부대예속 및 전환, 기타 권한으로서 행정통제, 협조권한, 승인된 직접 연락권(DIRLAUTH : Direct Liaison Authorized) 그리고 주 방위군 및 예비군 지휘에 관한 사항을 제시하고 있다.

지휘란 모든 군사활동의 중심이며, 지휘의 통일[29]은 노력의 통일[30]의 중심을 이룬다. 군의 지휘관이 성공적인 임무 완수를 위해 임무와 책임을 부여하는 권한을 포함하여 부하에게 합법적으로 권한을 행사하는 것은 지휘에 내재된 본질이다. 비록 지휘관이 임무를 달성하기 위해 권한을 위임할 수는 있으나, 임무 달성의 책임을 면할 수는 없다. 권한은 절대적이지 않으며, 그 범위는 설정되는 권한, 지시, 그리고 법으로 명시된다고 기술하고 있다. 권한의 수준에서는 특정 지휘관계, 즉 전투지휘, 작전통제, 전술통제 및 지원관계에 대하여 [그림 Ⅳ-7]과 같이 제시하고 있다.

[그림 Ⅳ-7]에서 보는 바와 같이, 전투 지휘(COCOM)는 미국 연방법 제10조 164절에 따라(또는 대통령이나 국방부장관의 지시에 따라) 전투사령관에게만 부여된 예속 부대들에 대한 지휘권이며, 위임되거나 양도될 수 없다. 전투지휘는 전투사령관이 사령부와 부대를 편성 및 운용하고 과업을 부여하며, 목표를 지정하고 사령부에 부여된 임무를 달성하는데 필요한 군사작전과 합동훈련 및 군수 등 모든 분야에 대한 권위 있는 지시를 포함하여 예속 부대에 대해 지휘기능을 수행하는 모든 권한을 말한다.[31]

---

29) 지휘의 통일(unity of command)은 공통의 목적을 추구하기 위해 운용되는 모든 부대가 적절한 권한을 가진 단일 지휘관 하에서 작전을 수행하는 것을 말한다. 즉, 지휘관 2명이 동일한 시간에, 동일한 부대에 대해 동일한 지휘관계를 행사할 수 없다는 것을 의미한다.

30) 노력의 통일(unity of effort)은 반드시 동일한 지휘구조의 일부가 아니더라도, 공통으로 인식된 목표를 위해 모든 부대 간에 협조와 협력을 필요로 한다. 다국적군 작전 및 유관기관의 업무협조에서 지휘의 통일은 가능하지 않을 수 있으나, 노력의 통일에 대한 요구는 매우 높다. 따라서 노력의 통일, 즉 협력과 공통이익을 위한 협조는 지휘의 통일에 대한 필수적인 보완 장치이다.

31) Joint Chiefs of Staff of the United States(2013), *op.cit.*, p.V-2.

[그림 IV-7] 지휘관계 개관

전투지휘(지휘권)

(전투사령관만 행사)
- 기획, 계획, 예산 및 집행업무 제기
- 예하 지휘관의 임명
- 국방부 직할기관과의 관계 유지
- 군수에 대한 지시권한

작전통제(위임시)
- 모든 군사작전과 합동훈련에 대한 지시
- 사령부와 부대에 대한 편성 및 운용
- 예하부대에 대한 지휘기능 부여
- 정보(intelligence)·감시·정찰에 대한 계획수립 및 요구
- 예하 지휘관 직무 정지

전술통제(위임시)
- 임무달성을 위해 책임지역 내 이동/기동에 대한 지시 및 통제

지원관계(부여시)
- 다른 조직에 대한 보조, 지원, 보호 또는 유지

* 출처 : *Doctrine for the Armed Forces of the United States*, p. V-2.

작전 통제(OPCON)는 전투사령부 제대 또는 그 이하 제대의 지휘관이 행사할 수 있는 지휘권으로서, 동일한 사령부 내에서 위임될 수 있다. 작전통제는 예하 사령부와 부대를 편성 및 운용하고 과업을 부여하며, 목표를 지정하고 임무를 달성하는데 필요한 모든 군사작전과 합동훈련에 대한 권위 있는 지시를 하달하는 등의 예하 부대에 대한 지휘기능을 수행하는 권한이다. 작전통제는 예하 조직의 지휘관에게 위임되고 행사되어야 한다.

전술 통제(TACON)는 예·배속 부대나 사령부 또는 과업 수행에 가용한 군사능력이나 부대에 대한 권한으로서, 배속 부대에 대한 작전통제 또는 전술통제를 행사하는 지휘관에 의해 부여된 임무나 과업을 수행하기 위해 요

구되는 작전지역 내의 이동 또는 기동에 대한 세부적인 지시 및 통제에 국한된다.

한편, 지원(support)은 일종의 지휘권한이다. 지원관계는 예하 지휘관들 간의 관계로서, 한 조직이 다른 부대를 지원, 보호, 보완 또는 유지해야 할 때, 공통의 상급 지휘관이 설정한다. 지원 지휘관계는 전투사령관 간에 지원관계 및 우선순위를 설정하기 위해 국방장관이 사용하며, 합동군사령관이 예하 지휘관 간의 지원관계를 설정하기 위해 사용한다. 지원의 종류에는 〈표 IV-2〉에서 보는 바와 같이 일반지원, 상호지원, 직접지원, 근접지원이 있다.

〈표 IV-2〉 지원의 종류

구 분	내 용
일반지원 (general support)	특정 예하부대에 한정하지 않고 피지원 부대 전체에 대해 제공되는 지원
상호지원 (mutual support)	부여된 과업, 부대 상호간 및 적에 대한 상대적 위치, 부대의 고유 능력으로 인해, 지원부대들이 특정 적에 대응하기 위해 상호 제공되는 지원
직접지원 (direct support)	한 부대가 다른 특정 부대를 지원하도록 하되, 이 부대가 피지원 부대의 지원 요청에 직접적으로 응하도록 하는 지원임무
근접지원 (close support)	표적 및 목표 달성에 있어 피지원부대와 충분히 근접해 있어서 피지원부대의 화력, 기동 또는 기타 행동과 지원부대의 행동에 대해 긴밀히 통합 또는 협조가 요구될 때 지원부대가 취하는 행동

* 출처 : *Doctrine for the Armed Forces of the United States*, p.V-10.

제2절 '합동군 지휘통제'에서는 배경, 지휘통제의 기본 원칙, 합동지휘통제 조직의 원칙, 합동 지휘 및 참모 절차, 지휘통제 지원, 국가 군사지휘체

계, 핵(核)지휘통제체계, 방위유지계획 등에 관하여 기술하고 있다. 지휘는 합동군사령관이 책임을 맡은 가장 중요한 역할이며, 예·배속 부대에 대해 정당하게 임명된 지휘관에 의한 권한과 지시의 행사를 말한다. 지휘 통제는 합동군 사령관이 합동군의 활동을 동시통합 또는 통합하는 수단을 말한다.

지휘 통제는 모든 작전기능과 과업을 결합시켜 주며, 전쟁의 모든 수준과 지휘제대에 적용된다. 지휘 통제 기능은 임무 달성을 위해 부대와 작전을 기획, 지시, 협조 및 통제하는데 있어서 지휘관이 운용하는 병력, 장비, 통신, 시설 및 절차 등의 배열을 통해 이루어진다.[32] 지휘통제의 기본 원칙으로는 ① 명확하게 정의된 권한, 역할 및 관계, ② 임무형 명령에 기초하여 분권화된 시행을 통해 군사작전을 수행, ③ 정보관리와 지식 공유, ④ 의사소통, ⑤ 적시적인 의사 결정, ⑥ 협조체계(coordination mechanism), ⑦ 전투주기(battle rhythm) 훈련, ⑧ 즉응성 있고 믿을 수 있으며 상호운용 가능한 지원체계, ⑨ 상황 인식, ⑩ 상호 신뢰 등을 제시하고 있다.[33]

제6장은 '합동전력 개발(joint force development)'에 관한 사항으로서 합동전력 개발의 기본원칙, 합동전력 개발과정 등 2개의 절로 구성되어 있다. 제1절 합동전력 개발 기본원칙에서는 원칙과 권한(authorities)에 대하여 제시하고 있다. 합동전력 개발은 군 병력과 부대들로 하여금 부여된 임무를 완수하기 위해 각 군의 역량을 통합할 수 있는 합동전력을 구비하도록 준비시킨다. 합동전력의 개발은 합동교리, 합동교육, 합동훈련, 합동 전훈학습(joint lessons learned), 그리고 합동개념 발전 및 평가를 포함한다. 합동전력 개발의 이유, 방법 및 내용, 즉 "합동전력 개발이 왜 필수적인가?", "합동성이 어떻게 유지되는가?", "합동전력 개발이 무엇인가?" 등 미군의 합동성이 어떻게 유지되는가에 대한 전반적인 과정은 [그림 Ⅳ-8]에서 보는 바와 같다.[34]

---

32) *Ibid.*, p.V-14.

33) *Ibid.*, pp.V-14~V-17.

34) *Ibid.*, pp.VI-1~VI-2.

[그림 IV-8] 합동전력 개발 주기

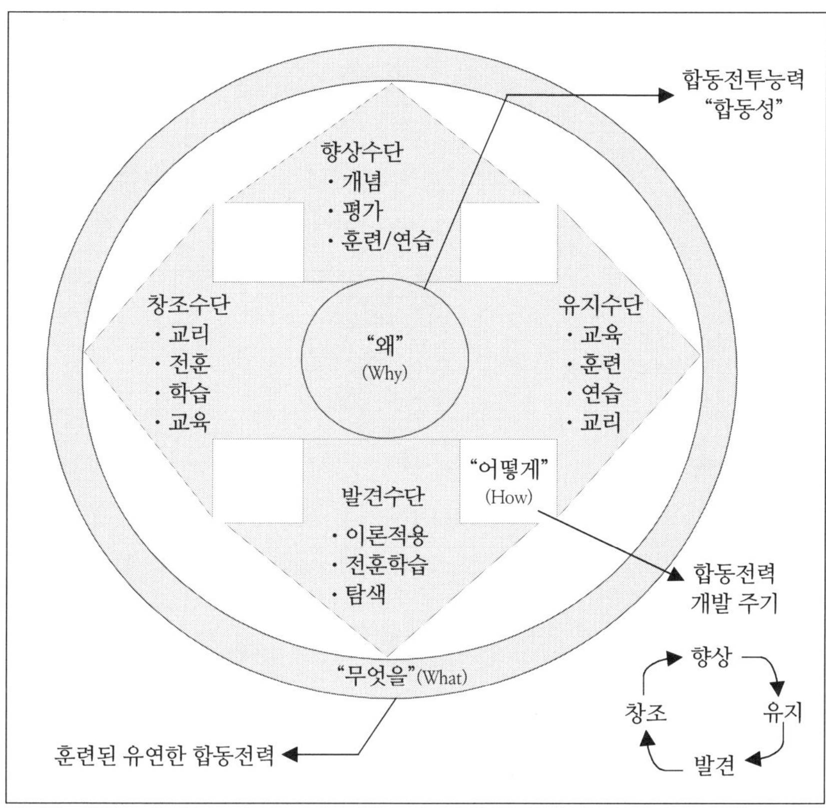

* 출처 : *Doctrine for the Armed Forces of the United States*, p.VI-2.

[그림 IV-8]에서 보는 바와 같이, 미군의 합동전투능력은 현행 작전에 대한 엄격한 평가와 전쟁교훈의 학습에 의해 타당성이 입증된 개념 발전을 통해서 향상되고, 합동교리, 교육, 훈련 및 연습을 통해서 유지된다. 새로운 발상은 군대공동체 내·외부에서 생성되는 혁신적인 기회 및 개발을 이용하는 적극적인 탐색활동을 통해서 식별된다. 그 최종 산물이 합동전투능력이다. 즉 합동전력 개발이 무엇인가에 대한 답은 훈련되고 능력을 갖춘 합동군이다. 합동전력 개발 권한은 합참의장, 각 군 참모총장 및 기타 인원(미국

특수작전사령관 등)에 의한 합법적 권한의 동시통합된 시행을 포함한다.

「미국 연방법」 제10조 153절에 의하면, 합참의장에게 합동전력 개발에 관한 권한을 부여하며, 특히 전력의 합동운용을 위한 교리를 개발하고, 군인의 군사교육과 훈련에 관한 정책을 포함하여 군의 합동훈련을 위한 정책 수립의 권한을 제공한다. 이들 권한은 1986년 제정된 「골드워터-니콜스 국방부재조직법(Goldwater-Nichols department of defense reorganization act)」[35]에 근거한다.

제2절 '합동전력 개발과정(joint force development process)'에서는 합동전력 개발[36], 합동교리, 합동교육, 합동훈련, 전쟁교훈 학습(lessons learned)[37], 합동개념 및 평가에 관한 기본 원칙과 포괄적인 지침을 제시하고 있다. 특히 합동교리 개발에 관한 지침을 제공하고 있는데, 합동교리란 "공동의 목표를 지향하는 협조된 행동을 위해 미국 군사력 운용에 지침을 주는 기본원칙을 제공한다. 또는 합동작전이 계획되고 실행되는데 있어 권위 있는 지침을 제공한다."[38]고 정의하고 있다. 합동교리의 기본원칙으로는 다음과 같이 여섯 가지를 들고 있다.

첫째, 합동교리는 현행 군 구조 및 장비, 무장 등 현존 능력에 기초를 둔다. 둘째, 합동교리는 권위 있는 지침이며, 지휘관의 판단에 의하여 예외적

---

35) 「골드워터-니콜스법」은 육·해·공군의 융합을 법령으로 규정한 것으로, 많은 군사전문가들은 이 법안이 통과된 이후 미군이 전투 및 평시 활동에서 최소의 희생으로 위대한 성공을 거뒀다고 평가하고 있다. 당시 미 의회는 「골드워터-니콜스법」을 제정하면서 여덟 가지 목표를 세웠다. 그 내용은 ① 국방성 구조 개편 및 민간의 권한 강화, ② 민간의사결정권자에게 제공되는 군사적 조언 기능 향상, ③ 통합사령관의 책임을 명확하게 설정, ④ 통합사령관의 예하 구성군에 대한 책임과 권한행사 보장, ⑤ 군사전략과 우발기획에 관심 증대, ⑥ 국방자산의 효율적 운영, ⑦ 합동부서 근무 장교의 인사관리정책 개선, ⑧ 군사작전 및 국방관리의 효율성 증대이다. 이는 효율적인 합동작전을 수행하고, 군 간의 균형을 유지하기 위한 방안을 모색하기 위한 것이었다.

36) 합동전력 개발은 지식 기반(knowledge-based)의 통합된 사업(enterprise)으로서 합동교리, 합동교육, 합동훈련, 전훈 학습, 합동개념 및 평가에 관한 사항을 말한다.

37) 전쟁교훈에 대한 학습은 교리, 조직, 훈련, 장비, 리더십, 교육, 병력, 시설 및 정책 등의 개선에 기여함으로써 합동작전 수행을 위한 능력을 증대시킨다. 특히, 교리, 교육 훈련 등의 개정 및 갱신을 가능하게 하는 기반을 제공한다.

38) Joint Chiefs of Staff of the United States(2013), *op.cit.*, p.VI-3.

인 상황의 경우를 제외하고는 반드시 준수되어야 한다. 셋째, 합동교리는 합동참모본부, 전투사령관, 예하 통합사령관, 합동기동부대 사령관 및 이들 사령부의 예하 구성군사령관, 각 군, 전투지원 기관장에게 적용된다. 넷째, 합동교리는 정책이 아니다.[39] 다섯째, 미국이 다국적군 작전에 참가할 경우에 미군 지휘관들은 미국이 승인한 다국적군 교리와 절차를 준수하여야 한다. 여섯째, 합동교리는 각 군, 전투사령관 및 전투지원 기관장들과의 협조 및 협의와 함께 합참의장의 승인 하에 발전된다는 점을 강조하고 있다.[40]

합동교리의 제정 목적으로는 첫째, 합참의장, 전투사령관 등 합동군에 전략지시를 제공하는 인원, 둘째, 전투사령관, 예하 통합사령관, 합동기동부대사령관 등 합동군을 운용하는 인원, 셋째, 전투사령부, 예하 통합사령부, 합동기동부대, 각 군 및 전투지원기관 등 합동군과 지원 또는 피지원 관계인 인원, 넷째, 전투사령관, 예하 통합사령관 및 합동기동부대사령관이 운용할 전력을 준비하는 인원, 다섯째, 합동작전을 수행할 요원들을 훈련 및 교육하는 인원들에게 기본적인 지침과 원칙을 제공하기 위해 작성된다는 점을 제시하고 있다. 또한, 합동훈련의 개념과 원칙을 제시하고 있는데, 합동훈련은 개인, 합동군 또는 합동참모들이 부여된 또는 예상되는 임무를 수행하기 위해 전투사령관들에게 필요할 것으로 판단되는 전략적, 작전적 또는 전술적 요구에 대처할 수 있게 해 준다는 것이다.

합동훈련은 합동참모, 단위부대, 그리고 합동군의 각 군 구성군의 개별

39) 정책과 교리는 서로 밀접하게 관련되어 있으나, 이들은 근본적으로 다른 요구사항들을 수행한다. 정책은 과업을 지시 및 부여하고 요구능력을 규정하며, 미군이 자신들에게 부여된 역할을 수행할 준비를 보장하는 지침을 제공한다. 또한 정책은 암묵적으로 새로운 역할과 새로운 능력을 위한 요구사항을 제시할 수 있다. 따라서 대부분의 경우에 정책이 교리를 선도한다. 그러나 경우에 따라서는 현존능력에 의해 정책이 변경될 수도 있다. 교리가 현존능력을 반영하기 때문에 정책의 시행이 우선되어야 하며, 신규 능력이 교리에 반영되기 전에 먼저 적용되어야 한다.

40) Joint Chiefs of Staff of the United States(2013), *op.cit.*, pp.VI-3~VI-4.

및 단체훈련을 망라한다. 합동군사령관들은 전략 및 작전목표들을 달성하기 위하여 해당 부대의 행동을 동시 통합하여야 한다. 성공여부는 하나의 팀으로 운용되는 잘 통합된 지휘본부, 지원조직, 그리고 부대들에 의하여 좌우된다. 합동훈련의 준칙(tenets)은 합동훈련계획들을 발전시키는데 있어서 지휘관과 기관장들을 지도하는 것이다. 즉, 합동교리를 적용하고, 지휘관과 기관장들이 중요한 훈련관이 되며, 핵심을 명확히 하고, 작전하는 방식대로 훈련하며, 계획의 집중화와 시행의 분권화를 실천하고, 훈련 및 준비태세 평가를 연계시키기 위한 것이다. 다음은 합동개념에 대하여 제시하고 있다.

합동개념은 군사문제를 검토하며, 예상되는 미래 안보환경에서 전략목표를 달성하기 위해 용병술과 과학기술을 적용하여 합동군이 "어떻게 작전을 수행할 것인가?"를 기술하는 해결책을 제시한다. 이러한 합동개념의 기본 원칙으로는 첫째, 합동개념은 기존의 교리적 접근법과 합동능력으로는 부적절한 것으로 판단되는 현재와 미래에도 발생할 것으로 예상되는 강력한 실제 도전요소들에 대해 해결책을 제시한다. 둘째, 합동개념은 아이디어에 초점을 맞추며 기존의 정책, 조약, 법률 또는 기술에 의해 제약을 받지 않으며, 미래에 존재할 수도 있는 환경을 예상하는 개념의 발전을 허용한다. 셋째, 합동개념과 발전의 평가는 국방부의 최상의 합동전력 개발소요를 감소시키는데 집중된다. 넷째, 합동개념은 다양한 아이디어와 관점들이 문제에 대한 이해의 폭을 확대하고, 해당 문제의 해결책을 도출하도록 검토하는 것을 보장하기 위해 협력적으로 발전된다. 다섯째, 합동개념은 제시된 해결책을 통해 합동군에게 예상되는 작전적 도전요소들을 성공적으로 극복할 수 있을 것인가를 확인하기 위해 엄격하고 객관적으로 평가된다.

이와 같은 합동개념의 평가는 개념 확인, 가설 검증, 새로운 발견 혹은 지식 습득 등을 위해 대표성 있는 환경 내의 통제된 조건 하에서 이루어지는 공정한 평가에 기초한 분석적 활동이다. 평가와 전쟁모의게임은 전투사령부, 각 군, 기관 및 다국적군 등이 당면한 도전요소, 문제 그리고 주제들에 대해 제안된 능력의 유효성을 결정하는 수단을 제공한다. 합동평가는 탐색, 계획, 실험, 종결, 활용 모델의 적용 등 5단계 주기를 통하여 실시되며, 지속적인 프로젝트 및 프로그램 평가가 수반된다고 강조하고 있다.

2) 논의 및 시사점

이상에서 미군이 적용하고 있는 『미국 군사기본교리』(2013)를 고찰하였다. 『미국 군사기본교리』(2013)는 합동교리의 근간이 되는 교리로서 미국의 군사력 운용에 관한 기본원칙과 포괄적인 지침을 제시하고 있다. 또한, 여타(餘他) 정부 부처 및 기관들의 역량을 강화하기 위하여 국가안보전략과 국가 군사전략에 관한 사항을 기술하고 있으며, 국가정책과 전략을 발전시키는데 있어서 군의 역할을 기술하고 있다. 즉, 『미국 군사기본교리』(2013)는 미 군사교리의 핵심을 이루는 내용으로서, 미군이 합동팀으로 전투를 수행할 수 있도록 전투수행지침과 군사이론을 제공해 주며, 인터넷을 통하여 공개하고 있어 세계 어느 나라를 막론하고 누구나 열람이 가능하다. 『미국 군사기본교리』(2013)의 주요 내용 분석을 통하여 도출한 논의 및 시사점은 다음과 같다.

첫째, 군사이론 및 기본개념에서 전쟁에 관한 사항, 즉 전쟁(war), 전(戰, warfare), 전역(campaign), 작전(operations) 그리고 과업(task), 기능(function), 임무(mission)에 대하여 명확히 제시하고 있다는 점이다. 『미국 군사기본교리』(2013)의 발간 목적이 미군의 군사력 운용에 관한 포괄적인 지침과 기본원칙들을 제공하는데 있으므로, 전투원들에게 전쟁에 관한 명확한 이해를 바탕으로 전(戰, warfare), 전역(campaign), 작전(operation)에 관하여 확실히 이해할 수 있도록 이론적 준거(準據)를 제시하고 있다. 여기서 중요한 것은 전쟁(war)과 전(warfare)의 구분으로서 전쟁(war)이란 분쟁을 외교적 수단으로 해결하는데 있어 실패하는 경우에 발생하는 상태이며, 전(warfare)은 적과 상대하는 무력

분쟁의 구조, 방식, 양상이며 전쟁을 수행하는 방법론으로서 지속적으로 변화한다는 것이다.

둘째, 군사력을 운용함에 있어서 가장 중요한 『국가전략지침』, 『국가안보전략서』, 『국방전략서』 등 전략기획서의 작성지침과 군의 지휘관계 및 권한을 명확히 제시하고 있다는 점이다. 『미국 군사기본교리』(2013)는 미군의 군사활동을 위한 기본지침을 제공하는데 있다. 따라서 군 지휘관들이 사용할 수 있는 지휘관계와 권한을 명확하게 제시하고, 그 권한을 행사하기 위한 지침을 제공하며, 지휘 통제를 위한 기본원칙과 지침 그리고 합동군의 편성 및 발전에 관한 사항을 제시하고 있다. 지휘의 통일이란 공동의 목적을 추구하기 위해 운용되는 모든 부대가 적절한 권한을 가진 단일 지휘관 아래에서 작전을 수행하는 것을 말한다. 즉 지휘의 통일은 지휘관 2명이 동일한 시간에 동일한 부대에 대해 동일한 지휘 관계를 행사할 수 없다는 것을 의미한다. 특히, 『국가전략지침』과 『국가안보전략서』, 『국방전략서』, 『국가군사전략서』 작성에 대한 원칙과 지침을 제시함으로써 국력의 수단인 군사력의 올바른 사용을 명시하고 있다. 또한 군의 지휘관계에 있어서 가장 중요한 전투지휘, 작전통제, 전술통제, 지원관계에 대하여 명확하게 규정하고 있다.

셋째, 국방부뿐만 아니라 여타 유관 기관과의 협조와 다국적 작전에 대한 교리적 지침을 제시하고 있다. 미국의 군대는 국가의 안전보장과 독립의 보루(堡壘) 및 보증인으로서 국가를 방위하고 국가에 봉사하는 고유의 역할을 수행한다. 이는 국가와 국가이익이 당면한 도전들의 본질은 미군이 모든 군사작전에서 유관 기관과 다국적 파트너들과 완전히 하나로 통합된 팀으로 운용할 것을 요구하기 때문이다. 이러한 운용방식은 우방국 군, 미국과 외국정부의 기관, 주 정부와 지방정부기관 그리고 정부 간 기구 및 비정부기구 간에 안보관계와 역량을 강화하고 국익을 증진시키는데 필요하다. 따라서 미군은 미국의 민·군 관계 내에서 기능을 수행하며, 군의 통수권자인 대통령의 문민통제 하에서 임무를 수행하고, 미국사회의 최고 가치와 규범 및 군의 전문성을 구현한다.

넷째, 미군의 합동전력 발전에 관한 지침을 명확히 제시하고 있다는 점이다. 미군은 전 세계를 대상으로 작전을 수행하기 때문에, 합동전력의 발전은 유사시 부여된 임무를 완벽히 수행해 낼 수 있는 부대를 만들기 위하여 군 구성원들에게 명확한 목적을 갖고 준비시킨다. 합동전력 발전을 위한 요소로는 합동교리, 합동교육, 합동훈련, 합동 전쟁교훈 학습, 합동개념 발전 및 평가를 포함한다. 합참의장은 합동전력 발전에 관한 사항을 관장하며, 특히 합동전력 운용을 위한 합동교리 발전과 전투원에 대한 교육 훈련에 관한 정책수립과 시행에 관한 권한을 행사한다.

이상에서 논의한 바와 같이, 미군의 『미국 군사기본교리』(2013)는 평시 국익에 기반을 둔 군사력의 역할과 운용원칙을 명확히 규정하고 있으며, 유사시 유관 기관과 다국적군간 협조를 통하여 전쟁에서 싸워 이기기 위한 원칙과 지침을 제시하고 있을 뿐만 아니라 언제, 어디에서든 완벽한 전투를 수행할 수 있는 합동전투력의 발전 원칙을 제시하고 있다.

2. 영국의 항공력 교리

1) 주요 내용

영국 공군이 적용하고 있는 『영국 항공우주력교리』(2009)는 영국군의 최상위 군사교리인 『영국 국방교리(*British Defence Doctrine*)』를 근간으로 발간된다. 『영국 국방교리』(2008)는 모든 환경에서 각 군이 효과적으로 운용될 수 있도록 합동사령관과 구성군사령관의 조직, 부대에게 기본적인 지침을 제공하고 필요한 정보와 광범위한 이해의 기반을 제공한다. 『영국 항공우주력교리』(2009)는 두 가지 목표를 두고 있는데, 첫 번째는 공군장병들에게 항공우주력의 운용에 대한 권위 있는 지침을 제공하는 것이며, 두 번째는 이러한 지침이 분쟁을 다루는 포괄적 접근방식의 일부로서 항공우주력의 유용성을 명확히 설명하는 것이다.

항공우주력을 이해해야 하는 이유로는 두 가지가 있는데, 첫째, 항공우주력은 기존의 서구(西歐) 전투에서 지배적인 우위를 유지할 수 있도록 기반을 제공해 왔으며, 적들에게는 불규칙적이고 비대칭적으로 전투할 수 있도록 강제함으로써 현대적인 작전환경을 조성해 왔다. 둘째, 공중환경은 지상 및 해양환경에 걸쳐 있고, 특히 항공력은 공중공간통제를 통하여 기동의 자유를 보장함으로써 분리된 지상, 공중 및 해상 전역을 수행하는 것 보다, 합동작전을 수행하는데 있어서 절대적으로 필요하다는 점을 들고 있다.[41]

『영국 항공우주력교리』(2009)는 〈표 IV-3〉에서 보는 바와 같이, 총 4개의 장으로 구성되어 있다.

---

41) Air Staff Ministry of Defence, *British Air and Space Power Doctrine* (London : U. K. for HMSO, 2009), p.7.

〈표 IV-3〉『영국 항공우주력 교리』의 주요 내용

주요 내용
제1장 항공우주력의 본질 · 항공우주력 · 우주력의 특성 · 항공우주력의 완전한 사용을 위한 핵심 기능 · 항공력과 공군인의 관점 **제2장 현대 작전환경에서의 항공력** · 현대 작전환경의 특성 · 합동임무 **제3장 항공우주력의 네 가지 근본 역할** · 역할 1 : 항공우주통제 · 역할 2 : 공중기동 · 역할 3 : 정보 및 상황인식 · 역할 4 : 공 격 · 항공우주력의 네 가지 근본 역할과 합동 임무 **제4장 항공우주 지휘 통제**

* 출처 : *British Air and Space Power Doctrine* (2009), p.10.

제1장은 '항공우주력의 본질(the nature of air and space power)'로서 별도의 절로 구분하지 않고 항공우주력, 항공우주력의 특성, 항공우주력의 완전한 사용을 위한 핵심 기능, 항공력과 공군인의 관점 등 4개 항목으로 구분하여 항공우주력의 정의 및 특성을 설명하고, 항공우주력의 강점과 약점 등을 제시하고 있다. 영국의 항공력은 세계에서 가장 긴 역사를 자랑하며, 영국 공군의 근간을 이루고 있다. 따라서 영국공군은 항공력을 정의함에 있어서 영향력(influence)이라는 용어를 사용한다. 즉 항공력이란 "인간의 행동이나 사건의 흐름에 영향력을 미치기 위하여 공중 및 우주공간에 전력을 투사하는 능력"42)이라고 정의하고 있다.

영국의 항공우주력은 영국 공군에게만 제공하는 것은 아니다. 이는 육군 및 해군의 비행자산, 한 세기동안의 항공작전들을 통해 형성된 동맹과

42) *Ibid.*, p.7.

협력군으로부터의 지원, 항공선구자로서 선조들로부터 전해져 내려오는 유산(遺産)인 항공의식(air mindedness),[43] 견고한 항공우주산업의 혁신적 기술, 그리고 세계를 주도하는 민간항공사 등의 역량과 같은 여러 요소들이 총망라된 산물이다. 그러므로 영국의 항공우주력은 본질적으로 합동, 연합, 그리고 다국적 형태를 보이며, 육·해·공군으로부터 도출된다. 또한 모든 항공우주력 자산을 효율적으로 이용하는데 관심이 있으며, 민간 및 상업자원의 지원을 받음은 물론, 지상 및 해양환경과 상호 영향을 주고 받는다고 명시하고 있다. 특이한 점은 항공우주환경[44]을 설명하면서 항공력과 우주력으로 구분하여 각각에 대하여 강점과 약점을 제시하고 있다는 점이다.

항공력은 3차원 공간을 이용함에 따라 공중은 저항이 거의 없으며, 항공기는 공중을 이용하여 직접적인 이동이 가능하기 때문에 공중비행체들은 해상의 군함이나 지상의 차량보다 속도가 훨씬 빠르고 더욱 광범위한 도달력(reach)을 발휘할 수 있다. 따라서 항공력 고유의 핵심적인 특성은 속도(speed)[45], 도달력(reach)[46], 고도(height)[47]이며, 이들은 서로 융합하여 편재성

---

43) 영국 공군은 공중환경(air environment)을 수호하는 국가의 책임을 다하기 위해 지상, 공중 및 우주 영역에서의 위협에 대처하는 항공통제체제를 수립할 수 있어야 한다. 이는 항공력을 이해하고 평가하며, 이를 원활히 운용할 수 있는 공군인의 개발에 의해 좌우되며, 이러한 자질을 '항공의식(air mindedness)'이라고 한다.

44) 항공우주환경은 지상 및 해양환경의 상위층에 위치하고 있으며, 공중, 지상 및 해양 영역은 모두 우주로 둘러싸여 있어서 범세계적으로 연관되어 있으며, 그러므로 항공우주력은 국경 및 영역의 제한을 받지 않고 여타 환경에서 수행되는 작전을 관측함은 물론, 이에 결정적인 영향을 미칠 뿐만 아니라 지·해상의 모든 영역에 자유롭게 접근할 수 있다.

45) 속도(速度)는 군사력을 신속히 전개하고 작전템포를 생성하며 4차원의 영역인 시간을 활용할 수 있는 잠재력을 제공함으로써 임무를 신속하게 완수하는 능력을 제공한다. 전술적 상황에서 신속한 속도능력을 바탕으로 적의 화력에 대한 노출을 감소시키고 생존성을 강화할 수 있다.

46) 전 지구 표면의 70%는 물로 덮여 있으나, 이는 모두 대기로 둘러싸여 있어 항공력은 이를 통해 지표면의 장애물로부터 자유로운 도달력(到達力)을 제공한다. 이러한 도달력을 바탕으로 장거리 또는 고립된 지역에 위치한 표적을 공격하고 잠재적인 제한사항을 피해갈 수 있다.

47) 고도(高度)의 이점은 조종사들이 지표면과 해저에서의 활동을 관측하고 활동을 주도

(ubiquity)[48], 민첩성(agility)[49], 집중성(concentration)[50]의 추가적인 특성을 창출한다고 소개하고 있다. 이와 같은 항공력의 특성들은 상호 결합되어 막대한 전투력을 창출한다. 즉 속도, 도달력 및 고도는 현대적 센서기술, 정밀무기와 장시간 비행능력 등과 결부되어 즉응적인 감시기능을 부여할 뿐만 아니라, 작전적 환경을 조성하고 이에 영향력을 미치는 능력을 제공한다. 더불어 항공력은 편재성과 민첩성을 활용하여 지속성의 수준을 높임으로써 짧은 시간 내에 주요 지점을 다시 탐색할 수 있다. 그럼에도 불구하고 항공력의 약점으로 비영속성(impermanence), 제한된 탑재량(limited payload), 부서지기 쉬움(fragility), 비용(cost), 기지의존성(basing), 기상(weather)에 취약한 면이 있음을 규정하고 있다.[51]

독자들의 이해를 도모하기 위하여 항공력의 약점에 대해서는 보다 구체적으로 소개하고자 한다.

비영속성(impermanence)은 항공기가 공중 공간에서 장시간 체공하여 무한대로 비행할 수 없다는 것이다. 즉 항공기가 공중에서 비행 중에는 재무장(再武裝)을 하거나 정비(整備)할 수 없는 제한사항이 있다는 것으로서, 이러한 제한사항을 극복하기 위해 무인항공기와 공중급유기를 이용하여 항공기의

하며, 전 전장에서 적에게 직접적인 화력을 투사하고 생존의 중요한 요소인 3차원적인 기동을 수행할 수 있도록 한다.

48) 편재성(遍在性)은 도달력과 지속성이 결합되어 형성된다. 공중급유기 및 무인항공기와 같은 기술 개발로 인해 항공기는 지상체계가 감당할 수 있는 범위보다 더 넓은 지리적 영역에 걸쳐 동시적 위협에 대처할 수 있도록 함으로써 항공력의 편재성을 증대시키는데 기여해 왔다.

49) 민첩성은 즉응성, 적응성, 탄력성 및 정밀성이 결합되어 생성된다. 항공력은 본질적으로 민첩성을 지니는데, 이는 여러 탑재체계가 지닌 다양한 역량을 통해 더욱 더 강화된다. 이를 통해 항공자산은 전쟁의 전략적, 작전적, 전술적 단계의 사이에서 결정적 조치를 신속히 취하고 작전 전구들을 넘나들어 이동할 수 있으며, 때때로 이러한 과정들은 동일한 임무 내에서 수행되기도 한다.

50) 항공력은 속도, 도달력, 융통성을 활용하여 적시적소에 군사력을 집중시킬 수 있다. 또한 정밀무기를 통하여 양적(量的)인 증가 없이도 효과를 집중시킬 수 있게 되었다. 효과의 집중에 따른 심리적, 물리적 충격은 작전을 성공적으로 이끄는 중요한 요소이다.

51) Air Staff Ministry of Defence(2009), *op.cit.*, pp.16~17.

도달범위와 내구성을 증대시킴은 물론 작전의 효율성을 증가시키고 있다.

제한된 탑재량(limited payload)은 항공기가 수송할 수 있는 탑재량은 선박 또는 지상차량에 비하여 제한된다는 것으로서, 대신에 해상 및 육지의 운송 수단이 지니지 못한 상대적으로 매우 빠른 속도, 고도, 도달력의 특성을 이용하여 신속하게 대체하고 있다.

부서지기쉽다는 것(fragility)은 항공기는 구조적으로 소형(小型), 경량화(輕量化)로 제작되기 때문에 부품과 장비에 대해 견고한 보호장치를 거의 장착할 수 없기 때문에, 적의 화력에 의해 경미한 피해가 발생하더라도 빠른 속도로 인해 엄청난 피해를 입을 수 있다는 것으로서, 취약성(vulnerability)과는 구별된다.

또한 비용(cost)은 최첨단 과학기술을 적용하기 때문에 많은 비용이 수반된다는 것이며, 기지의존성(basing)은 항공기의 이·착륙을 위해서는 반드시 활주로가 필요하고, 항공기에 대한 재보급, 재무장을 위한 기지가 필요하다는 것이다.

기상(weather)은 항공기의 특성상 기상의 악조건 하에서는 이·착륙과 항법 및 표적획득이 쉽지 않다는 것으로, 최근에는 최신 항법 및 표적획득 장비, 무인항공기 등을 활용하여 이를 극복하고 있다.

우주력의 특성에서는 증가하는 우주영역의 중요성에 대하여 제시하고 있다. 현재 영국이 시행하고 있는 군사획득 프로젝트의 90% 이상은 크게 또는 작게나마 우주에 의존하고 있다. 예컨대, 범세계위치식별체계(GPS : Global Positioning System)가 제공하는 위치식별, 항법 및 시간(PNT : Position, Navigation and Timing) 설정기능은 모든 군사작전과 점차적으로 증가하는 상업적 활동을 수행하는데 있어서 핵심 요소로 자리 잡았다. 즉 우주분야의 지원이 없이는 군사작전을 시도할 수 없게 되었다.[52]

우주력의 강점 및 약점을 상세하게 제시하고 있는데, 강점으로는 범세

52) Air Staff Ministry of Defence(2009), *op.cit.*, p.17.

계적 접근(global acess), 지속성(persistence)을 들고 있고, 약점으로는 고가의 비용(cost), 독특한 물리적 특성(unique physical characteristics), 설계상 운용기간(design-life), 예측가능한 궤도(predictable), 취약성(vulnerability), 자원 고려(resource considerations), 법적 고려 및 우주조약(legal considerations and space treaties) 등을 제시하고 있다.[53]

현재 우리 군도 2025년을 목표로 고해상도 영상레이더 탑재위성과 전자광학·적외선장비 탑재위성을 국내 주도로 연구 개발하는 '425 사업'[54]을 추진하고 있는 바, 우주력의 강점과 약점에 대해서는 보다 구체적으로 소개하고자 한다.

범세계적 접근(global access)이란 우주에는 지리적 경계나 지상 영역에서와 같은 장애물이 존재하지 않는다는 것이다. 이는 저궤도나 극궤도에 위치한 위성이 주어진 시간 내에 어느 지역이든 비행할 수 있다는 것을 말하며, 최근에는 적절하게 배열된 충분한 양의 초소형 위성을 이용하여 지구표면의 어느 지점이든 지속적인 관찰이 가능해졌다.

지속성(persistence)이란 궤도내의 우주자산이 이동할 경우, 지상영역에 구애받지 않을 뿐 아니라 대기로부터도 큰 영향을 받지 않음에 따라, 이러한 특성을 이용하여 우주자산은 한 궤도에 수년 간 머무를 수 있다는 것이다.

고가의 비용(cost)은 우주영역의 개발을 가로막는 가장 큰 어려움으로 작용하고 있다. 그러나 최근에는 나노기술(nanotechnologies)을 갖춘 초소형 위성이 개발되고 저고도 우주궤도에서의 근접비행이 가능해지면서 비용이 한

53) *Ibid.*, pp.18~19.

54) '425 사업'은 고해상도 영상레이더(SAR) 탑재 위성과 전자 광학(EO)·적외선(IR)장비 탑재 위성을 국내 주도로 연구, 개발하는 사업으로서, 국방과학연구소(ADD)와 한국항공우주산업사(KAI) 간 '425사업 SAR 위성체 시제제작' 계약을 12월 4일에 체결했고, 11월 30일에는 한국항공우주연구원(KARI)과 EO·IR 탑재 위성의 본체개발 계약을 체결했다. 사업기간은 2018년 12월부터 2025년 9월까지이며, KAI는 SAR 위성체의 시스템 종합, 플랫폼 개발 및 체계조립과 시험을 담당하게 되며, 영상레이더 탑재체는 KAI, 한화시스템과 이탈리아의 TASI(Thales Alenia Space Italia)가 국제기술협력을 통해 개발할 계획이다. 「한국일보」(서울 : 한국일보사), 2018년 12월 5일자.

층 절감되었다.

독특한 물리적 특성(unique physical characteristics)이란 우주환경이 지표면 및 우주중심체계에 모두 영향을 미친다는 것으로, 태양섬광과 같은 자연현상은 통신체계를 와해시키고 전자적 실패를 야기하며, 감지기의 효능을 감소시키는 우주태풍과 대기변화를 일으킨다는 것이다.

설계상 운용기간(design-life)은 대부분의 위성은 발사후 회수가 불가능하고 장기간 운용될 수 없으며, 통상적으로 수리가 제한되고 정비가 불가능하다는 것이다. 또한 궤도와 고도를 변화시키거나 유지하기 위해 투입할 수 있는 연료의 량이 제한된다는 것이다. 예측 가능한 궤도(predictable)란 위성의 이동경로나 궤도는 예측이 가능함에 따라, 이를 통해 잠재적 적국이나 경쟁국이 위성의 영공비행을 경고하며 우주에서 목표물을 추적할 수 있다는 것이다. 그러나 제한된 적재연료 범위 내에서 위성을 움직이거나 궤도를 수정하는 데에는 많은 비용과 위험(risk)이 수반된다는 것이다.

취약성(vulnerability)이란 위성은 우주영역에서 항상 물리적 또는 비물리적 공격의 위험에 노출되어 있다는 것이다. 또한 지상과 위성 간 연결체계는 전파방해에 노출되어 있고, 지상의 지휘통제체계와 발사시설도 적의 공격에 취약함은 물론 상업적 영상기술 등 민간기술을 이용한 위성은 적에게 쉽게 이용당할 수 있는 취약점이 상존하고 있다.

자원 고려(resource considerations)에 관한 사항으로 우주자산은 매우 제한되어 있음에 따라, 군의 요구도에 따라 주파수 대역의 범위(competition for bandwidth), 임무의 우선순위, 위성의 크기 및 운용개념 그리고 특정 지역에 대한 우주지원 등을 종합적으로 고려하여야 한다.

끝으로, 법적 고려 및 우주조약(legal considerations and space treaties)에 관한 사항으로 국제법과 조약은 우주영역에서 우주자산을 이용한 군사작전을 기획할 경우에 우주환경의 독특한 특성으로 인해 범세계적으로 그 영향력은 미미(微微)할지라도 반드시 고려되어야 한다는 것이다.

항공우주력의 완전한 사용을 위한 핵심 요소로는 전력방호와 항공군수를 들고 있으며, 특히 항공군수는 합동지원의 핵심 분야로서 매우 중요하므로 즉응성, 가용성(attainability),[55] 지속성,[56] 생존성의 원칙이 준수되어야 한다고 강조한다. 한편, 군사기본교리의 핵심인 항공우주력에 적용되는 전쟁의 원칙으로는 목표 선정 및 유지[57], 사기 유지, 공세적 행동, 보안, 기습[58], 전력 집중[59], 노력의 절감, 융통성, 협력, 지속성 등을 제시하고 있다.[60]

제2장은 '현대 작전환경에서 항공력(air power in the contemporary operating environment)'으로서 현대 작전환경의 특성과 합동임무 등 2가지 사항에 대하여 제시하고 있다. 본 장에서는 빠르게 변화하는 작전환경을 묘사(描寫)하고 항공우주력이 분쟁을 해결하는 포괄적 접근 수단의 일부로서 어떻게 효율적으로 사용될 수 있는지를 설명한다. 즉 전투력간 균형의 변화, 비정규전 및 하이브리드전(hybrid warfare)[61]의 등장, 그리고 이로 인해 전쟁의 수준이

---

55) 가용성(attainability)은 공중작전을 지원하는 과정 중 발생하는 위험 감수의 정도를 포함하고, 목표로 한 군수지원을 성취할 수 없을 경우 최소한의 지원체계를 수립하는 것을 말한다.

56) 지속성(sustainability)은 목표 달성을 위해 필요한 수준의 전투력을 지속적으로 유지하는 능력을 말한다.

57) 단일하고 확실한 목표는 성공적인 군사작전의 근본 요소로서, 목표의 선정 및 유지는 전쟁의 주요 원칙이다. 목표를 유지하는 것도 중요하지만, 전역(campaign)이 전개되고 상황이 변화되며 사건이 발생함에 따라 사전에 설정된 목표들이 유효할 수 있도록 지속적으로 검토되어야 한다.

58) 항공우주력이 보유하고 있는 속도와 도달력은 사전 경고 없이 전(全) 방향에서 공격을 수행할 수 있는 기습의 잠재력을 제공한다. 1991년 이라크전쟁에서의 '사막의 폭풍(desert storm) 작전'은 항공력이 4차원적 영역을 지배할 잠재력을 발휘하면서 창출한 물리적 및 심리적 충격의 대표적인 사례이다.

59) 예로부터 전투력은 결정적 효과를 달성하기 위해 적시적소에 대규모의 병력을 결집해야 하는 것으로 인식하였다. 하지만 오늘날의 공군은 수적으로 많은 병력을 투입하는 대신 정밀무기(PGM)의 정확성과 치명성, 그리고 정보기술의 발전에 힘입어 속도, 도달력 및 융통성을 발휘하여 전력을 집중시킬 수 있다. 이와 같은 노력은 단순한 양적 측면이 아닌 C4ISR 자산과 PGM을 상호 융합하여 정밀성을 바탕으로 이루어진다.

60) Air Staff Ministry of Defence(2009), *op.cit.*, pp.24~26.

61) 하이브리드전(hybrid warfare)은 수준 높은 기술과 재래식 역량이 비정규적 전술과 혼합되는 경우에 발생하는 분쟁을 말하는데, 2006년 레바논 분쟁이 대표적인 예이다. 당시

모호해지는 현상 등을 통해 현대 작전환경을 기술하고 있다. 예로부터 해양전력의 역할은 해양을 통제하는 것으로 지상전력이 적을 포위하기 위해 접근할 경우 또는 상륙작전을 수행할 경우에는 정해진 해양영역을 통제하는 임무를 수행해 왔다. 항공전력은 예전부터 전략적 효과를 달성하기 위해 지상군과 해군을 지원하거나 독립적으로 운용되어 왔다. 그동안 수많은 전쟁 사례를 통하여 해군과 공군의 역할은 큰 변화가 없었지만 냉전 종식 이후, 그 중에서도 2003년 이라크전쟁 사례에서 확인한 바와 같이, 지난 수년간 항공 및 해양전력의 역량과 역할이 큰 폭으로 증가함에 따라 해·공군과 지상군 간의 연계성도 빠른 속도로 진화하였다. 특히 항공전력은 지상전력보다 훨씬 빠른 속도의 특성을 지니고 있으므로 군사작전에서 전천후 정밀공중공격을 통하여 작전적 전장을 확실히 주도할 수 있게 되었다. 게다가 우주 역량이 모든 군사작전의 핵심 요소로 자리 잡은 만큼, 이제는 공중 및 우주를 통한 화력지원을 확실하게 수행할 수 있게 되었다.

항공력을 이용하여 전략적 영향력을 발휘한 사례로서 1986년 미 해군과 공군에 의해 리비아 정부가 지원하는 테러리즘을 억제할 목적으로 수행한 엘도라도 협곡작전(Operation El Dorado Canyon), 1990년 8월 이라크가 쿠웨이트를 침공했을 때 영국 공군의 재규어(Jaguar), 미라지 2(Nimrod MR 2), 토네이도(Tonado) 등 항공력 전개를 통한 전략적 억제를 달성했던 사례, 그리고 1981년 이스라엘 공군이 이라크의 오시락 원자로를 공격한 바빌론작전(operation babylon) 등 실전(實戰) 사례를 소개함으로써 독자(讀者)들에게 항공력 운용에

이스라엘 공군은 헤즈볼라와 전쟁을 치른 경험을 통해 표적들이 재빨리 이동하여 인구밀집지역에 분산될 가능성이 높기 때문에, 항공력을 이용한 비물리적 작전 수행 등 항공력이 결정적인 역할을 수행하면서 최상의 효과를 발휘하기 위해서는 주도면밀한 계획이 필요하다는 점을 인식시켜 주었다. 또 2008년 아프가니스탄에서의 공중공격은 통제된 전장 내에서 제한된 표적만을 공격하는 것으로 그 역할이 한정되었지만, 비대칭적인 전력에 민감한 지역주민들에게 큰 영향을 끼쳤으며, 그 결과 작전적 또는 전략적 수준의 주요 임무를 수행하게 되었다. 이와는 대조적으로 미 공군의 B-1B 전략폭격기와 같은 전략자산을 지상군과의 긴밀한 협조를 통해 근접항공지원임무를 수행함으로써 전술적 임무를 수행하기도 하였다.

관한 이해를 도모하고 있다.

이를 보다 자세히 살펴보고자 한다. 전략적 영향력을 발휘한 대표적인 사례로는 엘도라도 협곡작전을 들 수 있다. 1986년 미 해군과 공군은 미국 국민에 대해 테러를 감행한 리비아정부가 지원하는 테러리즘을 억제할 목적으로 리비아에 대한 공격작전을 감행하였다. 표적은 리비아의 수도 트리폴리와 벵가지 내의 병영 막사(幕舍)와 테러조직본부, 테러리스트들이 훈련받은 트리폴리의 해군특공학교, 트리폴리공항에 위치한 테러지원시설, 그리고 작전에 직접적으로 군사위협을 가하는 벵가지 부근의 비행장 등이었다. 공격은 동시에 수행되었고, 영국에 주둔하고 있는 F-111F 전폭기와 EF-111F 전자전기 등을 포함하여 대규모의 항공전력이 투입되었다. 당시, 프랑스와 스페인이 자국의 영공 통과를 거부하면서 대서양을 종단하고, 지브롤터 해협을 통과해 지중해로 진입함에 따라 무려 10,000㎞에 달하는 거리를 12회의 공중급유를 받으면서 임무를 수행하였다. 공격임무는 12분내에 완료되었고 항공기는 60톤의 무장을 투하하였으며, 리비아의 카다피 대통령은 간발의 차이로 위기를 모면했다.[62]

비물리적인 전략적 항공력을 운용한 사례로는 1990년 8월, 이라크가 쿠웨이트를 침공한 직후, 높은 수준의 대비능력을 갖춘 영국 공군의 재규어, 미라지 2와 토네이도 등의 전투기들을 신속하게 걸프지역에 배치함으로써 이라크의 공격 확산을 억제하고 초기 연합전력에 확실성을 부여하여 전략적 효과를 달성했던 것을 들 수 있다.

종심공격의 대표적인 사례로는 바빌론작전으로서, 1981년 8대의 이스라엘 F-16 전투기와 2대의 F-15 전투기가 시나이사막의 이스라엘 기지로부터 출격하여 이라크의 오시락 원자로를 파괴하는 작전을 들 수 있다. 임무 전투기는 요르단, 사우디아라비아 그리고 이라크의 공역을 저고도로 비행함으로써 별다른 제지를 받지 않았으며, F-16 전투기는 표적으로부터 20㎞의

62) Air Staff Ministry of Defence(2009), *op.cit.*, p.29.

지점에서 공격을 위해 고도를 높이고 1,000kg의 폭탄을 투하하였다. 공격 결과, 적의 원자로는 초기 핵연료를 공급받기 전에 폭파되었고, 작동기능을 완전히 상실하였으며, 10대의 항공기는 임무를 성공적으로 수행하고 모두 안전하게 귀환하였다. 이스라엘은 2007년 시리아에서 건설 중이던 핵시설로 추정되는 건물에 대해서도 비슷한 공격을 감행하였다.[63]

또한 항공우주력을 운용한 전역 수행의 일환으로서 합동임무체계 내에서 항공우주력의 영향력과 강압(influence and coercion),[64] 항공우주력의 목표와 방식 및 수단 등에 관하여 제시하고 있다. 과학기술의 발달에 따라 항공력은 엄청난 파괴를 일으킬 잠재력을 지니고 있으나, 정밀하면서도 파괴력이 적은 무기가 개발됨에 따라 전쟁의 수준에 맞는 항공력을 효과적으로 운용할 수 있게 되었다. 또한 항공력은 물리적 효과뿐만 아니라 비물리적 효과를 통해서도 영향력을 발휘할 수 있다. 예컨대, 우주공간을 이용한 위성의 통과시간은 그 자체만으로도 적의 행동의 자유를 억제하거나, 적의 활동에 영향을 미칠 수 있고 공중지원의 존재 그 자체가 전술적 전투에 영향을 미칠 수 있다.

제3장은 '항공우주력의 네 가지 근본 역할(the four fundamental air and space roles)'로서 모든 군사 활동과 임무의 토대를 이루는 항공우주력의 네 가지 역할, 즉 항공우주통제, 공중기동, 정보 및 상황인식, 공격에 근거하여 항공우주력의 역량을 설명하고 있다.

첫 번째 역할은 항공우주통제로서, 여기에서는 공중통제에 대한 정의와 제공작전에 대하여 기술하고 있다. 공중통제(control of the air)란 "우군이 소기

---

63) *Ibid.*, p.30.

64) 항공우주력은 영향력과 강압의 병행 메커니즘을 통해 행동을 변화시킬 잠재력을 지니고 있다. 섬멸전의 경우를 제외한 모든 군사전략들은 각각의 방식으로 행동에 영향을 주려 하기 때문에 영향력은 전쟁의 전략적 수준에서 발휘되어야 하는 불변의 궁극적인 목표이다. 영향력의 견고한 측면을 이루는 강압은 위협 또는 군사력을 활용하는데 있어 핵심 요소이기 때문에 효율적인 항공전략을 개발하는데 매우 중요하다. 즉 영향력과 강압은 목표, 방법 및 수단의 균형으로 표현되는 작전술의 핵심 요소이다.

의 목적을 달성하기 위해 일정한 시간 내에서 공중공간을 자유롭게 이용할 수 있는 상태로서, 적의 그러한 상태를 거부하는 것"[65]으로 정의하고, 공중통제는 항공력의 네 가지 역할 중에서 가장 중요하다고 강조한다. 공중통제를 달성하기 위해서는 공세제공(Offensive Counter Air), 방어제공(Defensive Counter Air) 등 제공작전을 수행한다.

공중통제가 달성되지 않은 상태에서도 군사작전을 수행할 수는 있지만, 이 경우에는 공역을 둘러싼 치열한 경쟁을 거쳐야하기 때문에 작전을 성공적으로 이끌기 위해서는 많은 어려움이 수반된다. 예컨대, 2003년 이라크전쟁에서 공중통제를 달성함에 따라 주요 전투작전을 수행하는 연합지상군의 위험을 완화시켰고, 이로써 연합지상군은 이라크 지상군의 위협이 없는 상태에서, 기동의 자유를 누리면서 60km의 속도로 진격하였다. 제공작전은 적의 항공역량을 파괴하고 무력화시키며 와해시킴으로써 공중통제를 달성한다.

한편, 우주통제(control of space)란 "일정한 시간 내에서 군사작전을 수행하는데 필요한 효과적인 우주지원을 보장하는 상태"[66]로 정의하고, 이를 위해 우주상황 인식, 방어 제우주작전, 공세 제우주작전을 수행한다고 제시하고 있다. 특히 공세 제우주작전은 기만, 와해, 거부, 무력화 및 파괴의 과정을 통하여 적의 역량을 공격함으로써 적들이 우주영역을 개척하지 못하도록 하는 작전을 말한다.

두 번째 역할은 공중기동(air mobility)으로서, 여기에서는 배치, 지속성 및 기동, 항공의무후송, 고정익 항공기, 정밀공중투하, 회전익 항공기 운용에 관한 기본적인 원칙을 제시하고 있다. 공중기동 및 공수는 범세계, 지역 그리고 국지적 범위에서 군, 민간인력 그리고 물자의 배치를 보장한다. 공수는 지상수송과 비교했을 때 유효탑재량이 제한되어 있지만, 다수의 위기상

65) Air Staff Ministry of Defence(2009), *op.cit.*, p.38.
66) *Ibid.*, p.38.

황에서 전력을 신속히 배치하고 지속시키는 효과를 즉시 발휘할 수 있는 유일한 수단이다. 공중기동은 항공우주통제와 같이 아군의 자유로운 지상기동을 가능케 하는 근본적인 원동력으로 기능하고, 특히 지상이동에 큰 위협이 가해질 때 소규모의 특수군을 이동시키는데 유용하다. 공중강습은 비정규전과 분산된 지역의 작전에서 전투력을 빠른 템포(tempo)로 결집시키는 전력 증강 수단으로서 그 유용성을 발휘한다. 또한 공중급유 역시 감시 및 전투항공기의 지속성과 전술적 즉응성을 개선하면서 전략 및 작전적 수준의 기동성을 한 층 강화시키는 중요한 원동력이다.

공중기동의 주요 임무로는 공수, 공중급유, 공정작전, 특수항공작전, 공중투하, 항공의무후송 등이 있다.[67] 주요 참전 사례로는 2007년 5월부터 12월 사이에 C-130J 허큐리스(Hercules) 수송기를 이용하여 아프가니스탄에서 전방작전기지 재보급을 위해 공중투하 컨테이너 수송체계를 활용하여 저고도 야간임무를 수행하였다. 또한 2008년초 아프가니스탄의 합동군 헬리콥터는 한 달 동안 작전지역에서 29만 3천kg의 화물과 6,000명 이상의 병력을 수송하였다. 헬리콥터는 24시간 내내 즉응 대응팀과 대응전력을 지원하였고, 부상자 후송과 더불어 교전을 지원하는 기동타격대의 수송을 위해 대기상태를 유지하였다.

세 번째 역할로는 정보 및 상황인식(intelligence and situational awareness)으로서, 여기에서는 감시 및 정찰, 식별·고착·타격 및 개척, 공중감시기의 융통성, 통합 및 동시통합에 대한 소요, 우군 상황인식 등에 대한 개념과 원칙을 제시하고 있다.[68] 군사력의 운용원칙은 전통적으로 발견, 고착, 타격 및 공격기능의 측면에서 인지되어 왔다. 냉전시기에는 적의 대규모 전력을 탐색하는 것이 상대적으로 쉬운 임무였기 때문에 타격(strike) 기능에 초점이 집중되었다. 이와는 대조적으로 현대의 작전에서는 전장에 대한 이해력을 향상시

---

67) *Ibid.*, pp.41~45.
68) *Ibid.*, pp.46~49.

키기 위해 발견(find) 기능에 중점을 두고 있다. 감시를 효율적으로 수행하기 위해서는 폭넓은 배경과 구체적인 정보가 필요하며, 항공우주역량은 바로 이 두 가지 모두를 충족시켜 줄 수 있지만, 상황인식으로부터 이해의 단계로 발전시키기 위해서는 모든 출처, 즉 산물의 균형적인 방향, 수집, 처리 및 분배 과정이 긴밀하게 통합되어야 한다. 주요 임무로는 정보, 감시, 표적선정, 정찰 등이 있다.

네 번째 역할은 공격(attack)으로서 전략적·작전적·전술적 융통성, 전력증강 요소로서의 항공력, 정밀공격과 정밀효과, 점증적 위협과 전력 사용을 통한 강압, 기존의 제지작전(conventional counter surface force operation), 제해작전(counter sea operation), 비정규전 그리고 정밀무기와 비치명적 공격(non lethal attack) 등에 대한 개념과 원칙을 제시하고 있다.[69]

항공력은 본질적으로 융통성을 지니고 있으며, 현대전에서 전쟁수준 간의 경계는 더욱 모호해지고 있어서, 이를 인위적으로 구분하면 항공력의 총체적인 강압능력을 이해하는데 혼란이 발생할 수도 있다. 예컨대, 전략적 공격임무를 위해 편조된 대규모의 고정익 폭격기들을 임무수행에 적합한 무장을 장착하고 지상군과 통합하여 운용한다면, 전술적 임무인 근접항공지원(CAS) 임무를 수행할 수도 있다.[70] 이는 걸프전쟁에서 B-52 전략폭격기가 전술적 수준의 임무인 근접항공지원 임무를 수행하였고, A-10 공격기가 스커드미사일 발사대를 공격함으로써 전략적 수준의 임무를 수행한 사례에서도 쉽게 찾아 볼 수 있다. 이처럼 항공력은 강압을 통해 영향력을 행사하는 잠재력을 지니고 있다. 즉 항공력의 융통성은 무한하기 때문에 다수의 작전 전구를 망라하여 동적(動的)이고 정적(靜的)인 표적 모두를 공격하는데 효과적으로 활용될 수 있다.

따라서 전쟁의 전략적·작전적·전술적 수준에서 항공력을 강압의 수단

---

69) *Ibid.*, pp.50~56.
70) *Ibid.*, p.50.

으로 운용한다면, 2003년에 수행된 아프가니스탄전쟁에서처럼 우군의 사상자를 최소화한 가운데, 적에게는 끊임없이 압박을 가하면서 지상군의 투입을 감소시키는데 기여할 수 있다. 정밀공격과 정밀효과(precision attack and precision effect)에서는 정밀공격이 언제나 정밀효과를 달성하는 것이 아니라고 제시하고 있다. 왜냐하면 정밀공격이 의도하지 않거나 정밀하지 못한 결과를 발생시킬 수도 있고, 오히려 비정밀공격이 상당한 수준의 정밀효과를 달성할 수도 있기 때문이다. 즉 도시지역에서 정밀무기가 적합하게 운용되지 못하면 무고한 인명을 살생시키거나 고립시킬 수도 있는 반면, 야전에서 비정밀폭격을 수행했을 경우에는 장비 및 인명피해는 적을 수 있으나, 정보작전과 면밀히 결합시킬 경우에는 적의 사기에 막대한 영향을 미치는 정밀효과를 창출할 수 있기 때문이다.

강압의 전략적 효과에 대해서는 포클랜드전쟁[71] 당시, 1982년 4월 30일 밤에 영국공군 제101대대의 전략폭격기인 발칸(Vulcan) B2는 공군 빅타(victor) 부대의 대대적인 공중급유 지원에 힘입어 포클랜드섬 스탠리 비행장에 1,000 파운드 폭탄 21개를 투하하여 활주로를 마비시키고 아르헨티나의 고속 제트항공기 운용을 차단하였다. 뿐만 아니라 아르헨티나 본토에 잠재적 위협을 가하고 분쟁기간동안 아르헨티나에 있는 다수의 방공대대 운용을 억제하면서 이들을 아르헨티나 본토에 배치할 것을 강요함으로써 영국의 국가적 역량을 보여 준 사례를 들고 있다.[72] 비치명적 공격에 대해서는 이라크와 아프가니스탄에서의 사례를 들고 있다.

---

71) 포클랜드전쟁(Falkland Islands war)은 1833년 이후 영국령인 포클랜드에 대하여, 1816년 에스파냐로부터 독립시 그 영유권도 계승한 것으로 주장하는 아르헨티나(에스파냐어로는 Malvinas제도로 불리며, 라틴아메리카에서는 흔히 아르헨티나 영토로 생각하고 있음)가 1982년 4월 2일 무력점령을 감행한 데서 발단되었다. 이에 대하여 영국은 근해에 석유가 매장되어 있으며, 또 남극대륙에의 전진기지로서의 포클랜드 방위를 위하여 급거 기동부대를 파견, 4월 26일에는 포클랜드제도의 동남쪽 1,500km에 있는 남조지아섬을 탈환하였다. 5월 20일 유엔 사무총장의 조정교섭이 실패로 돌아가자 영국군은 포클랜드에 상륙, 75일간의 격전 끝에 6월 14일 아르헨티나군의 항복으로 전쟁을 종결시켰다.

72) Air Staff Ministry of Defence(2009), *op.cit.*, p.51.

항공력은 이라크와 아프가니스탄에서 사제폭탄인 급조폭발물(IED : Improvised Explosive Device)[73]을 사용하는 반란조직을 식별하고 공격하는데 활용되어 왔지만, 비물리적으로도 활용될 수 있다. 예를 들면, 2007년 적의 통신체계를 방해하기 위해 연합군 항공기는 5,000 소티(sortie) 이상의 전자전을 수행하였으며, 적의 공격 메커니즘을 무력화하거나 일부의 경우는 급조폭발물을 사전에 폭파시켰다. 공격임무로는 종심공격, 제지(制地)작전, 항공차단, 근접항공지원, 심리적 효과를 위한 제공작전, 제해(counter sea), 대(對)해상전, 대잠전(anti submarine warfare), 공중투하기뢰부설, 정보작전(IO), 전자전(EW), 영향작전(influence operations), 컴퓨터 네트워크작전 등이 있다.[74]

이상에서 고찰한 항공우주력의 네 가지 역할이 어떤 방식으로 합동임무에서 기능을 수행하는지에 대하여 제시하고 있는데, 합동임무에서 항공우주력의 역할은 전장공간관리, 기동, 상황 이해, 화력·역량과 의지(fire, capability and will), 영향력과 강압(influence and coercion), 비정규전 등의 역할을 수행한다고 명시하고 있다.

제4장은 '항공우주 지휘통제(air and space command and control)'로서 항공우주력을 운용하는데 있어서 가장 중요한 지휘통제에 관한 사항으로 지휘철학, 공중지휘통제, 지휘의 원칙, 중앙집권적 통제와 분권적 임무수행 간의 균형, 비정규전에서의 항공사령부가 지상영역을 바라보는 관점, 항공 관점, 적합한 공중지휘, 의사결정의 우세, 기획의 초점 및 기획의 원칙에 대하여 제시하고 있다. 영국의 지휘철학은 임무지휘에 기반을 두고 주도적, 분권

73) 급조폭발물(IED : Improvised Explosive Device)은 사제폭탄을 일컫는 말로서, 정해진 규격이나 절차와는 무관하게 제작되어 설치한 폭발물을 말한다. 폭탄의 위력을 군용 대인지뢰 크레모아에 비유해 홈 메이드 크레모아(home made claymore)라고 부르기도 한다. 게릴라 혹은 특공대가 작전에 사용하기도 하며, 무장세력이 테러공격 시 이용하기도 한다. 주로 차량, 보트, 동물 등에 설치하거나 직접 몸에 지니고 있다가 자살테러를 행한다. 2013년 4월 15일 미국 매사추세츠 주에서 열린 보스턴마라톤대회 도중에 폭발해 많은 사상자를 발생시킨 압력솥 폭탄도 급조폭발물의 일종이다.

74) Air Staff Ministry of Defence(2009), *op.cit.*, pp.54~56.

적 지휘 그리고 행동의 자유와 속도를 중시하는 한편 상부지시(superior direction)를 우선시 하고 있다는 점이 특이하다.

항공력은 전략적, 작전적 또는 전술적 목표를 동시에 또는 결합의 형태로 달성하는데 활용될 수 있기 때문에 목표를 선정하고 유지하는 과정에서 목적을 통합시키는 것이 특히 중요하다. 지휘의 원칙(the principles of command)으로 지휘의 통일, 중앙집권적 기획(centralized planing), 중앙집권적 통제(centralized control)[75], 분권적 임무수행(decentralized execution)[76]을 들고 있다.

합동군 공군구성군사령관은 연합항공작전본부를 통하여 지휘를 수행하는데, 항공력을 중앙집권적으로 운용하고, 기본적으로 항공임무주기(air tasking cycle)를 통하여 배당된 임무를 분권적으로 수행한다. 즉, 연합항공작전본부는 고가치 자산(high value asset)을 표적으로 할당하고 배당하며, 다수의 작전전구 간의 요구조건을 조정하는 등 임무계획단계에서 중앙집권적으로 통제하고, 일단 배당된 임무는 항공임무명령서(ATO : Air Tasking Order)를 통하여 발간되며, 예하 사령부 및 부대에서는 항공임무명령서에 따라 임무를 수행한다는 점을 강조하고 있다.

따라서 항공력은 공군구성군뿐만 아니라 지상군구성군 또는 해군구성군의 소요를 종합하여 항공기획과정의 단계를 거쳐 적시적이고 효율적으로 임무를 배당하고 시행해야 한다. 이에 따라 기획의 핵심 원칙으로 ① 상황인식을 위한 최적화된 사령부 구축, ② 기획과정 주도, ③ 소규모 의사결정 수립팀 구성, ④ 구성군사령부의 동일 지역 배치, ⑤ 상세한 기획을 위한 권한 위임, ⑥ 역동적인 전투감각, ⑦ 연락장교 배치 등을 들고 있다.[77]

---

75) 중앙집권적 통제(centralized control)는 항공역량의 기획, 지시 및 협조와 관련된 책임 및 권한을 단일 사령관에게 부여함으로써 작전적 효율성을 극대화하고 노력이 불필요하게 중복되지 않도록 한다.

76) 분권적 임무수행(decentralized execution)은 책임감과 능력을 갖춘 예하 사령관에게 임무수행 권한을 부여하는 것으로서, 모든 작전의 불확실성과 유동성을 다루는 민첩성과 조정능력을 제공한다.

77) Air Staff Ministry of Defence(2009), *op.cit.*, pp.66~67.

2) 논의 및 시사점

이상에서 『영국 항공우주력교리』(2009)에 관하여 고찰하였다. 영국 공군은 1918년에 독립함으로써 세계에서 가장 오래된 역사를 갖고 있다. 영국 공군의 최상위 교리인 『영국 항공우주력교리』(2009) 내용은 항공우주력 운용에 관한 기본적인 원리와 원칙을 제공하고 있을 뿐만 아니라, 독자들이 읽고 쉽게 이해할 수 있도록 전쟁사례와 교훈을 적절히 가미하여 소개하고 있다. 앞에서 소개한 내용을 토대로 논의 및 시사점을 도출하면 다음과 같다.

첫째, 『영국 항공우주력교리』(2009)의 발간 목적이 공군장병 뿐만 아니라 지·해상군을 포함한 항공우주력을 운용하고, 이에 영향을 미치는 모든 이들을 대상으로 항공우주력의 운용에 관한 권위 있는 지침을 제공하고 있다는 점이다. 특히 인터넷을 통해 공개함으로써 국경을 초월하여 누구나 쉽게 열람할 수 있다. 이는 군사기본교리를 발간할 때, 극히 제한적인 부수만 발간할 뿐만 아니라 대외 공개를 하지 않는 한국군의 상황과 다른 점이라 할 수 있다.

둘째, 항공우주력 운용에 관한 기본적인 원리와 원칙을 제시하면서 동전의 양면과 같이, 항공력과 우주력의 강점 및 약점을 동시에 제시하고 있다는 점이다. 항공력의 약점으로는 비영속성, 제한된 탑재량, 약함(fragility), 비용, 기지의존성, 기상 등을 들고 있으며, 우주력의 약점으로는 취약성(vulnerability), 자원고려, 법적 고려 및 우주조약 등을 들고 있다. 항공우주력을 운용하는 요원들은 항공우주력의 강점은 극대화하여 승수효과를 창출하고, 약점은 최소화할 수 있도록 노력해야 할 것이다. 이와 같은 측면에서 항공우주력의 강점과 약점을 동시에 제시하고 있는 것은 항공우주력을 이해하고자 하는 일반적인 독자와 항공우주작전을 기획하고 수립하는 요원들 그리고 항공력을 지원받는 지·해상군에게도 좋은 참고 지침이 될 것이다. 한편, 여기서 주목해야 할 것은 2025년도 발사를 목표로 최근 국방과학연구소 주관으로 한국항공산업(KAI)과 한화시스템 그리고 이탈리아의 항공우주 전문업체인 TASI(Thales Alenia Space Italy)가 연구 개발하고 있는 「425 사업」을 기반으로 향후 위성사업이 본격적으로 추진 될 것에 대비하여, 우리 군도 인공위성 등 우주자산 운용개념을 정립함은 물론, 우주자산의 개발 및 획득 절차의 특성을 고려하여 원칙적인 사항을 교리화하는 노력을 병행해야 한다.

셋째, 항공우주력의 역할을 완수하기 위하여 항공우주작전을 수행한다는 개념을 논리적으로 제시하고 있다는 점이다. 항공우주력의 역할은 크게 항공우주통제, 공중기동, 정보 및 상황인식, 공격 등을 들고 있다. 이와 같은 역할을 완수하기 위하여 제공작전, 종심공격작전, 항공차단작전 등을 수행한다는 것이다. 여기서 특이한 점은 전장공간관리에 관하여 합동작전을 위한 필수사항으로 명시하고, 합동임무체계 내에서 전장공간을 효율적으로 관리해야 한다는 점을 강조하고 있다.

넷째, 항공우주력 운용에 관한 원칙을 제시하면서 과거의 항공작전 또는 전쟁에서 성공한 사례와 교훈을 소개하고 있다는 점이다. 예컨대, 1986년에 테러리즘에 대한 억제를 목적으로 리비아 카다피 대통령에 대한 공습을 통하여 전략적 효과를 달성한 엘도라도 협곡작전과 1990년 8월 이라크의 쿠웨이트 침공과 동시에 영국 공군의 재규어, 미라지 2, 토네이도 등의 전투기를 걸프지역에 배치함으로써 비물리적인 전략적 억제를 달성한 사례를 소개하고 있다. 또한 1981년 이라크의 오시락 원자로에 대한 공습을 위해 종심공격을 감행한 바빌론작전 등을 들고 있다. 이는 현대전에서 항공우주력의 운용개념과 실전사례를 동시에 소개함으로써 미래전에서 항공우주력의 역할을 추론해 보고, 미래 안보환경 하에서 항공우주작전의 중요성을 강조하기 위한 의도라고 생각한다.

3. 중국의 군사전략

1) 주요 내용

중국은 2015년 5월 26일, 한자(漢字)와 영문(英文)으로 동시에 작성한 『중국의 군사전략(中國的軍事戰略, *China's Military Strategy*)』을 발간하였다. 『중국의 군사전략』(2015)은 〈표 IV-4〉에서 보는 바와 같이, 머리말(preface), 국가안보정세, 중국군의 사명과 전략적 과제, 적극방어의 전략적 지침, 중국군의 건설 및 발전 등 모두 6개의 장으로 구성되어 있다.

〈표 IV-4〉『중국의 군사전략』 주요 내용

주요 내용
머리말
제1장 국가안보정세
제2장 중국군의 사명과 전략적 과제
제3장 적극방어의 전략적 지침
제4장 중국군의 건설 및 발전
· 각 군/병과와 무장경찰부대 발전
· 주요 안보분야 전력 발전
· 군사력 건설
· 군민융합 심화 발전
제5장 군사투쟁 준비
제6장 군사안보협력

* 출처 : *China's Military Strategy* (2015), p.10.

중국은 군사전략의 머리말에서 "굳건한 국방과 강한 군대의 건설은 중국 현대화 건설의 전략적 과제이며 국가의 평화발전을 확고하게 보장하는 것이다."[78]고 전제하고, "군사전략은 군사력의 건설과 운용을 계획하고 지도하는 총체적인 책략(策略)이며, 국가전략목표 달성을 위해 철저히 기여해야 한다."[79]고 명시함으로써 미국과 한국의 군사기본교리와 같은 성격을 지니고 있다. 또한 새로운 역사의 출발점에서 중국 군대는 국가안보환경의 새로운 변화에 적응하고, 중국공산당의 새로운 정세 하에서의 강군 목표 실현을 중심으로 적극방어[80] 군사전략 지침을 관철하고, 국방과 군대의 현대화 추진을 가속화하고 있다고 강조한다. 이러한 관점에서 여기서는 각 국의 군사기본교리와 유사한 성격을 지니고 있는 『중국의 군사전략』(2015)의 핵심적인 내용인 중국군의 사명과 전략적 임무, 적극방위의 전략적 방침, 중국군의 건설 및 발전 등에 관하여 소개하고자 한다.

가) 중국군의 사명과 전략적 임무

중국의 군사전략목표는 "중국공산당 창당 100주년에 전면적 소강사회(小康社會, a moderately prosperous society)를 건설하고, 새로운 중국의 건국 100주년에 부강·민주·문명·화합의 사회주의 현대화라고 하는 국가적 건설 목표를 달성하는 것이며, 그것은 바로 중화민족의 위대한 부흥인 중국의 꿈(中國夢)을 실현하는 것이다."[81]고 천명하고 있다. 이는 곧 강군이 있어야 국가를 보위할 수 있으며, 강국은 반드시 강군을 필요로 한다는 것이다. 중국공산당과 중국군의 관계에 대해서는 "새로운 역사적인 시기에 중국 군대는 중국공산당의 새로운 정세 하에서의 강군 목표를 강령(總綱)으로 삼고, 흔들림 없이 군에 대한 당(黨)의 절대적 영도를 견지한다. 또한 항상 전투력을 유일

---

78) The State Council Information Office of the People's Republic of China, *China's Military Strategy* (Beijing : The State Council Information Office of the People's Republic of China, 2015.5.26.), p.1.

79) *Ibid.*, p.1.

80) 적극방어란 방어와 동시에 공격을 실행하여 적당한 시기에 방어를 공격으로 전환하며, 적의 침입에 대응하는 개념을 말한다.

81) The State Council Information Office of the People's Republic of China(2015), *op.cit.*, p.7.

한 근본 기준으로 삼아 영광스러운 전통과 우수한 기풍을 확대 발전시키는데 주력하고 당의 지휘에 따르고 싸워서 이길 수 있는 풍격(風格)이 우수한 인민의 군대를 건설한다."[82]고 제시함으로써, 중국군은 중국공산당의 군대임을 강조하고 있다.

중국의 국가안보에 대해서는 포괄적인 개념을 적용하고 있다. 즉 역사상 그 어느 때 보다 다양하고, 시·공간적 영역이 그 어느 시기보다 넓어졌으며, 내·외부 요소들은 역사상 어떠한 시기보다 복잡하므로, 반드시 총체적 국가안보관을 견지하면서 내부 안보와 외부 안보, 국토안보와 국민안보, 전통안보와 비전통안보, 생존안보와 발전안보, 자국안보와 세계의 공동안보를 종합적으로 고려해야 한다고 역설하고 있다.

국가전략목표를 실현하고 총체적 국가안보관을 실현함에 있어서 군사전략을 혁신적으로 발전시키고, 군대의 사명과 임무를 효과적으로 이행하기 위한 새로운 요구를 다음과 같이 제시하고 있다.[83]

첫째, 국가안보와 발전이익 수호라는 새로운 요구에 부응하여 군사력과 수단의 운용을 통해 유리한 전략적 상황을 조성하는데 주력하고, 평화 발전의 실현에 굳건한 안전보장을 제공해야 한다.

둘째, 국가안보 정세 발전의 새로운 요구에 부응하여 전략지도(戰略指導)와 작전사상을 지속적으로 혁신함으로써, 싸울 능력을 갖추고 싸우면 반드시 이길 수 있어야 한다.

셋째, 범세계적인 새로운 군사혁신(RMA)의 요구에 부응하여 새로운 안보분야의 도전에 대한 대응에 깊은 관심을 가지고, 군사경쟁에서 전략적 주도권을 적극적으로 확보해야 한다.

넷째, 국가 전략적 이익 증가의 새로운 요구에 부응하여 지역 및 국제 안보협력에 적극 참여하고, 해외 이익의 안전을 효과적으로 수호해야 한다.

---

82) *Ibid.*, p.7.
83) *Ibid.*, p.8.

다섯째, 전면적으로 개혁을 강화하라는 국가의 새로운 요구에 부응하여 민·군 융합식의 발전 노선을 견지하며, 국가경제와 사회 건설을 적극 지원하고 사회의 전반적인 안정을 굳건히 수호한다.

여섯째, 군대가 시종일관 당의 공고한 집권적 자위의 중심 역할을 수행하고 중국 특색의 사회주의 건설에 믿을 수 있는 뒷받침이 되어야 한다.

이와 같은 중국군의 사명을 바탕으로, 중국 공산당의 영도와 중국 특색의 사회주의 제도를 굳건히 수호하고, 국가발전의 중요한 전략적 임무를 수호하며, 지역 및 세계평화를 수호하여 전면적인 소강사회 건설과 중화민족의 위대한 부흥을 실현하기 위한 전략적 임무를 〈표 IV-5〉와 같이 제시하고 있다.

〈표 IV-5〉 중국군의 전략적 임무

· 각종 우발사태와 군사위협에 대응하여 국가 영토와 영공·영해의 주권과 안보를 효과적으로 수호한다. · 조국의 통일을 결연히 수호한다. · 새로운 영역의 안보와 국가이익을 수호한다. · 해외에서 국가이익의 안전을 수호한다. · 전략적 위협을 유지하면서 핵 반격 행동을 조직한다. · 지역 및 국제안보협력에 참여하여 지역 및 세계평화를 수호한다. · 침투·분열·테러에 대비한 능력을 강화하여 국가의 정치 안정과 사회 안정을 수호한다. · 재난 구조, 권익 보호, 안전보장 그리고 국가경제와 사회건설 지원 등의 임무를 책임진다.

* 출처 : *China's Military Strategy* (2015), p.9.

나) 적극방어의 전략적 방침

중국군은 새로운 군사전략개념으로 적극방어전략사상(the strategic concept of active defense)[84]을 명시하고 있다. 적극방어전략사상은 중국공산당의 기본

군사전략사상으로서, 장기간의 혁명전쟁을 수행하면서 완성되었다. 즉 전략상 방어와 전역전투(戰役戰鬪)상 공격의 조화를 견지하고, 방어와 자위(自衛), 후발제인(後發制人, post-emptive strike)[85]의 원칙을 유지하며, "남이 나를 범하지 않으면 나도 남을 범하지 않으며, 남이 나를 범한다면 반드시 남을 범한다.(人不犯我, 我不犯人, 人若犯我, 我必犯人, We will not attack unless we are attacked, but we will surely counterattack if attacked.)"[86]라는 원칙을 지켜 오고 있다.

새로운 중국 건국 이후, 중앙군사위원회[87]는 적극방어군사전략 방침을 확립하고 국가안보정세 발전, 변화에 따라 적극방어군사전략 방침의 내용을 여러 차례 수정하였다. 즉, 1993년에 새로운 시기(the new period)에 부합한 군사전략 방침을 제정하여 현대 기술, 특히 '현대기술 조건하의 국지전쟁 승리(Winning local wars in conditions of modern technology)'를 군사투쟁 준비의 근간으로 삼았고, 2004년에는 새로운 시기의 군사전략 방침을 보완하여 군사투쟁 준비의 지침으로 '정보화 조건하 국지전쟁의 승리(Winning local wars under conditions of informationization)'로 수정하였다. 중국의 사회주의 특성과 국가의 근본 이익 및 평화발전노선은 중국이 흔들림 없이 적극방어전략사상을 반드시 견지하고, 동시에 이 사상의 내용을 끊임없이 풍부하게 발전시킬 것을 요구해 왔다.

중국의 군대는 국가안보와 국가의 발전전략에 뿌리를 두고 있으며, 새

---

84) 영어로는 'the strategic concept of active defense'로 표현하고 있으나, 중국어인 한자로는 '積極防禦戰略思想'으로 표기하고 있다. 따라서 저자는 1차 자료인 중국의 한자를 인용하여 '積極防禦戰略思想'으로 사용하였다.

85) 적을 상대할 때 한 걸음 양보하여 그 우열(優劣)을 살핀 뒤에 약점을 공격함으로써 단번에 적을 제거하는 전략을 말한다.

86) The State Council Information Office of the People's Republic of China(2015), *op.cit.*, p.10.

87) 중앙군사위원회는 '당중앙군사위원회'와 '국가중앙군사위원회'라는 2개의 조직이 있다. 국가중앙군사위원회가 헌법상 중국 전역(全域) 무장역량의 통수기구(제93조)로 되어 있지만, 당 중앙군사위원회가 실질적으로 최고 통수권을 행사하고 있고, 2개의 중앙군사위원회 지도부는 동일 인물로 되어 있으며, 국가중앙군사위원회에는 산하 기구가 편성되어 있지 않다.

로운 역사 시대와 정세 하에서의 군의 임무와 요구에 부응하여 전략적 시야를 한 층 더 넓히며, 전략적 사고를 혁신해 왔다. 즉 중국의 군대는 장기적인 운영에 중점을 두고 전쟁준비와 종전, 권익보호와 안정 유지, 위협과 실전, 전시 행동과 평시 군사력 운용을 전체적으로 계획하며, 유리한 형세를 조성하고 종합적으로 위기를 관리 및 통제하여 전쟁을 단호히 억제하고 전쟁에서 승리한다는 태세를 견지하고 있다. 이와 같은 전략을 '새로운 정세 하 적극방어군사전략'으로 명명(命名)하고, 이를 실행하기 위하여 "전쟁양상의 변화와 국가안보 정세에 근거하여 군사투쟁 준비의 출발점을 '정보화 조건 하 국지전쟁 승리'에 두고, 해상 군사투쟁과 군사투쟁 준비를 강조하여 중대 위기를 효과적으로 통제하고, 발생 가능한 연쇄반응에 원활히 대응하여 국가의 영토주권과 통일 및 안전을 결연히 수호한다."[88]고 명시하고 있다.

또한 '새로운 정세 하 적극방어군사전략' 방침을 실행하기 위하여 "전방위(全方位) 안보위협과 군대의 실질적인 능력에 근거하여 민첩한 기동과 자주적인 작전원칙을 견지하고, 중국식의 전투방식(被打被的 我打我的, You fight your way and I fight my way)을 따르며, 각 군 및 병과(兵科) 일체화작전 역량을 운용하여 정보 주도·정밀 타격·합동작전 승리의 체계작전(體系作戰, system-vs-system)을 수행한다."[89]고 싸우는 방법을 명시하고 있다. 이와 함께 중국의 지정학적 전략환경, 직면한 안보위협, 군대의 전략임무에 근거하여 전체 총괄, 분구(分區) 책임, 상호협동, 상호일체의 전략적 배치와 군사적 운용 지침을 포괄적으로 계획하고 있음을 밝히면서, 우주공간과 사이버(cyber)영역 등 새로운 안보영역의 위협에 대응하여 공동안전을 수호하고, 해외이익과 관련한 국제안보 협력 강화를 통해 해외이익을 수호해야 한다는 점을 제시하고 있다.

특히, '새로운 정세 하 적극방어군사전략' 방침을 구현하기 위한 원칙으

88) The State Council Information Office of the People's Republic of China(2015), *op.cit.*, p.11.
89) *Ibid.*, p.11.

로 다음과 같이 아홉 가지를 제시하고 있다.[90]

첫째, 국가전략목표 달성을 위해 복종하고 기여하며, 총체적 국가안보관을 실현한다. 군사투쟁 준비를 강화하고 위기를 예방하며, 전쟁을 억제하고 전쟁에서 승리한다.

둘째, 국가 평화발전에 유리한 전략정세를 조성하고 방어적인 국방정책을 견지한다. 정치·군사·경제·외교 등의 영역과 긴밀히 협력하여 국가가 직면할 수 있는 포괄적 안보위협에 적극 대응한다.

셋째, 권익 수호와 안정 유지의 균형을 유지한다. 권익 수호와 안정 유지라는 두 개의 중대한 국면을 총괄하고, 국가 영토주권과 해양권익을 수호하여 주변의 안전과 안정을 유지한다.

넷째, 군사투쟁의 전략적 주도권을 쟁취하기 위해 노력한다. 전방위 다차원의 군사투쟁을 적극적으로 계획하고 모색하며, 기회를 잡아 군대의 건설과 개혁·발전을 더욱 빠르게 추진한다.

다섯째, 융통성 있고 기동성 있는 전략 전술을 운용한다. 합동작전의 전체적인 효율을 향상시키고, 우세한 역량을 집중하며, 작전적 수단을 종합적으로 운용한다.

여섯째, 가장 복잡하고 어려운 상황과 최악의 상황에 대응하는 사고를 견지한다. 각종 준비 업무를 철저하게 이행하여 적절하게 대응하고, 능숙히 처리할 수 있도록 한다.

일곱째, 인민군대 특유의 정치적 강점을 충분히 발휘한다. 군대에 대한 당의 절대적 영도를 견지하고, 전투정신의 함양을 중시하며, 부대의 조직기율(紀律)을 엄격히 하고, 부대를 강하고 투명하게 만들며, 군정·군민 관계를 밀접하게 함은 물론 군의 사기를 북돋운다.

여덟째, 인민전쟁의 전체적인 위력을 발휘한다. 적을 제압하고 승리하는 중요한 법보(法寶)[91]로 인민전쟁을 삼으며, 인민전쟁의 내용과 방식, 방

---

90) *Ibid.*, pp.12~14.

법을 확대하고, 전쟁 동원을 인력 동원 위주에서 과학기술 동원 위주로의 전환을 추진한다.

아홉째, 군사안보협력 공간을 적극 확장한다. 대국(大國), 주변국, 개발도상국과의 군사관계를 강화하며, 지역안보 및 협력체제 구축을 촉진한다.

다) 중국군의 군사력 건설 및 발전

미국의 군사기본교리, 영국의 항공력교리와 크게 다른 점은 군사력 건설방향에 대하여 비교적 상세하게 제시하고 있다는 점이다. 중국군은 새로운 정세 하에서 적극방어군사전략 방침을 관철함에 있어 반드시 중국공산당의 강군 목표 실현을 중심에 두어야 한다는 점을 강조하고 있다. 따라서 국가의 핵심 안보요구를 기본방향으로 삼고, 정보화군 건설과 정보화전쟁에서의 승리를 위해 국방 및 군의 개혁을 전면적으로 추진하고, 다양화된 안보위협에 대한 대응능력과 다양한 군사임무 수행능력을 부단히 향상시킨다는 것이다. 이를 위해 인민해방군의 각 군·병과 및 무장경찰부대, 주요 안보분야 전력 발전, 군사력 건설, 민군융합 심화 발전 등에 대한 지침을 제시하고 있다.[92]

먼저, 인민해방군(PLA : People's Liberation Army)의 각 군·병과 및 무장경찰부대(PAPF : People's Armed Police Force)에 관한 사항으로 첫째, 육군은 기동작전[93]과 입체공방(立體攻防, multi dimensional offense and defense)의 전략적 요구에 따라 전구방어형에서 전구간(戰區間) 기동형으로의 전환을 실현한다는 점을 역설

91) 불교의 세 가지 보물(三寶) 즉 불(佛), 법(法), 승(僧) 중의 하나로 부처의 가르침인 법(法)은 보배와 같다는 의미로 법보(法寶)는 불교에서 진리를 말한다.

92) The State Council Information Office of the People's Republic of China(2015), *op.cit.*, pp.15~23.

93) 중국인민군의 육군 기동작전부대는 18개 집단군과 일부 독립합성작전 사(여)단을 포함하여 현재 85만명을 보유하고 있다.(2013년 중국 국방백서) 육군 기동작전부대 이외의 병력은 27개 성(省) 군구, 1개 위수구(北京), 3개 경비구(天津, 上海, 重慶) 및 총정치부, 총후근부, 총장비부 관련 정치위원 조직, 군수지원부대, 장비연구개발기관, 교육기관 병력으로 육군은 156만명~160만명이며, 중국군 총병력은 225만 여명이다.

하고 있다. 이를 위해 소형화·다기능화·모듈화의 발전 속도를 가속화하고, 각기 다른 지역의 각기 다른 임무 요구에 부응하며, 합동작전 수행을 위한 전투력 구조에 부합하게 건설한다는 것이다. 또한 정밀작전, 입체작전, 전구간(戰區間) 작전, 다기능작전, 지속작전 능력을 향상시켜 나간다는 것이다.[94)]

둘째, 해군[95)]은 근해방어·원양호위의 전략적 요구에 따라 근해방어형(offshore waters defense)에서 근해방어와 원양호위형(open seas protection) 조합으로의 전환을 점차적으로 실현한다는 것이다. 또한 합동·다기능·고효율의 해상작전 전력체계를 구축하고 전략적 위협, 해상기동작전, 해상합동작전, 종합 방어작전 및 종합지원능력을 향상시켜 나간다고 명시하고 있다.

셋째, 공군[96)]은 항공우주일체(空天一體)와 공방겸비(攻防兼備)의 전략적 요구에 따라 '국토 방공형'에서 '공방 겸비용'으로의 전환을 실현한다는 것이다. 이를 위해 정보화작전 요구에 부합하는 항공우주방어 전력체계를 구축하고, 전략적 조기경보·공중타격·공중 및 미사일 방어·대(對)정보·공수작전, 전략적 수송 및 종합지원능력을 향상시키겠다고 명시하고 있다.

제2포병[97)]은 정예화 및 핵과 재래식 무기를 겸비해야 하는 전략적 요구

---

94) The State Council Information Office of the People's Republic of China(2015), *op.cit.*, p.15.

95) 중국 해군은 현재 25만여 명이며, 예하에 북해(北海), 동해(東海), 남해(南海) 등 3개의 함대가 있고, 함대 예하에 함대 항공병, 지대, 수경구, 항공병사단, 해병여단 등의 부대가 있다. 2012년 9월에 첫 번째 항모인 라오닝(遼寧)함을 인수하였다. 해군의 지휘체계는 "해군사령부 ⇒ 함대사령부 ⇒ 지대(支隊) ⇒ 함정(艦艇)"으로 구성된다.

96) 중국 공군은 현재 30만여 명이며, 예하에 심양(瀋陽), 베이징(北京), 란저우(蘭州), 지난(濟南), 난징(南京), 광저우(廣州), 청두(成都)의 7개 군구공군과 1개의 공수군단(15공수공단)이 있다. 군구공군 예하 기지에는 항공병 사(여)단, 지대공미사일 사(여)단, 레이더 여단 등이 있다. 공군의 지휘체계는 "공군사령부 ⇒ 군구공군사령부 ⇒ 비행사단 ⇒ 비행단"으로 구성된다.

97) 중국 제2포병은 중국의 전략적 위협의 핵심전력으로 중국에 대한 타국(他國)의 핵무기 사용을 억제하고, 핵 반격 및 재래식 미사일의 정밀타격 임무를 맡고 있으며, 핵미사일 부대와 재래식 미사일부대, 작전무장부대 등으로 구성되어 있다.(2013년 중국 국방백서) 제2포병은 중앙군사위원회가 직접 지휘 통제하는 부대로 1966년 7월 1일 창설되었으며, 2016년 1월 1일부로 로켓군(火戰軍)으로 재창설되었다.

에 따라 정보화 전환을 더욱 빠르게 추진한다는 것이다. 이를 위해 과학기술의 발전추세에 발맞추어 무기 장비의 자주적 혁신을 추진하고, 미사일 무기의 안전성·신뢰성·효과성을 강화하며, 핵과 재래식 무기의 겸비 전력체계를 우선 개선하고, 전략적 위협과 핵반격 및 중·장거리 정밀타격능력을 향상시켜 나가겠다고 밝히고 있다.

무장경찰부대(武警部隊)[98]는 다기능 일체화 및 효과적 안정유지의 전략적 요구에 따라 평시 근무, 돌발 상황처리 및 안정 유지, 대(對)테러공격·재난구호·응급지원·공중지원 전력을 발전시킨다는 것이다. 이를 위해 평시 근무 및 돌발 상황과 대테러공격 처리체계를 개선하고 정보화 조건하의 근무 및 돌발 상황처리 능력을 핵심으로 다양한 임무수행 능력을 향상시켜 나간다는 방침이다.

한편, 주요 안보영역의 전력 발전에 대해서는 해양, 우주, 사이버 공간, 핵능력에 대하여 기술하고 있다.[99] 먼저, 해양은 중국의 영속적인 안정과 지속적인 발전 그리고 영구적인 평화와 관계된다는 점을 강조하고 있다. 이에 따라, 그동안 육지를 중시하고 해양을 경시(陸重海輕, land outweighs sea must be abandoned)하던 전통적 사고에서 반드시 탈피하여 해양경영과 해양권익 수호를 고도로 중시해야 한다는 것이다. 이를 위해 국가의 안전과 발전 이익에 부합하는 현대 해상전력체계를 구축하고, 국가주권과 해양권익을 수호하며 전략적 통로와 해외이익의 안전을 수호하고 해양 국제협력에 참여하며, 해양강국 건설을 위한 전략적 자원을 제공해야 한다는 것이다.

둘째, 우주는 국제 전략적 경쟁의 최정점에 있다고 전제하고, 세계의 주

---

98) 중국 무장경찰부대는 1982년 6월 19일에 창설되었으며, 인민해방군과 동등한 대우를 받는다. 무장경찰부대는 총부(본부), 총대(사단), 지대(연대)의 지휘구조를 갖고 있으며 총 14개 사단을 보유하고 있다. 주요 임무로, 평시에는 직무 수행, 우발사건 대응 및 대(對)테러, 국가경제건설 지원 및 참여 등의 임무를 맡고 있으며, 전시에는 인민해방군과 함께 방어작전을 수행한다. 예를 들면, 한국군의 헌병과 유사한 임무를 수행한다.

99) The State Council Information Office of the People's Republic of China(2015), *op.cit.*, pp.15~23.

요 선진국들은 앞 다투어 우주 역량과 수단을 발전시키고 우주무기화를 시도하는 경향을 보이고 있다는 점을 지적하고 있다. 그러면서도 중국은 일관되게 우주의 평화적 이용을 주장하며, 우주무기화와 우주 군비경쟁에 반대하고, 국제 우주협력에 적극 참여하면서 우주상황을 면밀히 추적하여 파악하고 있다는 점을 명시하고 있다. 또한 우주안보 위협과 도전에 대응하며, 우주자산의 안전을 보호하고 국가경제 건설과 사회발전에 이바지함은 물론 우주의 안전을 수호하는데 진력한다는 입장을 견지하고 있다.

셋째, 사이버 공간은 경제 및 사회 발전의 새로운 중심이자 국가안보의 새로운 영역이란 점을 강조하고 있다. 이에 따라 사이버 공간에서 국가간의 전략적 경쟁이 날로 치열해지고 있으며, 많은 국가가 사이버 공간의 군사역량 발전에 주력하고 있다는 것이다. 또한 중국은 해커공격의 최대 피해국 중의 하나라고 주장하면서, 사이버 기반시설의 안전보장이 심각한 위협에 직면해 있고, 사이버 공간이 군사안보에 미치는 영향이 점차 증가하고 있다고 평가하고 있다. 따라서 중국은 사이버 공간의 역량 건설을 가속화하면서 사이버 공간상황의 탐지·사이버 방어·국가 사이버영역에 대한 침투시 투쟁지원 및 국제협력 참여 능력을 제고하고, 사이버 영역의 중대한 위기를 저지 및 통제하며, 국가의 네트워크와 정보보안을 보장하고 국가안보와 사회의 안정을 수호한다는 것이다.

넷째, 핵전력은 국가의 주권과 안보를 수호하는 전략적 초석임을 명시하고 있다. 그럼에도 불구하고 중국은 핵무기를 먼저 사용하지 않는다는 정책을 일관되게 유지하고 있고, 자위방어(自衛防禦) 핵전략을 견지하고 있으며, 전제조건 없이 핵무기 미보유 국가와 핵무기 미보유 지역에 대해 핵무기를 사용하거나 핵무기를 사용한다는 위협을 하지 않으며, 어떠한 국가와도 핵무기 경쟁을 진행하지 않을 것을 천명하고 있다. 이에 따라 핵전력은 언제나 국가안보 수호에 필요한 최소한의 수준으로 유지하면서 핵 역량체계를 완비하여 전략적 조기경보·지휘통제·미사일 방어 및 공격능력과 신속대응 및 생존방호능력을 제고하면서 중국에 대한 타국의 핵무기 사용 또는 핵무기 사용 위협을 억제한다는 것이다.[100)]

2) 논의 및 시사점

『중국의 군사전략』(2015)의 특징을 한 마디로 표현한다면, 새로운 정세 하에서 군사전략 방침을 관철함에 있어, 반드시 중국 공산당의 강군(强軍) 목표 실현을 중심에 두어야 한다는 것이다. 즉 국가의 핵심 안보요구를 구현하기 위하여 정보화군의 건설과 정보화전쟁 승리에 중점을 두며, 국방과 군대의 개혁을 전면적으로 구축하고, 군대의 각종 안보위협에 대한 대응능력과 다양한 군사임무 수행 능력을 끊임없이 향상시킨다는 것이다.

이러한 관점에서 『중국의 군사전략』(2015)의 주요 내용을 소개한 결과를 바탕으로, 특징적인 사항을 정리하면 다음과 같다.

첫째, 전략적 재균형(strategic rebalancing)을 통해 아·태 지역에서 영향력을 확대하려는 미국의 국가안보전략을 저지하는데 중점을 두고 있다. 미국은 2012년 1월에 『신국방전략지침』을 발표한 이후, 동북아지역 내 동맹국들과 군사협력을 강화하고 있으며, 일본의 아베 정권은 미국의 묵인 하에 집단적 자위권을 행사하려는 노력과 보통국가의 국방군을 보유하려는 노력을 다각적으로 경주하고 있다. 최근 스웨덴의 스톡홀름 국제평화문제연구소(SIPRI)[101)]가 발표한 보고서에 따르면, 지난 해 전 세계 국방비 지출규모가 1조 739억 달러를 기록한 가운데, 중국은 전년 대비 5.6% 늘어난 2,280억 달러를 기록했다. 이는 전 세계 국방비 지출액의 13%에 달하는 수준으로 미국에 이어 2위를 차지하고 있다. 중국이 2018년도 국방비를 2017년도 대비(對比)

---

100) *Ibid.*, p.18.

101) 스톡홀름 국제평화문제구소(Stockholm International Peace Research Institution)는 1966년 스웨덴에 설립된 국제평화와 안전문제를 연구하는 기관으로, 자금은 스웨덴 정부가 출자하지만 운영면에서는 독립된 기구다. 주요 업무는 국제평화문제 특히 군비관리, 군축문제를 연구하며 연보를 발행한다.

8.1% 증액하여 중국군의 정교함과 접근성을 높이는데 중점을 두고 있는 것은 미국의 군사적 위협에 적극적으로 대응하기 위한 것으로 보인다.

둘째, 국가주권, 영토보전 등 핵심이익의 보호를 적극적으로 주장하면서, 이를 단호히 보호하겠다는 것이다. 2014년 제12기 전인대 제2차 회의 업무보고에서, 리거창(李克强, 1955~) 총리는 2013년 업무보고를 회고하면서 영토와 주권 및 해양권익을 단호히 수행하겠다는 의지를 재차 표명했다. 시진핑(習近平, 1953~) 주석도 전인대 인민해방군 전체회의에서 "우리는 평화를 원하지만 어떤 상황에서도 정당한 국가이익과 해상이익을 포기하거나 희생하지 않을 것"102)이라고 말했다. 또한 왕이(王毅, 1953~) 외교부장도 전인대 기간 중 가진 기자회견에서 역사와 영토에 관한 문제는 결코 양보할 수 없다고 강조했다. 중국의 핵심이익은 원래 대만문제를 의미했으나, 2004년 신장과 티베트 문제가 포함되었고, 2004년 이후에는 동중국해와 남중국해 영토분쟁 문제로 확대되었다. 이러한 가운데 시진핑 주석은 해양강국 건설을 강조하면서, 중국은 태평양지역에 힘을 투사할 수 있는 강력한 군사력, 즉 해군과 공군력을 증강하는데 중점을 두고 있다.

셋째, 국내적으로 분리주의 세력을 척결함과 동시에 테러리즘에 적극적으로 대응하는 것이다. 2014년 3월 1일 쿤밍(昆明) 기차역 테러사건, 같은 해 4월 30일 신장(新疆) 위구르 자치구 우루무치 기차역 테러사건, 같은 해 5월 22일 우루무치 시장에서의 폭탄테러사건은 중국도 더 이상 테러에 있어서 안전한 국가가 아님을 보여 주었다. 이에 따라 중국은 반테러법 제정을 검토하는 한편, 국내안정을 유지하고 테러에 대응하기 위해 현대화된 무장역량 건설을 가속화하고 있다.

넷째, 강력한 군 건설을 위한 개혁과 혁신을 강화하고 있다. 시진핑 주석은 2014년 전인대 인민해방군 전체회의에 참석해 "강군을 건설하여 인민의

102) 한국전략문제연구소, 『2014 동아시아 전략 평가』(서울 : 한국전략문제연구소, 2014), p.148.

기대에 부응해야 한다."고 강조하면서, 인민해방군은 미래 정보화된 전쟁에서 승리하는 것을 목표로, 국방 및 군 현대화를 추구하는 한편 군 내부의 부패 근절, 군구체제의 개편 등 군의 개혁을 위한 노력을 다각적으로 경주하고 있다. 이와 같은 맥락에서 금번 『중국의 군사전략』(2015)에서도 "중국의 꿈은 강국이 되는 것이며, 중국군이 강군이 되는 것이다."고 명시하고 있다.

다섯째, 미래의 정보화 조건하 국지전에서 승리할 수 있는 능력과 반접근 및 지역거부(A2 AD : Anti-Access Area Denial) 능력을 강화하는 것이다. 이는 중국군이 21세기 중반까지 정보화된 전쟁에서 승리할 수 있는 능력과 역량을 구비한다는 목표 아래, 우주에 기반을 둔 지휘통제 및 정보·감시·정찰(C4ISR)체계를 구축하고 첨단 군사무기체계를 도입한다는 것이며, 이를 위해 정보화된 전쟁 상황을 가정하여 합동성과 연합성이 강화된 훈련을 집중적으로 실시하고 있다.[103] 앞으로도, 중국군은 동중국해 및 남중국해에서 국가주권과 핵심이익을 수호하기 위해 미국의 군사개입을 저지하기 위한 반접근 및 지역거부(A2 AD) 능력을 강화하는데 중점을 둘 것이다.

그렇다면, 중국의 새로운 군사전략, 즉 『중국의 군사전략』(2015)이 한국의 안보에 주는 전략적 함의는 무엇일까? 중국의 부상과 함께 문제가 되는 것은 중국이 기존의 세계질서에 도전하고 있다는 점이다. 시진핑 주석의 국가정책(국가전략)은 장쩌민 시기의 유소작위(有所作爲)와 책임대국(責任大國), 후진타오 시기의 평화발전(平和發展)과 화해세계(和諧世界)에서 훨씬 공세적으로 전환되고 있다. 왕이(王毅) 중국외교부장은 2014년 3월 8일, 양회 기간 기자간담회에서 중국외교의 가장 큰 특징으로 주동진취(主動進取)를 들었다.[104] 이는 적극적으로 이익을 쟁취하고 중국을 세계외교의 중심으로 만든다는 의미이며, 중국의 핵심이익을 보다 적극적으로 보호하겠다는 뜻을 내포하고 있다.

---

103) 한국전략문제연구소(2014), 전게서, p.149.

104) 상게서, p.130.

이로써 동아시아 해양영토 분쟁이 새로운 태풍의 눈으로 등장하였다. 즉 중국은 동중국해에서는 일본과 남중국해에서는 필리핀, 베트남 등과 영토 분쟁 및 갈등을 빚고 있는데, 이에 보다 적극적으로 나서겠다는 것이다. 이와 같은 중국의 대외정책 및 전략 그리고 군사전략이 한국안보에 주는 함의를 식별하고자 한다.

중국의 새로운 군사전략이 대한민국의 안보에 주는 전략적 함의는 동전의 양면과 같이, 긍정적인 측면과 부정적인 측면이 동시에 상존하고 있다. 이에 따라 긍정적인 측면은 더욱 극대화하고, 부정적인 측면은 다양한 방법과 수단을 통하여 최소화하는 노력이 필요하다고 본다. 특히 부정적인 측면은 지금 당장 영향을 미치는 것이 아니라, 중·장기적인 측면에서 점진적으로 영향을 미칠 것이다. 따라서 긍정적인 측면과 부정적인 측면에 대해서 살펴보고자 한다.

먼저, 긍정적인 측면으로 첫째, 북한의 핵문제 해결과 장거리 탄도탄 위협을 제거하기 위한 중국의 역할론이다. 북한의 3차 핵실험(2013. 2. 12.) 이후 4차 핵실험(2016. 1. 6.)을 앞두고, 북핵문제가 심각한 위협으로 대두되던 시기인 2015년 9월에 실시된 한·중 정상회담(2015. 9. 2.)과 미·중 정상회담(2015. 9. 25.) 그리고 한·미 정상회담(2015. 10. 16.)에서 각 국의 정상들은 북한의 핵문제를 심각하게 우려하면서, 한반도에서의 비핵화를 위해 상호 협력하기로 합의한 바 있다. 특히, 미·중 정상회담에서 북핵 문제에 대해 인식을 함께 한 것은 매우 의미 있는 일이다. 그러나, 2016년 7월 8일 한·미 양국이 고고도 미사일방어체계(THAAD : Terminal High Altitude Area Defense) 배치를 공식 발표하면서, 중국은 이에 부정적인 입장을 표명하고 나섰고, 사드(THAAD) 배치가 본격적으로 추진되고 있는 시점에서는 중국인들의 한국관광 제한, 중국에 있는 한국 기업에 대한 규제 강화, 한국상품의 불매운동 등 한국에 대한 중국의 보복이 이루어지기도 했다. 이에 정부는 한·미동맹과 한·중 간 유지해 온 '전략적 협력동반자관계'를 통해, 사드(THAAD)의 배치는 한국의 생존을 위해 불가피한 자위적 조치였음을 적극 설득하였다. 따라서 추후에도 북한의 핵문제와 장거리 탄도탄 위협에 적극적으로 대비하기 위해서는 한·미, 한·중 간 다각적인 노력을 경주해 나가야 한다.

둘째, 역내(域內)에서 영향력을 확대하기 위해 중국과 일본이 경쟁하고 있는 입장에서, 한국이 일본과의 관계에서 중국을 지렛대(leverage)로 활용할 수 있다. 일본의 아베 총리는 역사 왜곡문제와 함께 독도영유권을 끊임없이 주장하면서 한국 국민들을 분노케 하고 있다. 이로 인해 한국과 일본의 관계는 어느 때보다도 뒤틀릴 대로 뒤틀려 있다. 이를 바로잡기 위해서는 경제 및 안보협력, 북핵문제, 한반도의 평화적 통일문제 등 상호 협력이 필요한 분야에 대해서는 적극적으로 협조하면서, 역사문제는 중국과 공조하여 처리하는 방안을 강구[105]하는 등 역사와 안보를 분리해서 국익을 최우선으로 추진해야 한다. 이 과정에서 중국의 협력과 역할이 필수적으로 요구된다.

셋째, 동북아 안보협력 레짐(regime)을 창설하는데 있어서 중국의 주도적인 역할이 기대된다. 한국은 당면해 있는 북핵문제를 해결하면서, 동시에 한국이 주도하는 평화통일을 달성해야 하는 과제를 안고 있다. 따라서 주변국의 협조와 지원은 필수적이며, 북한과 혈맹관계를 유지하고 있는 중국의 역할이 더욱 중요한 실정이다. 그러나 현재처럼 중국과 일본이 서로 경쟁과 갈등이 지속되면, 이들 국가들은 한국에 대해 관심이 멀어질 수 있다. 따라서 한·중 간 '전략적 협력 동반자 관계'를 긴밀히 유지하여 동북아 안보협력 레짐(regime)을 창설하는데 있어 중국이 주도적인 역할을 수행할 수 있도록 한국이 조정자(coordinator)로서의 역할을 수행할 수 있다.

다음은 부정적인 측면에서의 영향요소로서 첫째, 미래 잠재적 위협에 대비한 방위력 개선비의 증액이 불가피하다. 국회는 2018년 12월 8일, 2019

105) 2014년 7월 시진핑 주석이 한국을 방문했을 때, 7월 4일에 서울대학교에서 특별 강연을 통해 "일본의 역사적 무책임과 비도덕성을 강하게 질타하면서 한국과의 역사연대 필요성"을 강조하였다. 한국전략문제연구소(2014), 전게서, p.145.

년도 국방예산을 전년보다 8.2% 늘어난 46조 6,971억원으로 최종 확정했다. 국방부는 크게 늘어난 국방예산에 대해 불확실한 안보환경에서 현존 위협뿐만 아니라 미래 잠재적 위협 등 어떠한 위협에도 효과적으로 대응 가능한 강력한 국방력을 건설하기 위한 것이라고 설명했다. 군사력 건설에 투입되는 방위력 개선비는 전시작전통제권 전환, 국방 연구 개발(R&D) 및 방위산업 활성화 등 『국방개혁 2.0』과 관련된 핵심 군사력 건설 소요로써 전년(前年) 대비 13.7% 대폭 증가한 15조 3,733억원으로 확정됐다. 방위력개선비 증가율 13.7%는 최근 10년간 최고치이며, 국방비에서 차지하는 비중도 32.9%로 2006년 방위사업청 개청(당시 25.8%) 이후 가장 높은 수준이다. 이와 같이 현재의 대북 중심 방위력 개선사업을 미래 잠재적 위협에 동시 대비하는 개념으로 전환할 경우에는 국방예산이 대폭 증가되어야 할 상황이다.

둘째, 유사시 동남아 해로(海路)에서 한국의 해상교통로(SLOC) 확보가 어려워 질 개연성도 배제할 수 없다. 중국이 기존의 지상군 중심의 군사력 건설, 즉 육중해경(陸重海輕) 중심에서 "국가주권과 안전, 국가해양권익 수호를 강화하고 무장충돌과 돌발사건에 대한 준비태세를 강화"한다는 명분하에 육경해중(陸輕海重)의 해양강국정책으로 전환함에 따라, 동중국해나 남중국해에서 해상분쟁이 발생하여 중국이 해양통제권을 행사하게 될 경우에는 한국 상선의 해상교통로 운항에 부정적인 영향을 받을 수도 있다.

셋째, 한국의 해양주권 및 관할권, 그리고 한국방공식별구역(KADIZ)을 둘러싸고 중국과 갈등 및 마찰을 빚을 개연성도 배제할 수 없다. 주변국의 대외정책과 국방정책 그리고 군사전략이 강해질수록 한국의 안보에는 부정적인 영향요인이 증가할 수 있다. 상호 안보딜레마(security dilemma)로 인해 군비증강이 초래될 수도 있으며, 잠시 머뭇거리다가는 국익에 심대한 영향을 줄 수 있다. 실례로 2013년 중국이 센카쿠 열도와 이어도를 포함하여 중국방공식별구역(CADIZ)을 선포했을 때, 한국도 방공식별구역(KADIZ)을 확대 선포하여 대응했던 것처럼, 영토 및 관할권 등에 적극적으로 대처해야만 국익을 보호할 수 있다.

넷째, 공고한 '한·미 동맹'을 축으로 하고 있는 한·미 연합방위태세에 부정적인 영향을 줄 수 있다. 중국을 견제하고자 하는 미국의 입장에서, 우방국인 한국이 중국과 가까워지는 것을 긍정적으로 생각할리는 없다. 2015년 10월 16일 한·미 정상회담 이후, 공동 성명서를 발표하면서 오바마 대통령이 박근혜 대통령에게 "우리는 중국이 국제규범과 법을 준수하기를 원하며, 만약 중국이 그런 면에서 실패한다면 한국이 목소리를 내야 한다."[106] 고 말했다. 이는 한국이 중국과의 관계발전을 시도할수록 미국의 우려가 현실화될 가능성도 배제할 수 없다. 중국 역시 한국이 미국과 지나치게 가까워지는 관계를 경계하고 있음은 주지의 사실이다.

따라서 역내 안보상황과 사안의 중대성에 따라 국가이익을 최우선적으로 고려하여 중국과의 관계 발전을 모색해 나가야 한다.

---

106) 중앙일보사, 『중앙일보』(서울 : 중앙일보사, 2015. 10. 17.)

4. 한국군 군사교리 발전에 주는 시사점

미국의 『미국 군사기본교리』(2013), 영국 공군의 『영국 항공우주력교리』(2009), 그리고 중국의 『중국의 군사전략』(2015)은 〈표 IV-6〉에서 보는 바와 같이, 자국의 안보상황과 국방여건을 고려하여 안보환경에 부합한 군사력 운용원칙을 명확하게 제시하고 있다. 미국의 『미국 군사기본교리』(2013)는 미군의 최상위 교리로서 군사력 운용에 관한 원리와 원칙을 제시하고 있으며, 영국 공군의 『영국 항공우주력교리』(2009)는 항공우주력 운용에 관한 원리와 원칙, 그리고 항공우주력의 특성과 강점 및 약점에 대하여 상세히 기술하고 있다. 중국의 『중국의 군사전략』(2015)은 공식적인 군사기본교리는 아니지만, 중국의 군사전략 지침으로써 군사력 운용에 관한 기본 원칙과 향후 중국 인민군과 해·공군을 포함하여 무장경찰부대의 군사력 건설 지침을 제시하고 있다는 점에서, 군사기본교리의 성격을 지니고 있다.

이를 보다 구체적으로 살펴보면, 먼저 미군의 『미국 군사기본교리』(2013)는 전쟁(war), 전(戰, warfare), 전역(campaign), 작전(operations), 과업(task), 기능(function), 임무(mission) 등 군사이론과 기본 개념에 대하여 명확하게 설명하고 있다. 또한 군사력을 운용함에 있어서 가장 중요한 『국가전략지침(NSD)』과 『국가안보전략서(NSS)』, 『국방전략서(NDS)』 등 전략기획서의 작성지침과 군의 지휘관계 및 권한을 명시하고 있으며, 국방부 뿐만 아니라 정부의 여타 유관 기관과의 협조와 다국적 작전에 대한 원칙과 지침을 제시하고 있다.

양병분야인 미군의 합동전력 발전방향에 관해서는 합동교리, 합동교육, 합동훈련, 합동 전훈 학습, 합동개념 발전 및 평가에 관한 기본 지침을 명시하고 있다.

〈표 IV-6〉『미국 군사기본교리』, 『영국 항공우주력교리』, 『중국의 군사전략』 주요 내용

구 분	美, *Doctrine for the Armed Forces of the United States*	英, *British Air and Space Power Doctrine*	中, 『中國的軍事戰略』 *China's Military Strategy*
제1장	이론 및 기본 개념 - 이 론 - 기본 개념	항공우주력의 본질 - 항공우주력 - 우주력의 특성 - 항공우주력의 완전한 사용을 위한 핵심 기능 - 항공력과 공군인의 관점	국가안보정세
제2장	군 통합 지침 적용 교리	현대 작전환경에서의 항공력 - 현대 작전환경의 특성 - 합동 임무	중국군의 사명과 전략적 과제
제3장	국방부 및 예하 주요 기관의 기능 - 국방부 - 합동참모회의 - 각 군성 및 각 군 - 전투사령관	항공우주력의 네 가지 근본 역할 - 역할 1 : 항공우주통제 - 역할 2 : 공중기동 - 역할 3 : 정보 및 상황인식 - 역할 4 : 공 격 - 항공우주력의 네 가지 근본 역할과 합동 임무	적극방어의 전략적 지침
제4장	합동사령부 조직 - 통합 및 예하 합동사령부 설치 - 합동군의 사령관, 참모 및 구성군 - 군 기 - 인사근무 지원 및 행정	항공우주 지휘 통제	중국군의 건설 및 발전 - 각 군 및 병과(兵科)와 무장경찰부대 발전 - 주요 안보분야 전력 발전 - 군사력 건설 - 군민 융합(融合) 심화 발전
제5장	합동 지휘 통제 - 지휘관계 - 합동군 지휘통제		군사투쟁 준비
제6장	합동 전력 - 합동전력 개발 기본 원칙 - 합동전력 개발 과정		군사 및 안보협력

영국 공군의 『영국 항공우주력교리』(2009)는 항공우주력 운용에 관한 지휘 통제의 원칙, 전쟁의 원칙 등 주요 원리와 원칙을 제시하면서 항공우주력의 강점과 약점을 동시에 기술하고 있다. 항공우주력의 역할에 관해서는 항공우주통제, 공중기동, 정보 및 상황인식, 공격 등 네 가지를 들고 있으며, 이러한 역할을 수행하기 위한 다양한 항공우주작전을 소개하고 있다. 특이한 점은 독자들에게 항공우주력에 대한 이해를 도모하기 위하여 과거의 전쟁에서 성공한 사례와 교훈을 적절하게 소개함으로써 공군뿐만 아니라 지·해상군을 포함한 항공우주력에 영향을 미치는 모든 이들을 대상으로 권위있는 지침을 제시하고 있다는 점이다.

중국의 『중국의 군사전략』(2015)은 공식적인 군사기본교리는 아니지만, 이와 유사한 성격의 내용과 주요 원칙 및 지침을 제시하고 있다는 점에서 군사기본교리와 유사하다. 중국의 군사전략은 미국의 전략적 재균형전략을 저지하는데 중점을 두면서 국가주권, 영토보전 등 핵심이익의 보호를 적극적으로 주장하면서, 이를 단호히 보호하겠다는 강한 의지를 담고 있다. 또한 인민해방군을 미래 정보화된 전쟁에서 승리하는 것을 목표로, 강력한 군 건설을 위한 국방 및 군 현대화를 추진하는 한편 군 내부의 부패 근절, 군 구체제의 개편 등 군의 개혁과 혁신을 위한 노력을 강조하고 있다. 무엇보다도 미래의 정보화 조건에서 승리할 수 있는 능력과 A2AD 능력을 강화하기 위해 군사력 건설방향을 제시하고 있다. 특이사항으로는 군사교리의 본질인 용병(用兵)뿐만 아니라 양병(養兵)에 관한 원칙을 육·해·공군을 비롯한 제2포병, 무장경찰부대에 관하여 제시하고 있으며, 주요 안보영역 발전에 대해서는 해양, 우주, 사이버 공간, 핵능력에 대하여 명시하고 있다.

앞에서 살펴 본 미군의 『미국 군사기본교리』(2013), 영국 공군의 『영국 항공우주력교리』(2009), 그리고 중국의 『중국의 군사전략』(2015)에 관한 분석을 통하여 도출한 한국군의 군사교리 발전에 시사해 주는 함의는 다음과 같다.

첫째, 한국군의 최상위 교리인 『군사기본교리』의 내용을 전면적으로 보완해야 한다. 『군사기본교리』를 통하여 현존 및 미래의 잠재적 위협과 불특정·초국가적 위협에 대비하여 전투원들에게 통일된 개념을 심어주어 노력의 통일을 달성해야 하므로, 전쟁의 본질 및 수준, 전략·작전술·전술, 군구조, 군사력 건설 방향 등 용병, 양병에 관한 사항을 총망라하여 전략적 지침과 원칙을 제시해 주어야 한다.

둘째, 우주 및 사이버 영역을 포함한 5차원 전장에서 합동 및 연합작전의 효율성을 제고하고 합동성 강화를 위하여 합참 및 육·해·공군의 전력 운용에 관한 명확한 지침을 제공해 주어야 하므로, 지휘 통제의 원칙과 전쟁의 원칙에 관하여 명확히 제시해 주어야 한다.

셋째, 현대전을 통해 분석한 교훈과 선진국의 새로운 교리를 바탕으로 한반도 안보환경에서 합참 및 육·해·공군력을 운용하여 정부가 추진하는 지속가능한 한반도의 평화와 번영정책을 '어떻게 뒷받침하고, 어떻게 싸워 이길 것인가?'에 대한 원리와 원칙을 구체적으로 제시해 주어야 한다.

넷째, 최근 대두되고 있는 4차 산업혁명시대의 과학기술을 국방분야에 어떻게 적용하고, 합참 및 육·해·공군의 전력 발전방향에 관하여 작전 효율성과 합동성 강화에 중점을 두어 군사교리, 교육 훈련, 주요 전력의 발전 지침과 우선순위를 제시하여 노력의 낭비를 방지해야 한다.

다섯째, 조건에 기초한 전작권 전환 이후 한국군 주도의 연합지휘체제 구축을 위한 근거를 『군사기본교리』에서 명확하게 제시해 주어야 한다. 특히, 미국의 『미국 군사기본교리』(2013)에서 제시하고 있는 바와 같이, 노력의 통일을 달성하기 위한 지휘통제에 관한 용어 및 개념을 명확하고도 세부적으로 제시해야 한다.

여섯째, 군사교리의 수준을 재정립하여 『국방백서』 수준의 군사력 운용에 관한 일반적인 사항은 군사비밀에서 분류하여 미국, 영국 등 선진국 군사교리와 같이 평문으로 작성, 발간함으로써 타군 및 일반 전문가들의 군사교리에 대한 관심을 제고함은 물론, 군사분야에 관심이 있는 전문가를 교리

발전업무에 참여시킴으로써 교리발전을 위한 담론(談論)을 형성하여 건전한 교리발전을 선도해야 한다. 이상에서 제시한 전략적 함의 및 시사점은 한국군의 군사교리 발전을 위한 유용한 자료와 추동력으로 활용되어야 한다.

Chapter

Ⅴ. 미래 한국군의 새로운 전투 패러다임 : 『군사기본교리』

걸프전쟁 이후 수행되었던 현대전은 전쟁의 패러다임을 완전히 변화시켰다. 즉 기존의 지상군 중심의 작전에서 해·공군력 중심의 항공전역과 첨단 무기체계를 이용한 외과수술적 타격(surgical strike)을 실시하여 적의 지휘체계와 주 전투력을 격멸한 후에 지상전을 수행하는 방식으로 전쟁을 수행하였다. 또한 전황(戰況)을 실시간으로 생중계함에 따라 인명을 중시하는 반전(反戰)여론이 형성되었고, 이로 인해 비살상무기의 사용이 보편화되었으며 효과중심작전(EBO), 네트워크중심전(NCW), 병행전 등 새로운 작전의 수행과 연합 및 합동작전, 다국적 작전의 중요성이 강조되었다.

이러한 현대전의 수행개념은 미군이 적용하고 있는 『미국 군사기본교리』(2013)와 영국공군의 『영국 항공우주력교리』(2009), 그리고 중국이 국방백서 성격으로 발간한 『중국의 군사전략』(2015)에 고스란히 반영되었음을 확인할 수 있다. 그러나 한국군의 『군사기본교리』에서는 걸프전쟁 이후 비약적으로 발전해 온 현대전 수행개념의 반영이 다소 미흡한 실정이다. 즉 현행 『군사기본교리』(2014)에서 전쟁수행개념으로 '국가총력방위'를, 기본전투개념으로 '공세적 통합전투'를 제시하고 있으나, 군사력 운용에 관한 세부적인 원리와 원칙, 그리고 구체적인 개념이 제시되어 있지 않는 등 실전에 적용할 수 있는 실전적 군사교리로서의 한계를 노정하고 있다. 앞 장에서 고찰한 내용을 중심으로 현대전 교훈, 주요 국가의 군사교리, 한국군의 군사교리와의 상호연계성을 정리해 보면 〈표 V-1〉과 같다.

〈표 V-1〉에서 제시한 내용과 문제인식을 바탕으로 한국군의 군사교리 발전방안을 제시하고자 한다.

〈표 V-1〉 현대전 교훈, 미·영 교리 및 중국의 군사전략, 한국군 『군사기본교리』와의 상호 연계성

구 분	주요 내용
현대전 교훈 (교리적 분석)	· 전쟁의 패러다임 변화 - 항공전역(air campaign) 후 지상전 수행 - 첨단 무기사용, 정밀타격(surgical strike) 실시 · 새로운 작전 개념 대두 : EBO, NCW, 병행전 수행 · 인명 중시 사상 대두 : 비살상 무기 사용 · 연합 및 합동작전, 다국적 작전 중요성 대두
미·영국의 군사교리 및 중국의 군사전략	△ 미국의 *Doctrine for the Armed Forces of the U.S.* · 현대전 개념 : 전쟁, 전역, 작전에 대한 지침 제시 · 다국적군 작전 : 지휘통제 및 전략지침 제시 · 합동전투능력, 합동전력 개발 지침 제시 ☞ 현대전 수행 개념을 반영한 전쟁의 원칙 제시 △ 영국공군의 *British Air and Space Power Doctrine* · 항공우주통제 : 공세제공, 방어제공 · 공중기동, 정보 및 상황인식 · 공격 : 정밀타격, 제지·제해작전 ☞ 현대전 수행 개념을 반영한 전쟁의 원칙 제시 △ 중국의『中國的軍事戰略』 · 전략개념 : 적극방어전략 · 군사력 건설방향 : 육중해경 ⇒ 해중육경 · 각 군의 전력운용개념 - 육군 : 기동작전, 입체공방전략 - 해군 : 근해방어 및 원양호위형 조합 전략 - 공군 : 항공우주일체, 공방겸비전략 ☞ 현대전 수행 개념을 전략적 과제로 반영
한국군의 군사기본교리	· 전쟁 수행개념 : 국가총력방위, 한·미 연합방위체제 · 군사력 운용지침 - 기본전투개념 : 공세적 통합전투 - 전략지침 및 전략지시 : 각군의 역할과 기능 소개 · 연합 및 합동작전 수행 ☞ 현대전 수행개념 반영 미흡 : '전쟁의 원칙'개념 미제시

1. 한국군의 군사교리 발전방안

한국군은 1990년에 『군사기본교리연구(Ⅰ)』(1990)을 발간한 이래, 수많은 의견 수렴과 전문가그룹의 토의 등을 거쳐 국군의 최상위 군사교리를 정립하였으며, 이후 세 차례의 개정을 통해 현재의 『군사기본교리』(2014)를 정립하여 적용하고 있다. 그 과정에서 군사기본교리는 몇 차례 명칭이 변경되었는데, 『군사기본교리연구(Ⅰ)』(1990)로부터 시작하여 『군사기본교리(연구안)』(1994), 『군사기본교리』(1997), 『합동기본교리』(2009)를 거쳐서, 다시 『군사기본교리』(2014)로 환원(還元)되었다. 합동교리체계는 군사기본교리, 합동기준교범, 합동운용교범으로 구성되어 있으며, 군사기본교리는 각 군의 교리발전에 영향을 준다.

따라서 Ⅰ장에서 고찰한 군사이론의 논의와 함께 Ⅱ장에서 현대전 교훈을 통해 본 군사교리의 분석내용과 Ⅲ장에서 심층적으로 분석한 한국군의 『군사기본교리』 그리고 Ⅳ장에서 분석한 미군이 적용하고 있는 『미국의 군사기본교리』(2013), 영국 공군의 『영국 항공우주력교리』(2009), 중국의 인민해방군이 적용하고 있는 『중국의 군사전략』(2015)의 분석내용을 바탕으로, 미래 우리 군의 바람직한 군사교리 정립방안을 제시하고자 한다.

한국군의 군사교리 정립 방안은 군사교리체계, 군사교리 발전에 영향을 주는 요소, 『군사기본교리』의 주요 내용 정립안 순으로 제시하였다.

1) 군사교리체계 정립

Ⅳ장에서 살펴본 바와 같이, 한국군의 교리는 군령(軍令) 최고사령부인 합동참모본부에서 발간한 『군사기본교리』를 근간으로 하여 합동교리, 육·해·공군의 교리로 정립되어 있다. 현재 한국군의 교리체계는 합동교리와

육·해·공군의 교리로 구분된다. 먼저, 합동교리는 합동기본교리, 합동기준교리, 합동운용교리로 구분하여 용어를 정의하고 있으나, 합동교범체계에서는 합동기본교범, 합동기준교범, 합동운용교범으로 구분함으로써 합동교리와 합동교범이라는 용어를 혼용(混用)하고 있다.

육군은 교리체계를 별도로 구분하지 않고, 현용교리와 미래전에 대비하는 교리로 구분하고 있다. 해군은 교리체계를 해병대와 구분하여 기본교리, 기준교리, 운용교리, 세부운용교리로 분류하고 있다. 공군은 교리체계를 기본교리, 기준교리, 운용교리로 구분하고, 교리를 근거로 작성되는 각 분야의 제반 업무수행에 필요한 전술, 전기, 절차, 교시, 실무적인 지침 및 수행요령을 수록한 간행물을 교범(教範)이라고 정의하고 있다. 따라서 저자는 Ⅰ장에서 고찰한 바 있는 전략·작전술·전술의 용병술 개념과 전쟁의 수준 등 군사이론을 바탕으로 군사교리체계를 [그림 Ⅴ-1]과 같이 정립하였다.

한국군의 교리체계는 최상위 교리인 합동참모본부의 『군사기본교리』를 근간으로 하여 합동기준교리, 합동운용교리로 작성되어야 하며, 육·해·공군의 교리는 용병술체계와 전쟁의 수준에 부합하도록 전략적 수준의 교리는 기본교리, 작전적 수준의 교리는 기준교리 또는 작전교리, 전술적 수준의 교리는 운용교리 또는 전술교리로 발간해야 한다. 그리고 각 병과별, 무기체계별 세부운용지침과 절차는 세부운용교리 또는 전술교범으로 발간하는 것이 바람직하다.

[그림 V-1] 한국군의 교리체계 정립방안

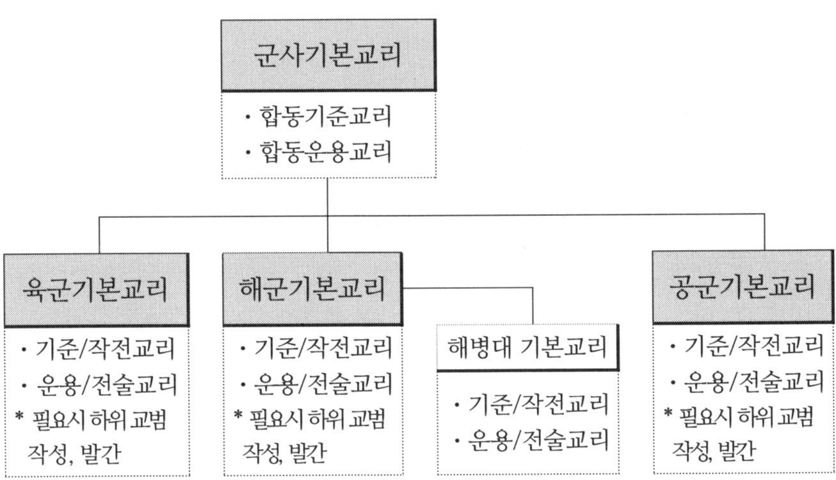

또한 현재 합동참모본부에서 혼용하고 있는 '합동교리'와 '합동교범'이라는 용어는 '합동교리'로 단일화해서 사용해야 한다. 또한 육군은 최상위 교리의 명칭을 『지상군 기본교리』로 발간하고 있으나, 지상군(ground forces)이라는 용어는 지상에서 전투를 수행하는 군을 총칭하므로, 자칫 해병대를 포함하는 개념으로 오인할 가능성도 배제할 수 없다. 따라서 『지상군 기본교리』라는 명칭보다는 육군(army) 고유의 『육군기본교리』라는 명칭으로 수정하는 것이 바람직하다고 생각한다.

2) 군사교리 발전에 영향을 주는 요소

군사교리 발전에 영향을 주는 요소를 도출하기 위하여 국내외의 군사이론가 및 학자, 군사교리 문헌 등을 분석하였다. 분석 결과는 군사이론가 및 학자들의 주장과 교리문헌상의 주장이 크게 다름을 식별하였다. 군사이론가와 학자들의 주장은 비교적 거시적 안목에서 전략적 차원에 중점을 두고 있는 반면, 군사교리문헌과 현역장교들의 주장은 현실적인 수준에서 군사적인 분야에 중점을 두고 있음을 식별할 수 있었다.

이를 보다 구체적으로 설명하면, 군사이론가 및 학자들의 주장은 국가전략 및 정책적 요소로서 대전략, 군사목표, 정치이념, 국가재정(경제)을 들고 있으며, 전쟁경험적 요소로서 역사적 전통과 경험을, 과학기술적 요소로서 기술을, 군사사상 및 군사이론적 요소로서 군사학 그리고 문화 및 전략문화가 군사교리 발전에 영향을 미친다고 주장하고 있다. 군사교리문헌이나 현역장교들이 주장한 경험 및 역사, 과학기술, 군사사상 및 군사이론은 학자들의 주장과 큰 차이는 없으나, 적의 위협요소로서 적의 군사력, 군사능력 및 무기체계를 들고 있으며, 아 능력으로서 군사능력과 무기체계를, 미래전 수행개념으로서 전쟁수행 개념의 변화와 전장환경 변화, 적의 위협(의도, 능력), 아 군사능력 및 무기체계, 전쟁수행 개념의 변화, 그리고 지리적 환경 등이 군사교리 발전에 영향을 주는 요소라고 기술하고 있다.

따라서 저자(著者)는 군사교리 발전에 영향을 주는 요소를 〈표 V-2〉에서 보는 바와 같이, 국가목표 및 국가안보목표, 전쟁경험 및 역사, 과학기술, 군사사상 및 군사이론, 적의 위협(의도, 능력), 아 군사능력, 미래전 수행개념 등 7가지를 도출하였다. 특히 국가목적과 국가목표, 국가안보목표에 대한 심도 있는 고찰을 통해 군사력 운용을 통하여 달성해야 하는 목표는 최상위의 목적인 국가목적이 아니라 국가목표 또는 국가안보목표를 구현하는 데 있다고 보고, 군사교리발전에 영향을 주는 목표 차원의 요소는 국가목표와 국가안보목표로 보았다.

〈표 V-2〉 군사교리 발전에 영향을 주는 요소

구 분	군사교리 발전에 영향을 주는 요소
군사이론가, 학자(學者)들의 주장	대전략, 군사목표, 정치이념, 국가재정(경제), 경험, 역사적 전통, 기술, 군사사상/이론, 문화, 군사적 요인, 적 능력, 군사학, 군간(軍間) 경쟁, 전쟁에 대한 인식
군사교리 문헌, 현역 장교들의 주장	국가이익, 국가목적/국가목표, 정치체제, 정치적 선택, 정책, 경험, 과학기술, 군사사상/이론, 지리적 환경, 적의 능력, 아 군사능력/무기체계, 전쟁 수행 개념의 변화, 전장 환경 변화
저자가 도출한 군사교리 발전을 위한 영향요소	국가목적/국가안보목표, 전쟁경험 및 역사, 과학기술, 군사사상/이론, 적의 위협(능력, 의도), 아 군사능력, 미래전 수행개념

군사교리 발전에 영향을 주는 요소들은 교리를 제정하거나 개정할 때 교리 발전을 위한 입력요소(input)로 작용한다. 군사교리 발전을 위한 영향요소의 수준과 내용에 따라 군사교리의 수준, 즉 전략적, 작전적, 전술적 수준의 교리가 결정된다. 또한 각 수준별로 발간된 군사교리에 의거하여 전략 및 작전기획, 군사력 운용, 전력 발전, 조직 및 편성, 군구조 발전, 리더십 개발을 위한 원리와 원칙 등을 제시하게 되는데, 이를 산출요소(output)라고 한다. 이와 같은 산출요소는 다시 전투경험과 교육 훈련을 통하여 도출된 교훈을 바탕으로, 새로운 군사교리 발전을 위한 영향요소로 작용함으로써 환류(feed back) 과정을 거쳐 발전한다.

2. 한국군의 새로운 전쟁수행 개념 : How to win?

『군사기본교리』의 핵심 내용인 '어떻게 싸워 이길 것인가?(용병)' 그리고 '군사력을 어떻게 건설할 것인가?(양병)' 즉 합참 차원의 전략개념과 이를 달성하기 위한 합동작전 수행개념을 세부적으로 제시해야 한다.

현재 합동참모본부의 합동작전 기본개념과 육·해·공군의 기본작전개념은 상호연계성이 미흡한 실정이다. 즉, 『군사기본교리』에서는 합동작전의 기본개념으로 '공세적 통합전투'를 제시하고 있으나, 육군은 지상작전 기본개념으로 '전 전장 공세적 통합작전'을 들고 있으며, 해군은 해군작전의 기본개념으로 '공세적 통합 해양작전'을, 공군은 '효과중심의 공세적 항공우주작전'을 들고 있다. 그러나 각 군의 전투력을 어떻게 공세적으로 운용하고, 어떻게 동시 통합할 것인가에 대한 지침은 구체적으로 제시하고 있지 않은 실정이다.

현재 한반도에는 「4·27 판문점 선언」 이후 항구적인 평화와 번영을 구축하기 위해 정부, 국제관계, 다양한 채널을 이용한 민간분야 교류협력이 다각적으로 전개되고 있으나, 군은 국민의 생명과 재산을 보호해야 할 사명을 부여받고 있는 최후의 보루(堡壘)이기 때문에 항상 최악의 상황을 가정하여 대비해야 한다. 따라서 한반도를 중심으로 지상·해상·공중은 물론 사이버(cyber)와 우주공간을 포함한 5차원 전장(戰場)에서 북한의 핵무기 및 장거리 탄도탄 그리고 잠수함발사탄도탄(SLBM : Submarine Launched Ballistic Missile)에 효과적으로 대응할 수 있는 '핵·WMD 대응체계'[1] 개념을 구체적

---

1) 국방부는 2019년 1월 11일, 「2019~2023 국방중기계획」을 발표하면서 2016년 9월 9일 북한의 5차 핵실험 직후 우리 군의 자체적인 북핵 위협 대응전략으로 공식화했던 '3축 체계'라는 용어를 폐기하고 '핵·WMD 위협 대응'이란 용어로 대체하였다. 3축 체계란 도발원점을 선제 타격한다는 킬체인(Kill Chain), 북한으로부터 날라오는 미사일을 공중에서 요격하는 한국형 미사일방어체계(KAMD) 그리고 유사시 북한의 지휘부를 제거한다는 대량응징보복(KMPR)을 말한다.

으로 제시해야 한다.

군사전략은 국가안보전략과 국방정책을 군사적 차원에서 구현하기 위해 군사전략 목표를 설정하고, 이를 달성하기 위한 군사력 운용 개념과 군사력 건설방향을 구체화한 것으로 목표, 개념, 수단 등으로 구성된다. 지난 2018년 1월 15일, 국방부가 발표한 『2018 국방백서』에 따르면, 한국군의 군사전략 목표는 안보환경의 급격한 변화를 고려하여 북한의 위협과 잠재적 위협 및 비군사적 위협에 동시 대비하는 개념이며, 군사전략 목표는 외부의 도발과 침략을 억제하고 억제 실패 시, '최단 시간 내 최소 피해'로 전쟁에서 조기에 승리를 달성한다는 것이다.[2]

군사전략 개념으로는 안보환경 변화와 전 방위 안보위협에 유연하게 대응하면서, 전 방위 위협에 대해서는 굳건한 한미동맹을 기반으로 주도적인 억제 및 대응능력을 구비하는 것이며, 북한의 위협에 대해서는 위협 감소를 통해 전쟁 가능성을 감소시키고, 장기적으로는 평화체제를 구축할 수 있는 군비통제전략을 수립하여 시행한다는 개념이다. 또한 굳건한 한·미동맹을 바탕으로 강력한 억제력을 발휘하고, 유사시 전승을 달성할 수 있는 능력과 태세를 갖추어 나간다는 것이다. 이를 위해 평시에 주변국과는 긴밀한 협력을 통해 유리한 전략 환경을 조성하고 억제능력을 강화함으로써 분쟁을 예방하고, 사이버위협과 비군사적 위협에도 선제적이고 신속하면서도 적극적으로 대응한다는 입장이다.

군사전략 개념을 구현하기 위한 군사력 건설방향으로는 북한 및 잠재적 위협을 포함한 전 방위 안보위협에 유연하게 대응할 수 있는 군사력을 건설한다는 것이다. 또한 머지않아 추진될 전시작전통제권 전환을 위한 군구조 개편을 통해 우리 군이 주도 할 수 있는 연합작전 수행능력을 구비하고, 사이버 및 우주위협에도 효과적으로 대응할 수 있는 능력과 작전수행체계를 구축하고, 테러, 국제범죄, 재해·재난 등 비군사적 위협에 적극적으로 대응

2) 국방부, 『2018 국방백서』(서울 : 국방부, 2018), p.36.

하기 위한 군사적 지원체계를 보강한다는 점을 강조하고 있다.[3]

따라서 이러한 개념을 보다 구체적으로 정립하여 국군의 최상위 교리인 『군사기본교리』에 명시하고, 보다 세분화된 개념과 실행계획은 군사전략 또는 작전계획에 명시하여 전투원들의 노력을 결집해야 한다. 특히 북한의 핵·미사일 위협에 효과적으로 대응하기 위해 한국과 미국은 그동안 한·미 공동으로 '맞춤형 억제전략'[4]을 토대로 연합 억제 및 대응능력을 향상해 왔다. 맞춤형 억제전략은 북한 지도부의 특성과 핵 및 미사일 위협 등을 고려하여 한반도 상황에 최적화한 한·미 공동의 억제 및 대응전략으로서 미국이 제공하는 일반적인 확장억제[5] 개념보다 한 단계 발전된 억제 및 대응전략이다.

맞춤형 억제전략에는 북한이 핵사용을 위협하는 단계부터 직접 사용하는 단계까지 모든 위기상황별로 이행 가능한 군사 및 비군사적 대응방안이 포함되어 있으며, 한·미 양국이 보유하고 있는 억제 방법과 수단을 최대한 활용하여 공동으로 대응할 수 있는 기반을 구축함으로써 북한의 핵 및 미사일 위협에 대한 억제 및 대응 효과를 극대화할 수 있다는 데 의미가 있다.[6] 한국과 미국은 맞춤형 억제전략을 더욱 발전시키고, 미국의 확장억제 공약의 실행력을 제고하기 위해 다양한 채널을 통하여 다방면으로 노력하고 있다.

우리 군은 그동안 현존 위협인 북한의 핵·미사일 위협에 효과적으로 대

3) 상게서, p.36.

4) 2013년 10월 제45차 한·미안보협의회의(SCM)에서 한·미 국방장관이 서명했으며, 미국이 동맹국과 수립한 최초의 억제전략으로서 북한의 핵 위협 시나리오별 한·미 양국이 어떻게 대응할 것인지 구체적인 억제방안을 담고 있다. 즉 북한의 핵무기 사용을 막기 위한 핵우산과 한·미 공동의 재래식 타격전력, 미사일 방어전력, 연합연습과 훈련, 그리고 외교 및 경제적 대처 등 비군사적 수단까지 포함한 모든 범주에 걸친 한·미동맹 능력의 운용방안으로서, 일반적인 '확장억제'에서 한발 더 나아가 한반도 상황에 맞도록 최적화한 전략 개념을 말한다.

5) 미국의 동맹국이나 우방국에 대하여 제3국이 핵공격을 위협하거나 핵능력을 과시하려 들 때 미국의 억제력을 이들 국가에 확장하여 제공하는 것으로서, 핵우산, 재래식전력, 미사일 방어능력 등의 억제력을 제공하는 일반적인 개념을 말한다.

6) 국방부(2018), 전게서, pp.51~52.

응하기 위해 한·미 연합 또는 독자적으로 군사능력과 태세를 강화해 왔다. 한국과 미국이 동맹으로서 연합작전을 통하여 북한의 탄도미사일 위협에 대응하는 개념으로 '맞춤형 억제전략'을 발전시켜 오고 있으며, '동맹의 포괄적 미사일 대응 작전개념'으로써 일명 4D[7] 작전개념을 지속적으로 발전시켜오고 있다. 여기서 포괄적이란 탐지, 교란, 파괴, 방어의 모든 분야에서 탄도미사일 위협에 대한 대응능력을 향상한다는 의미이다.

여기서 중요한 것은 동맹의 포괄적 미사일 대응작전(4D) 개념을 구현하기 위한 핵심 요소인 '핵·WMD 대응체계'는 기존의 북한위협 중심에서 전방위 안보위협에 대비한 '전략적 타격체계'와 '한국형 미사일 방어체계'로 확충해 나가고 있으며, 이를 위한 핵심전력을 조기에 구축하기 위해 노력하겠다는 점이다. 전략적 타격체계[8]는 전 방위 비대칭 위협에 대한 억제 및 대응을 위해 거부적 억제[9]와 응징적 억제[10]를 통합적으로 구현하는 것이며, 이를 위해 원거리 감시능력 및 정밀타격능력 기반의 전력을 확충한다는 것이다. 한국형 미사일 방어체계는 우리 측으로 날아오는 미사일을 요격하

7) 4D란 탐지(Detect : 정보·감시·정찰자산을 운용하여 교란·파괴·방어를 지원함), 교란(Disrupt : 북한 미사일 운용을 지원하는 고정 기반시설을 타격함), 파괴(Destroy : 북한 탄도미사일 및 이동발사대를 직접적으로 타격함), 방어(Defend : 우리 측을 향해 날아오는 북한의 탄도미사일을 요격함)를 말한다. 2014년 제46차 한·미안보협의회의에서 '4D 작전개념'을 합의한 이후, 2015년 제47차 한·미안보협의회의에서는 '4D 작전개념'에 기반하여 동맹의 포괄적 미사일 대응작전수행과 능력향상에 대한 구체적 지침을 반영한 「4D 작전개념 이행지침」을 승인하였다. 2016년 이후 한·미는 「4D 작전개념 이행지침」을 토대로 동맹의 의사결정, 기획, 지휘통제, 연습 및 훈련, 능력발전 등 5개 분야에 대한 이행 방안을 지속적으로 모색해 나가고 있다. 앞으로도 한반도의 완전한 비핵화와 항구적인 평화정착을 위해 동맹의 포괄적 미사일 대응능력과 태세를 지속 발전시키는 데 역량을 집중해 나갈 것으로 예상된다. 국방부(2018), 상게서, pp.52~53.

8) 기존의 Kill-Chain체계와 대량응징보복(KMPR)체계를 포괄하는 개념을 말한다.

9) 적의 특정 전략목표 달성을 거부하는 능력을 보유함으로써 적에게 침략으로 얻을 수 있는 이익보다 희생과 위험부담이 더 크다는 것을 인식시켜 침략을 포기하도록 하는 개념을 말한다.

10) 보복 위협을 통해 예상하는 이익보다 비용이 더욱 클 것이라는 점을 인식시켜 상대방이 행동을 하지 못하도록 하는 개념을 말한다.

는 다층방어체계[11]로서 탐지체계, 지휘통제체계, 요격체계로 구성되어 있으며, 우리 군은 현재는 탄도탄 조기경보레이더, 이지스함, 패트리어트 미사일 등을 전력화하여 수도권 핵심시설 및 주요 비행기지에 대한 방어능력을 보유하고 있다.[12]

이상에서 제시한 전 방위 핵·미사일 위협에 효과적으로 대비하기 위해서는 한·미 연합대응도 중요하지만 한국군의 독자적인 대비개념이 더욱 중요하다. 따라서 동맹의 포괄적 미사일 대응작전(4D) 개념을 구현할 수 있는 육·해·공군의 핵심 전투력을 어떻게 운용할 것인가를 구체화적으로 정립해야 한다. 또한 현재의 안보상황이 급변하여 최악의 경우, 즉 억제에 실패했을 경우에 대비하여 현재 국방부가 표방하고 있는 '최단 시간 내 최소 피해'라는 전략목표를 구현하기 위해서는 '어떻게 싸워 이길 것인가?'에 대한 전법(戰法)을 구체적으로 발전시켜야 한다.

저자(著者)는 이를 위한 대북(對北)전략으로, 평시(平時)에는 능동적 억제전략(Proactive Deterrence Strategy)[13]을 견지하고, 억제에 실패했을 경우에는 전략적 마비(Strategic Paralysis) 개념을 적용하여 적의 전략적 중심(重心)을 마비시켜 전승을 달성함으로써 남북통일을 달성하는 개념을 기본전략으로 제시하고자 한다. 능동적 억제전략이란 적의 도발징후가 포착되면 예방적 선제공격을 가하거나, 도발 직후 즉각 보복공격에 나선다는 것으로, 적이 도발의지 자체를 갖지 않게 하거나 도발의지를 가지고 있어도 감히 도발하지 못하도록 한다는 것이다.[14]

---

11) 복수의 요격체계로 적 미사일과 최소 2차례 이상 교전이 가능한 방어체계를 말한다.

12) 국방부(2018), 전게서, pp.53~54.

13) 능동적 억제전략(proactive deterrence strategy)은 이명박 정부에서 대통령 직속으로 운영한 '국방선진화추진위원회'에서 한국군의 전략개념으로 제시하였으나, 이후 유명무실해졌다. 당시 제시한 능동적 억제전략이란 '방어'보다는 '보복 응징력을 통한 억제'를 중시하는 전략으로서, 한정된 국방예산으로 완벽할 수 없는 방어에 많은 국방예산을 사용하기보다는 사전억제에 초점을 맞추자는 실용주의적 논리를 바탕으로 제시되었다.

14) 합동참모본부, 『합동·연합작전 군사용어사전』(서울 : 합동참모본부, 2014), p.115.

여기서 중요한 것은 국방부가 2019년 1월 11일 발표한 『2019~2023 국방중기계획』과 같은 해 1월 15일 발표한 『2018 국방백서』에서 '3축체계'라는 용어 대신에 '핵·WMD 대응체계'로 수정하고, 한국형 3축체계는 기존의 북한 위협 중심에서 전 방위 안보위협에 대비한 '전략적 타격체계'와 '한국형 미사일 방어체계'로 개념을 수정[15]하였다는 점이다.

따라서 이에 대한 명확한 대응개념과 운용개념을 정립하여 새로운 개념을 국군의 최상위 군사교리에 명시해야 한다. 이와 함께, 앞에서 제시한 능동적 억제전략에 대한 실질적인 작전 수행개념과 군사교리의 정립이 요구된다. 또한 만약의 경우이긴 하지만, 억제에 실패하여 전면전이 발발(勃發)했을 경우에는 통일한국을 위한 전승전략개념으로서 전략적 마비개념을 군사교리로 정립해야 한다. 전략적 마비는 네트워크 중심의 작전환경 하에서 한·미 연합의 육·해·공군 전력을 전방위 다차원적으로 동시 통합하여 공세적으로 운용함으로써 시너지효과를 극대화하고, 적의 전략적 중심을 마비시켜 결정적 승리를 달성함으로써 대한민국의 통일을 완수하는 개념이다. II장 현대전 교훈에서 군사교리 분석을 통하여 식별한 전쟁수행 개념을 바탕으로, 유사시 한반도에서의 전략적 마비개념을 단계별로 제시하면 〈표 V-3〉과 같다.

제1단계는 북한의 지도부 섬멸 및 전략적 항공전역을 수행하는 단계로써 전구목표는 북한의 전쟁지도부 제거, 핵 및 대량살상무기(WMD) 무력화, 지휘통제 및 정보·감시·정찰(C4ISR)체계 무력화, 공중 및 해양우세 확보, 장사정포 무력화에 두고, 토마호크 미사일, F-22/35 등 첨단 전투기, B-1/2/52 등 전략폭격기, 항공모함, 이지스함, 잠수함 등 한·미 연합전력과 한국의 현무, 특수부대 등 연합 및 합동전력을 중심으로 작전을 수행한다. 이 단계에서 가장 중요한 것은 북한의 전쟁지도부를 조기에 섬멸하는 것이다.

---

15) 국방부(2018), 전게서, p.53.

제2단계는 적 주력 격멸 및 전과 확대 단계로서, 전구목표는 공중 및 해양우세 확대, 병참선 차단, 인민군의 주력 부대 격멸에 두고, 한·미 연합전력 및 한국군의 합동전력을 중심으로 작전을 수행한다. 이 단계에서 중요한 것은 결정적 작전을 수행하기 위해 장애가 되는 북한군의 주력 부대와 주요 병참선을 완전히 차단해야 한다.

〈표 V-3〉 전략적 마비개념을 구현하기 위한 작전단계

구 분	전구 목표	주요 전력
제1단계 : **북한 지도부 섬멸 및 전략적 항공전역**	·전쟁지도부 제거 ·핵/탄도탄 능력 무력화 ·C4ISR체계 무력화 ·공중/해양우세 확보 ·장사정포 무력화	·한·미 연합 전력 - ALCM, 토마호크미사일, F-22/35/15/16/5/4, F/A-18, B-1/2/52 등 - 항모, 이지스함, 잠수함 등 - 현무, 무인기 등
제2단계 : **적 주력 격멸/ 전과 확대**	·공중/해양우세 확대 ·병참선 차단 ·인민군 주력 부대 격멸	·한·미 연합 전력 - ALCM, 토마호크미사일, F-22/35/15/16/5/4, F/A-18, B-1/2/52 등 - 항모, 이지스함, 잠수함 등 - 특수부대, 기계화부대 등
제3단계 : **결정적 작전**	·아 지상군, 북한지역으로의 신속한 기동 ·전승 기반 마련 ·북한 주요 거점 점령	·한·미 연합 전력 - 기계화부대, 보병, 육군항공부대 등 - 해병대 상륙부대 (동/서해 상륙작전 병행) ※북·중국경지역 : 한국군 위주의 작전 수행
제4단계 : **안정화작전**	·민사작전 수행 ·주민 치안 유지	·한국군 전력 - 육·해·공군 헌병 - 민사작전부대 등

제3단계는 결정적 작전을 수행하는 단계로서, 전구목표는 우세한 아(我) 지상군을 이용하여 북한지역으로의 신속한 기동을 통해 북한의 주요 거점을 점령함으로써 전승을 위한 유리한 조건을 마련하는 것이며 기계화부대, 육군항공, 해병대 상륙부대 등 한·미 연합 지상전력을 이용하여 상륙작전과 입체적 기동작전으로 신속하게 북한지역을 점령하는 것이다. 이 단계에서 가장 중요한 것은 북한과 국경을 맞대고 있는 접경지역 인근에서의 기동은 중국을 자극하지 않도록 한국군 주도로 작전을 수행해야 하며, 아 지상군의 인명피해를 최소화하는 것이다. 이를 위해, 주로 지상군의 기계화 부대와 육군항공을 활용하여 신속히 기동함은 물론, 해병대 상륙부대와 특수전부대를 활용하여 동해 및 서해의 전략적 지점에 상륙을 통해 최단시간 내에 북한의 주요 거점을 확보해야 한다.

제4단계는 안정화작전을 수행하는 단계로써, 전구목표는 민사작전 수행, 주민의 치안 유지에 중점을 두어야 하며, 육·해·공군의 헌병 등 한국군 중심으로 작전을 수행해야 한다. 이 단계에서 중요한 것은 북한지역의 주민을 자극하지 않도록 심리전을 병행해서 수행해야 한다.

이상에서 제시한 전략적 마비 수행개념을 그림으로 묘사하면 [그림 V-2]와 같으며, 그 핵심은 비선형전(non linear warfare), 병행전(parallel war fare), 네트워크중심전(NCW), 효과중심작전(EBO) 등 미래전 수행개념을 반영하여 한반도 전장환경에서 '어떻게 싸워 이길 것인가?'에 대한 기본개념이다.

미래 불특정 위협과 잠재적 위협에 대해서는 최우선적으로 국가안전보장과 국가이익을 수호하는데 중점을 두고 전쟁 억제(抑制)를 위한 군사전략과 군사교리를 발전시켜 나가야 한다. 최근 중국의 정찰기가 제주도 남방 이어도 인근 상공과 한국방공식별구역(KADIZ)[16]을 여러 차례 침범한 사례가 있다.

---

16) 한국방공식별구역(KADIZ : Korea Air Defence Identification Zone)은 우리나라의 영공방위를 위해 군사분계선(MDL)을 기준으로 동·서·남해 상공에 설정된 일정한 공역을 말한다. KADIZ는 국방부에서 관리하며 KADIZ 내로 진입하는 적성 항공기 및 주변국의 미식별 항공기에 대한 식별과 침투 저지를 위한 공중감시 및 조기경보체제를 24시간 유지하

[그림 V-2] 전략적 마비개념 수행도

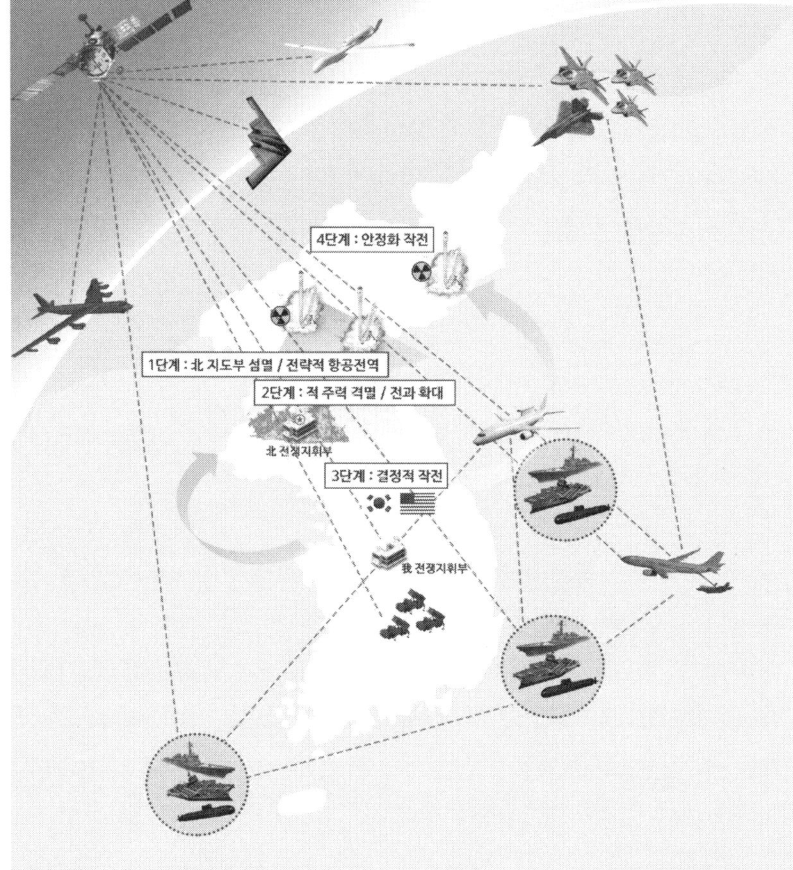

2013년 12월 이전에 이어도가 한국방공식별구역(KADIZ)에 포함되어 있지 않았던 것은 한국방공식별구역(KADIZ) 자체가 1951년 미 태평양공군사령부에서 극동방위를 목적으로 설정되다 보니 북쪽 영역에 대한 감시를 중시하

고 있다. 외국 항공기가 진입하려면 24시간 이전에 합동참모본부의 허가를 받아야 하며, 인가된 비행계획에 따라 비행할 경우에도 항공 지도상의 규정된 지점에서 의무적으로 위치보고를 해야 한다.

게 되었고, 그러나 보니 자연스럽게 제주도 남방의 이어도가 제외되어 있어 논란이 되어 왔었다.

그러다가 2013년 11월에 중국이 방공식별구역(CADIZ)을 선포하면서 우리의 영토인 이어도를 포함하게 되자, 우리 정부도 이에 대응하여 이어도를 포함한 새로운 한국방공식별구역(KADIZ)을 2013년 12월 8일에 선포하였다. 이에 따라 [그림 V-3]에서 보는 바와 같이, 이어도는 일본의 방공식별구역(JADIZ)과 중국의 방공식별구역(CADIZ) 그리고 한국의 방공식별구역(KADIZ)과 겹침에 따라, 언제든지 공중에서 우발적인 충돌 위험성이 상존(常存)하고 있다.

[그림 V-3] 한·중·일 방공식별구역(ADIZ) 현황

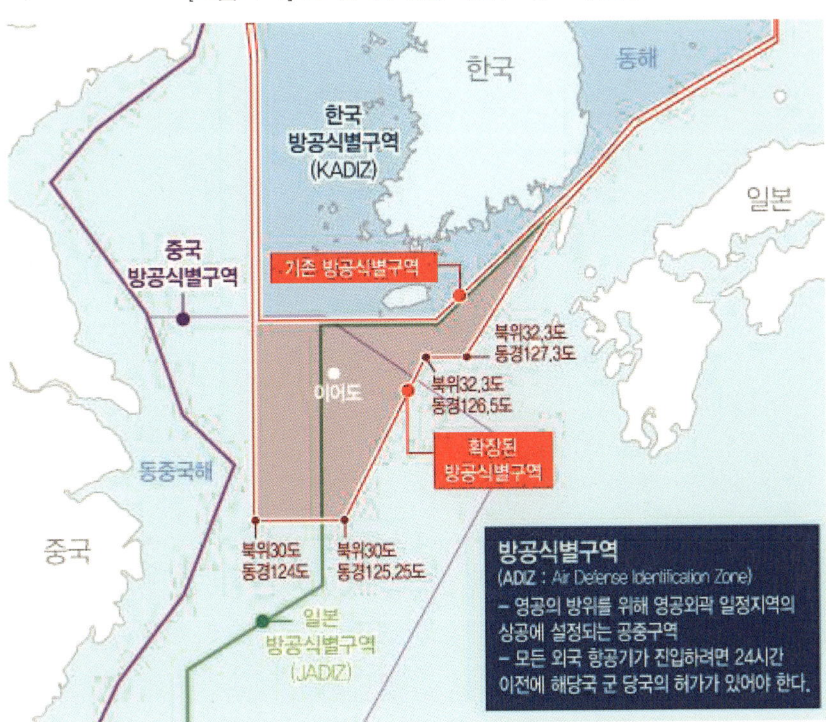

* 사진 제공 : 「뉴시스」, 2014년 8월 25일자.

이와 같은 미래 안보상황을 고려하여 저자는 불특정 위협과 잠재적 위협 그리고 초국가적 위협에 동시 대비하기 위해서는 평시에 강력한 억제력을 구비해야 하며, 유사시에는 거부적 억제를 달성할 수 있는 군사력을 구비하고, 이를 운용할 수 있는 전략개념과 군사교리를 개발해야 한다. 이를 위해 저자는 전장권역을 국가안보의 축인 서울을 기점으로 해서 관심권(2,000km), 감시 정찰권(1,500km), 적극 방위권(500km)으로 [그림 Ⅴ-4]와 같이 설정하였다.

[그림 Ⅴ-4] 거부적 억제개념 구현을 위한 전장권역

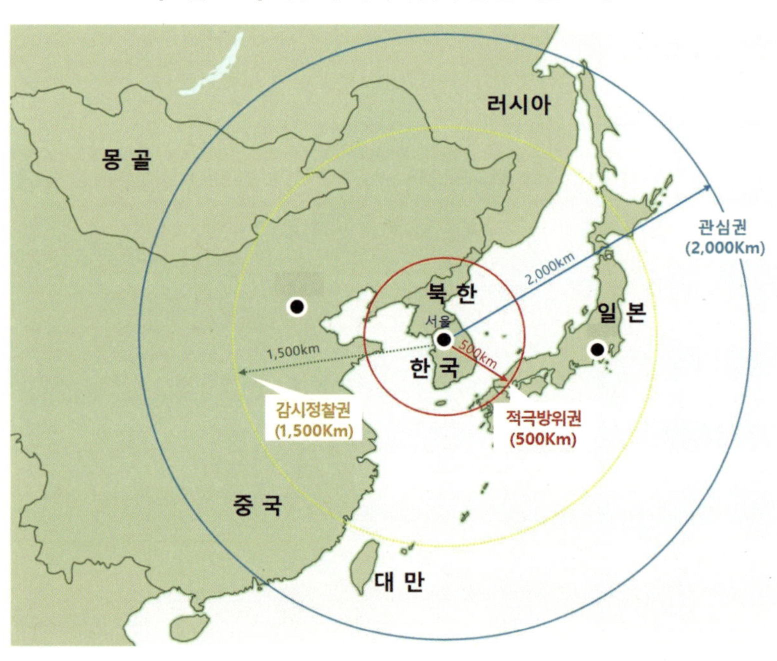

이를 보다 상세하게 설명하면, 관심권은 국가안보 및 국가이익을 신장하기 위한 영역으로서 필요할 경우에 사이버(Cyber), 우주 자산을 이용하여 위협의 대상 및 영역을 선택적으로 감시[17]할 수 있는 능력과 역량을 구비해

17) 감시(Surveillance)의 사전적인 정의로는 '단속하기 위하여 주의 깊게 살핌.'이라는 뜻이

야 한다는 것이다. 감시 정찰권은 국가안보와 국가이익을 수호하기 위한 필수적인 관심 영역으로서 기존의 대북 중심에서 탈피하여 미래 잠재적 위협의 전략적 중심(重心, Center of gravity)에 대한 감시 및 정찰[18]을 수행할 수 있는 능력과 역량을 구비해야 한다는 것이다.

적극방위권이란 국가안보와 국가이익 그리고 국가의 주권을 수호하기 위한 필수 영역으로서 배타적 경제수역(EEZ), 한국방공식별구역(KADIZ), 지상 국경을 포함하는 영역을 말한다. 이 영역은 우리 국민들이 생명과 재산을 영위하고 있으며, 국가의 통치권이 미치는 곳으로서 국가의 생존권과 주권의 영역이므로 어떠한 경우에도 사수해야 하며, 이를 위한 핵심전력을 체계적으로 구축해야 한다. 핵심전력으로는 적의 전략적 중심(重心, center of gravity)을 정밀 타격할 수 있는 일명 독침(毒針)전력을 구비해야 한다. 독침전력은 파괴성을 상징하는 독(毒)과 정밀성을 상징하는 침(針)이 융합된 융복합 전력을 말하며, 미래 안보환경을 고려하여 잠재적 위협에 대한 군사전략도 상대가 찌르면 동시에 아프다는 것을 인식시켜 주는 일명(一名) '고슴도치 전략'을 수립하여 시행해야 한다. 고슴도치전략을 구현하기 위한 핵심 전력은 당연히 정밀성과 치명성을 구비한 첨단 전투기와 원거리 정밀유도무기가 주력이 되어야 한다.

며, 미국의 합동용어사전 JP-02(2013. 5. 15.)에 의하면 '시각, 청각, 전자, 사진 및 다른 수단에 의해 공중, 지상, 지역, 장소, 물건 등을 체계적으로 관측하는 행위'로 정의하고 있다. 이를 종합해 보면 감시란 필요한 지역이나 관심있는 영역을 살펴보는 행위를 말한다.

18) 정찰(Reconnaissance)의 사전적 정의는 '더듬어 살펴서 알아냄. 작전에 필요한 자료를 얻으려고 적의 정세나 지형을 살피는 일'을 말하며, 미국의 합동용어사전JP-02(2013. 5. 15.)에 의하면 '관측 또는 여러 탐지 수단에 의해 적 또는 적대세력의 활동과 자원에 관한 정보 획득과 특정 지역의 기상, 수로 및 지리적 특성에 관한 자료를 확보하는 임무'로 정의하고 있다. 또한 합동참모본부에서 발간하는 합동·연합작전 용어사전(2014. 12. 13.)에 의하면 '적의 기습을 방지하고 전장의 불확실성을 최소화하기 위해 지상, 해양, 공중, 우주, 사이버 공간의 감시 장비를 이용하여 적의 의도와 능력을 파악하거나, 특정 지역의 기상이나 지리적 특징에 관한 제원을 획득하는 등의 정보를 제공하기 위해 수행하는 작전'이라고 정의하고 있다.

3. 새로운 『군사기본교리』 정립방안

Ⅲ장에서 한국군의 『군사기본교리』에 대하여 심층 분석하였다. 또한 Ⅱ장에서 걸프전쟁, 코소보전쟁, 아프가니스탄전쟁, 이라크전쟁 등 현대전의 교훈을 군사교리적인 관점에서 분석하였으며, Ⅳ장에서는 미군이 적용하고 있는 『미국 군사기본교리』(2013)와 영국 공군의 『영국 항공우주력교리』(2009), 그리고 잠재적 위협으로써 미래 한국의 안보에 가장 큰 영향을 줄 수 있는 중국 인민해방군이 적용하고 있는 『중국의 군사전략』(2015)을 분석하였다.

따라서 이상에서 분석한 내용을 중심으로 한국군의 『군사기본교리』 정립 방안을 내용적인 측면에서 제시하면 다음과 같다.

첫째, 군사교리에 대한 용어정의를 명확히 정립하여 군사교리에 대한 한국군의 개념을 통일시켜야 한다. 현재, 합동참모본부의 『군사기본교리』(2014)와 육·해·공군의 교리발전업무 규정에서 정의하고 있는 군사교리의 정의 및 개념이 각각 상이하다.

『군사기본교리』(2014)에서는 "군사력으로 국가목표를 달성하기 위하여 공식적으로 승인된 군사행동의 기본원칙과 지침"으로 제시하고 있으며, 육군은 교리발전규정에서 "교리는 국가목표 달성을 위한 군사에 관한 일치된 견해로서 권위 있는 기관에서 공식적으로 승인된 군사력 운용에 대한 기본원리"라고 정의하고 있다. 해군은 "국가안보를 달성하기 위한 해군력 운용의 기본원칙과 지침을 제공하고, 이에 대한 사고의 기본 틀을 제시함으로써 해군장병에게 공통된 신념을 갖게 하며 노력의 통일을 달성하게 한다."고 정의하고 있다. 공군은 "군사력으로 국가목표를 달성하기 위하여 공식적으로 승인된 군사행동의 기본원칙과 지침으로서 권위는 있으나, 적용 시에는 판단이 요구된다."고 정의하고 있다.

그러나 군사교리는 개념적으로 두 가지 관점을 가지고 작성해야 한다. 그 하나는 평시에 군구조를 포함하여 "군사력을 어떻게 준비하고 운용할 것인가?(양병, 용병)"에 중점을 두어 작성해야 하며, 다른 하나는 전시에 "어떻게 싸워서 이길 것인가?(용병)"에 중점을 두어야 한다. 그럼에도 불구하고, 합동참모본부의 『군사기본교리』(2014)에서는 위의 두 가지 사항 중 일부만 제시하고 있다. 즉, 용병(用兵)에 관해서만 개념적으로 기술하고 있으며, 군구조를 포함한 미래의 군사력 건설 지침 등 양병(養兵)에 관해서는 제시하고 있지 않다. 또한 군사력을 운용하여 달성하고자 하는 목표가 무엇이냐는 문제이다. 즉 국가목적을 달성하기 위함인지, 국가전략목표를 달성하기 위함인지, 아니면 국방목표(군사목표)를 달성하기 위함인지를 확실하게 정립하여 국가목표체계를 제시해 주어야 한다.

둘째, 군사이론에 대한 명확한 개념을 제시해야 한다. 현재 합동참모본부에서 발간한 『군사기본교리』(2014)에는 군사이론에 관한 내용이 미흡하다. 그러나 미군의 최상위 교리인 『미국 군사기본교리』(2013)는 제1장에서 '이론 및 기본개념'이라는 제목으로 군사이론을 상세히 소개하고 있다.

주요 내용은 교리를 적용하는데 있어서 가장 기본이 되는 사항으로서 전쟁(war)과 전(戰, warfare)의 차이, 전쟁의 본질, 전쟁의 수준, 전역(campaign), 작전(operations), 과업(task), 기능(function), 임무(mission) 그리고 전략적 안보환경과 국가안보의 도전요소, 국력의 수단과 군사작전의 범주, 합동작전, 합동기능, 합동작전기획, 전쟁법 등 군사력 운용에 있어서 기본적인 사항과 이론을 소개하고 있다. 따라서 한국군의 『군사기본교리』에서 이와 같은 내용을 중심으로 전쟁, 국가안전보장, 한반도 안보상황 및 북한의 위협, 전략, 작전술, 전술 관련 개념을 상세히 소개해 준다면, 합동작전을 수행하는 전투원이나 각 군의 전투원들이 개념을 통일하여 노력의 통합을 달성할 수 있을 것이다.

셋째, 한국군의 싸우는 방법을 새롭게 정립해야 한다. 우리 군의 전법(戰法)은 분단국가라는 특수성과 반세기가 넘도록 특정군 중심의 국방운영 등 특수한 국방여건으로 인해 6·25전쟁 이후 이제까지 지상작전 중심의 싸우는 방법을 고수해 왔음을 부인할 수 없다. 따라서 앞에서 분석한 현대전의 교훈을 반영하고, 4차 산업혁명시대에 부합한 과학기술을 접목한 국방기술을 반영하여 현재의 병력 중심의 국방력 운영개념으로부터 과감히 탈피하여 첨단 과학화된 전투력 중심의 질적인 개선이 필요하다.

최근 정부가 추진하고 있는 북한의 비핵화와 항구적인 평화 번영정책을 강력한 힘으로 뒷받침하기 위해서는 지금보다 더욱 첨단화 되고 강력해진 국방력의 구축이 절실한 실정이다. 왜냐하면 정부가 조기에 추진하고자 하는 전시작전통제권의 전환에 대비하고, 대북 중심의 군사력 배비로부터 탈피하여 미래 잠재적 위협에 효율적으로 대비해야 하기 때문이다. 새로운 군사력을 구비하기 위해서는 소요제기 단계에서부터 최소한 10년의 기간이 필요하다. 따라서 미래 안보환경을 고려하여 광범위한 영역에서 감시·정찰·정보 수집활동을 강화함은 물론 국가이익을 수호하고 국가를 방위할 수 있는 전 방위 억제력을 구비하기 위해서는 유사시 적의 전략적 중심을 타격할 수 있는 핵심전력을 구비해야 한다.

이와 같은 맥락에서 저자는 앞장에서 평시의 군사전략 개념으로 능동적 억제전략을 제시하였으며, 억제에 실패했을 경우에는 대북전략으로는 최단시간 내 최소의 희생으로 전승을 달성하는 전략적 마비개념을 제시하였고, 잠재적 위협에 대해서는 거부적 억제개념을 제시하였다. 따라서 이에 대한 구체적인 연구를 통하여 개념을 정립하고 이를 군사교리화 하는 노력이 병행되어야 한다.

넷째, 한국군의 '지휘통제의 원칙'과 '전쟁의 원칙'을 재정립하여 단일화함으로써 합동작전의 효율성을 제고하고, 이를 근간으로 각 군의 작전 수행 원칙을 정립해야 한다. 현대전 교훈에서 확인한 바와 같이, 합동 및 연합작전을 효율적으로 수행하기 위해서는 지휘 통제의 원칙이 가장 중요하다. 현재 『군사기본교리』(2014)와 육·해·공군의 기본교리에서 제시하고 있는 지휘 통제의 원칙과 전쟁의 원칙 또는 각 군의 작전수행원칙이 서로 다르다. 특히, 전쟁의 원칙은 군사작전의 계획과 준비 그리고 실시(實施) 간에 적용해야 할 지배적인 원리로서, 평시에도 군사력을 운용하는 원칙으로 적용되며, 군사전략목표를 구현함에 있어 노력의 통합을 증진시킨다. 그럼에도 불구하고 전쟁의 원칙은 1990년 『군사기본교리(Ⅰ)』(1990) 발간 이후 '군사작전 원칙', '합동작전 원칙'으로 수정하여 적용해 오다가, 2014년도에 개정한 『군사기본교리』(2014)에서는 다시 '전쟁의 원칙'으로 환원하였다. 미국은 합동참모본부나 육·해·공군의 '전쟁의 원칙'이 동일하나, 한국군은 합동참모본부와 육·해·공군의 '전쟁의 원칙'이 각각 다르다.

따라서 한국군의 『군사기본교리』에 '지휘 통제의 원칙'을 명확히 정립함은 물론, '전쟁의 원칙'을 미국과 같이, 단일화하여 합동참모본부와 육·해·공군이 동시에 적용하고, 『국방개혁 2.0』에서 제시하고 있는 기본전투개념을 바탕으로 각 군의 작전수행원칙을 재정립해야 한다. 또한 조건에 기초한 전작권 전환 이후 한국군 주도의 연합지휘체제 구축을 위한 근거를 『군사기본교리』에서 명확하게 제시해 주어야 한다.

다섯째, 현대전 교훈으로부터 도출된 안정화 및 대반란작전에 대한 기본적인 원리와 원칙을 제시해야 한다. 북한은 핵과 대량살상무기(WMD)를 비롯한 비대칭무기를 다량 보유하고 있어서, 한반도에서 전쟁이 발발할 경우에는 첨단 무기전과 재래식 전쟁이 동시에 수행될 것이므로, 전후처리과정에서 안정화작전과 대반란작전의 중요성이 매우 중요하게 대두될 것이다. 이미 아프가니스탄전쟁과 이라크전쟁 교훈을 통하여 식별한 바와 같이, 전면전과 적군의 섬멸에 집중하도록 훈련된 강력한 군사력을 가지고 안정화작전과 대반란작전을 수행하기에는 많은 어려움이 수반될 것이다.

따라서 아프가니스탄전쟁과 이라크전쟁에서 미군이 체험한 안정화작전과 대반란작전의 경험을 바탕으로 특수한 한국적 전장상황에 부합한 안정화작전 및 대반란작전 수행개념을 정립하여 교리화해서 적용해야 한다.

여섯째, 한국군의 군사력 건설방향과 원칙을 명쾌하게 제시함으로써 '합동성'을 제고함은 물론, 국방예산의 낭비요소를 제거해야 한다. 『미국 군사기본교리』(2013)와 『중국의 군사전략』(2015)에서는 합동전력 및 각 군의 전력발전지침을 명확히 제시하고 있다. 특히 『미국 군사기본교리』(2013)에서는 합동전력 발전을 위한 기본원칙과 합동전력, 합동교리, 교육훈련, 전쟁교훈 학습 등에 관하여 개발과정을 명확히 제시하고 있으며, 『중국의 군사전략』(2015)에서도 인민해방군의 각 군과 병과(兵科) 그리고 무장경찰부대(people's armed police force)의 군사력 건설과 발전에 관한 지침을 제시하고 있다.

따라서 한국군의 『군사기본교리』에서도 최근 합참 및 육·해·공군 간 경쟁적으로 적용하고 있는 4차 산업혁명시대의 과학기술과 2025년도 발사를 목표로 추진하고 있는 '425 사업'을 기반으로, 향후 군사위성을 이용한 우주작전이 본격화 될 것에 대비하여 군사위성 운용개념과 우주전력의 특성 등을 교리로 정립하고 사이버(Cyber) 전력 운용개념을 교리화해야 한다. 또한 『국방개혁 2.0』을 구현하기 위해 오로지 국가안보와 '합동성'을 최우선으로 고려하여 육·해·공군의 전투력 발전을 위한 원칙과 지침 그리고 우선순위를 제시해 준다면, 과거 정부에서 자행되었던 국방예산의 낭비요소를 방지할 수 있을 것이다. 즉 육·해·공군의 전투력 건설에 있어서 과거에 관행처럼 답습되었던 특정 군의 기득권 지키기와 '나눠 먹기식' 국방예산 배정을 타파함으로써 국방예산의 낭비를 방지하고, 군사력 건설의 효율성을 제고할 수 있을 것이다.

일곱째, 효율적인 국방운영체계를 확립하고 한국군의 윤리의식을 함양하기 위하여 군인으로서 구비해야 할 소명(召命)의식을 교리화해야 한다. 1990년도에 국방연구원(KIDA)에서 연구한 『군사기본교리(Ⅰ)』(1990)에 의하면, 한국군의 윤리 및 가치관으로서 국군에게 부여된 임무를 완수하고 전장(戰場)에서 승리를 보장하기 위하여 전·평시를 막론하고 국군의 각 조직 및 구성원 개인에게 필요한 가치 기준을 제시하자는 의견을 제안하였다. 이후 교리화 과정에서 삭제되었지만, 과거 정부에서 국민으로부터 불신(不信)의 대상이 되었던 병역비리, 방산비리 등을 원천적으로 방지하고, 국민의 군대로서 위상을 제고하기 위해서는 국군의 윤리 및 가치관을 정립하여 교리화 할 필요가 있다.

현재 국방부는 '청정국방'을 표방하고 있다. 청정국방이란 청렴한 국방, 정직하고 정의로운 국방, 국민을 위하고 국민들로부터 신뢰받으며 사기충천한 국방, 방위태세를 완벽히 구축하고 미래를 대비하는 국방을 건설한다는 것이다. 육·해·공군은 오래전부터 핵심가치를 정립하여 시행하고 있다. 가치관은 모든 구성원의 생각을 하나로 결집시켜 주는 공통의 신념체계로서, 육군은 충성·용기·책임·존중·창의의 5대 가치관을 정립하고 있으며, 해군은 명예·헌신·용기의 3대 가치관을, 공군은 도전·헌신·전문성·팀워크의 4대 가치관을 핵심가치로 정립하고 있다.

따라서 국군의 최상위 교리인 『군사기본교리』에서도 청정국방과 같은 개념과 위국헌신군인본분(爲國獻身軍人本分), 충성, 헌신, 청렴, 정도(正道), 필승, 명예, 용기 등 군인으로서 요구되는 소명(召命)의식과 국군의 윤리관을 교리화 하는 방안을 제안한다.

군사교리의 핵심은 "어떻게 싸워 이길 것인가?"(용병)와 "군사력을 어떻게 건설할 것인가?"(양병)에 관한 원리와 원칙을 정립하여 전사(戰士, Warrior)들에게 제시함으로써 노력의 통일을 달성하는 데 있다. 따라서 저자(著者)는 만약 억제에 실패했을 경우에 한국군의 싸워 이기는 방법과 군사력 운용 및 건설의 원리와 원칙을 제시하고자 한다.

먼저, 평시에는 현존하는 위협 및 초국가적·비군사적 위협과 잠재적 위협에 동시 대비할 수 있는 핵·WMD 대응체계를 완벽히 구축함으로써 능동적 억제전략을 견지(堅持)하고, 만에 하나 억제에 실패하였을 경우에는 대북(對北)전략으로서 최단시간 내에 최소의 희생으로 전승을 달성하여 통일한국의 기반을 조성하는 전략적 마비(痲痹)개념을 군사교리로 정립하고, 이를 발전시켜야 한다. 미래 잠재적 위협에 대해서는 일명 '고슴도치전략'[19] 또는 '독침전략'[20] 개념을 발전시켜서 거부적 억제전략으로 정립하고, 이를 발전시켜야 한다.

이상에서 제시한 내용을 종합하여 새로운 패러다임의 한국군 『군사기본교리』에 담아야 할 주요 내용을 제시하면 〈표 V-4〉와 같다.

---

19) 고슴도치의 특성을 이용하여 상대방이 나를 공격해 오면 동시에 상대방에게도 큰 피해를 줄 수 있다는 인식을 심어 줌으로써, 감히 상대방이 나를 공격해 올 수 없게 한다는 억제전략 개념이다.

20) 독침처럼 '독(毒)'과 '침(針)'으로 융합된 한방을 구비한다는 전략개념으로, 장거리 초정밀유도무기를 이용하여 적의 전략적 중심을 정밀타격(surgical strike) 할 수 있는 능력과 역량을 구비함으로써 억제를 달성하는 전략개념이다.

〈표 V-4〉 새로운 패러다임의 한국군 『군사기본교리』 정립안

주요 내용(기본 틀)
· 총 론 - 군사교리의 정의, 목적, 적용 범위 등 · 군사이론 및 기본 개념 - 국가목표체계, 전쟁의 본질/원칙/수준, 국가안전보장, 전역(戰役), 작전 등 · 한국군의 기본 전략개념(용병) : **어떻게 싸워 이길 것인가?** * 「국방개혁 2.0」의 기본 전투개념 중심으로 기술 - 한반도 전장환경, 북한의 핵·WMD 등 비대칭전력의 위협 분석 - 5차원 전장 : 지·해상, 공중·사이버·우주공간을 이용한 전방위 다차원 전장 - 합동작전, 연합/다국적 작전 수행 개념 - 합동작전 시 지휘 통제의 원칙 - **능동적 억제전략** : 평시 억제를 위한 전략개념으로서 핵·WMD 대응체계, 현존하는 북한의 위협, 초국가적 위협, 비군사적·잠재적 위협에 동시 대비하는 개념 - **전략적 마비(對 북한)** : 억제 실패시 전승전략개념으로서 비선형전, 병행전(parallel warfare), 네트워크전(NCW), 효과중심작전(EBO) 등 미래전 수행개념 하, 한·미 연합전력을 바탕으로 한반도 전장환경에 적합한 4단계 작전 수행개념(통일한국을 위한 전역 계획) - **거부적 억제전략(對 잠재적 위협)** : 고슴도치전략, 독침전략/전력 구비 - 안정화작전, 대반란작전 수행 개념 · 군사력 건설 지침(양병) : **군사력을 어떻게 건설할 것인가?** - 미래 지휘구조 등 군구조 발전방향 - 합동교리 발전, 합동 교육 훈련 지침 등 - 군사위성 등 우주자산과 사이버전력 등 군사력 발전 우선순위 · 한국군의 윤리관 - 군인으로서의 소명(召命) 의식, 윤리관, 가치관 등

끝맺으면서

이 책을 집필한 목적은 「4·27 판문점 선언」 이후 한반도에 항구적인 비핵화와 지속 가능한 평화와 번영의 기운이 형성되어 있음에도 불구하고, 북한의 핵·미사일 등 대량살상무기(WMD)의 위협이 현존하고 있는 바, 이에 효율적으로 대비하고 미래 불특정 위협과 잠재적 위협, 초국가적 위협에 동시 대비하기 위한 한국군의 군사기본교리 정립방안을 제시하는 데 있다. 특히 2019년 1월 11일 국방부가 「2019~2023 국방중기계획」을 발표하면서 그동안 북한의 핵·미사일 위협에 효율적으로 대비하기 위해 2016년 9월 9일, 북한의 5차 핵실험 이후 공식적으로 사용해 왔던 '3축체계'라는 용어를 폐기하고 '핵·WMD 대응체계'라는 용어를 새롭게 사용하면서 3축체계를 구성하는 주요 전력과 작전 용어도 변경하였다. 즉 킬 체인(Kill Chain)은 '전략표적 타격'으로, 한국형 미사일방어체계(KAMD)는 '한국형 미사일방어'로, 대량응징보복(KMPR)은 '압도적 대응'으로 용어를 수정함에 따라, 군사교리의 발전 소요가 발생하였다.

또한 4차 산업혁명으로 인해 인공지능(AI), 빅 데이터(Big Data), 클라우드 컴퓨팅(Cloud Computing), 사물인터넷(IoT) 등이 군사분야에 빠르게 적용되고 있으며, 이를 이용한 드론, 로봇, 드론봇 등 무인체계 운용개념이 급속도로 발전되고 있다. 특히 한국군은 현 안보상황과 4차 산업혁명 기술을 반영한 『국방개혁 2.0』을 강력하게 추진하고 있는 실정이다.

따라서 이에 대한 새로운 개념 정립과 각 군의 전투력을 어떻게 운용하고 미래 전투력을 어떻게 구비할 것인가에 대한 심도 있는 논의가 필요한 시점이라 판단된다. 이에 따라 걸프전쟁 이후 발발한 현대전의 교훈을 군사교리 측면에서 분석하였고, 오랜 역사와 전통을 지니고 있는 미국과 영국의 군사교리와 중국의 군사전략을 심층적으로 고찰하였다. 또한 한국군의 최상위 작전수행 제대인 합참과 각 군이 서로 다른 교리체계를 적용하고 있음을 식별하여 한국군의 바람직한 군사교리체계 정립방안을 제시하였고, 국내외의 군사이론가와 전문가들의 주장 그리고 교리문헌을 분석하여 군사교리 발전에 영향을 주는 요소를 도출하였다.

특히, 이 책의 집필목적인 현존 위협에 우선 대비하면서 미래 불특정 위협과 초국가적 위협 그리고 잠재적 위협에 동시대비하기 위한 군사교리 발전방향을 제시하기 위해, 1990년도에 합동참모본부에서 발간한 군사기본교리의 연구안과 세 차례의 개정안을 분석하여 한국군의 전법(戰法) 즉 '어떻게 싸워 이길 것인가?(How to win?)'를 포함한 『군사기본교리』의 정립방안에 관하여 주요 내용을 중심으로 제시하였다. 이를 요약하면 다음과 같다.

한국군의 군사교리체계에 대해서는 전쟁의 수준과 전략·작전술·전술로 구분되는 용병술체계 등 군사이론을 바탕으로 정립하였다. 한국군의 군사교리는 최상위 수준인 『군사기본교리』를 근간으로 하여 합동기준교리, 합동운용교리로 작성되어야 하며, 각 군의 교리는 전략적 수준의 교리인 기본교리, 작전적 수준의 교리인 기준교리 또는 작전교리, 전술적 수준의 교리인 운용교리 또는 전술교리로 발간해야 한다. 그리고 각 병과(兵科)별, 무기체계별 세부운용지침과 절차는 세부운용교리 또는 전술교범으로 발간하는 것이 바람직하며, 합동참모본부에서 혼용하고 있는 '합동교리'와 '합동교범'이라는 용어는 '합동교리'로 용어를 통일하여 사용하는 것이 바람직하다고 제시했다.

군사교리 발전에 영향을 주는 요소로는 국내외의 군사이론가 및 학자, 군사교리 문헌 등을 심층 분석하여 도출하였다. 군사이론가 및 학자들의 주장은 비교적 거시적이고 전략적 차원에 중점을 두고 있는 반면, 군사교리 문헌과 현역장교들의 주장은 현실적인 수준에서 작전적인 분야에 중점을 두고 있음을 식별할 수 있었다. 저자는 이를 종합하여 군사교리 발전에 영향을 주는 요소로, 국가목표 및 국가안보목표, 전쟁경험 및 역사, 과학기술, 군사사상 및 군사이론, 적의 위협(의도, 능력), 아 군사능력, 미래전 수행 개념 등 7가지를 제시하였다.

끝으로, 한국군의 『군사기본교리』 정립 방안을 주요 내용 중심으로 제시하였다. 이를 위해 걸프전쟁, 코소보전쟁, 아프가니스탄전쟁, 이라크전쟁 등 현대전의 교훈과 1990년에 발간한 한국군의 『군사기본교리연구』(I, 1990)부터 2014년에 개정(改定) 발간한 『군사기본교리』(2014)까지 통시적(通時的)으로 분석하였다. 또한 미군의 최상위 교리인 『미국 군사기본교리』(2013), 영국 공군의 『영국 항공우주력교리』(2009), 그리고 『중국의 군사전략』(2015)을 심층적으로 분석하여, 이를 토대로 한국군의 『군사기본교리』 정립방안을 제시하였다.

이상의 내용을 종합하여 현재 정부가 추진하고 있는 지속 가능한 한반도의 평화 번영시대에 부합하고, 미래전 수행에 적합한 한국군의 『군사기본교리』 정립방안을 제시하면 다음과 같다.

첫째, 군사교리에 대한 개념 및 용어를 명확히 정의하여 한국군의 말단 이등병부터 최고 지휘관인 합참의장에 이르기까지, 중요한 국방 용어 및 개념을 통일시켜야 한다. 현재, 『군사기본교리』(2014)와 육·해·공군의 교리발전업무 규정에서 정의하고 있는 군사교리에 대한 개념, 교리의 성격 및 역할이 각각 상이(相異)한 관계로 교리의 본질인 구성원의 개념통일에 적지 않은 혼선을 주고 있다. 따라서 우선적으로 『군사기본교리』에서 용어의 정의와 개념을 통일시켜 전투원 모두가 노력의 통합을 달성할 수 있도록 해야 한다.

둘째, 군사이론에 대한 명확한 개념을 제시해야 한다. 한반도 전장환경에 부합한 한국군의 『군사기본교리』를 정립하기 위해서는 전쟁의 본질 및 수준, 국가안전보장, 한반도 안보상황 및 북한의 위협, 전역(戰役), 작전, 용병술 관련 개념을 상세히 소개함으로써 합동작전을 수행하는 전투원이나 각 군의 전투원들이 통일된 개념 하에 주어진 군사목표를 달성해야 한다. 또한 군사력을 운용하여 무엇을 달성할 것인가에 대한 국가목표체계를 명확하게 정립해야 한다. 즉 국가목적, 국가이익, 국가목표, 국가안보목표, 국방목표(군사목표) 등에 관한 용어정의와 개념 그리고 계서(階序)관계를 명확히 정립해야 한다.

셋째, 『군사기본교리』의 핵심 내용인 "어떻게 싸워 이길 것인가?"에 대한 전략개념을 구체적으로 제시해야 한다. 이를 위한 대북전략으로, 평시에는 능동적 억제전략(proactive deterrence strategy)을 견지(堅持)해야 하며, 억제에 실패하여 북한과 전면전이 발발했을 경우에는 적의 전략적 중심(重心)을 조기에 마비시켜 전승을 달성함으로써 통일한국의 기반을 마련하는 전략적 마비(Strategic Paralysis) 개념을 기본전략으로 제시하였다. 또한 미래 불특정 위협 및 초국가적·잠재적 위협에 대해서는 유사시 적의 침입을 원거리에서 격퇴하고, 동시에 적의 중심을 신속하게 타격하는 거부적 억제전략을 제시하였다. 이와 같은 전략개념을 구현하기 위해서는 비선형전, 병행전(parallel warfare), 네트워크전(NCW), 효과중심작전(EBO) 등 미래전 수행개념을 한반도 전장환경에 맞게 적용하여 싸워 이길 수 있는 전법(戰法)과 군사력 운용의 원리와 원칙을 발전시켜서 군사교리로 정립해야 한다.

넷째, 한국군의 '지휘 통제의 원칙'과 '전쟁의 원칙'을 재정립하여 단일화함으로써 합동작전의 효율성을 제고하고, 이를 근간으로 각 군의 작전수행 원칙을 정립해야 한다. 특히, '전쟁의 원칙'은 군사작전의 계획과 준비 그리고 실시(實施) 간에 적용해야 할 지배적인 원리로서 평시에도 군사력을 운용하는 원칙으로 적용되며, 군사전략목표를 구현함에 있어 노력의 통합을 증진시킨다. 그럼에도 불구하고 전쟁의 원칙은 1990년 『군사기본교리연구

(Ⅰ)』(1990) 발간 이후 '군사작전 원칙', '합동작전 원칙'으로 수정되어 2014년도에 개정된 『군사기본교리』(2014) 발간시, '전쟁의 원칙'으로 환원됨으로써 혼동을 자초하였다. 그래도 만시지탄(晩時之歎)이지만 다행이다. '전쟁의 원칙'은 『군사기본교리』의 용병분야에서 가장 핵심적인 내용이며, 각 군의 전력운용에 가장 큰 영향을 미친다. 따라서 현 정부에서 추진하고 있는 『국방개혁 2.0』의 기본전투개념을 바탕으로 『군사기본교리』에서 전쟁의 원칙을 재정립해야 한다.

다섯째, 걸프전쟁 이후 수행된 현대전 교훈으로부터 도출된 안정화작전과 대반란작전에 대한 기본적인 원리와 원칙을 한반도 상황에 맞는 작전개념으로 제시해야 한다. 현재 한반도에 지속가능한 항구적인 평화와 번영을 정착시키기 위해 다각적인 대북정책이 시행되고 있지만, 북한은 핵을 비롯한 비대칭무기 등 대량살상무기(WMD)를 다량 보유하고 있어서 한반도에서 전쟁이 발발(勃發)할 경우에는 북한지역에 대한 안정화작전과 대반란작전의 중요성이 매우 중요하게 대두될 것이다. 따라서 아프가니스탄전쟁과 이라크전쟁에서 미군이 체험한 안정화작전과 대반란작전의 경험을 바탕으로 한국적 실정에 부합한 안정화작전과 대반란작전 개념을 정립하여 교리화해야 한다.

여섯째, 한국군의 미래지향적인 군사력 건설 방향과 원칙을 명쾌하게 제시함으로써 '합동성(jointness)'을 제고함은 물론, 국방예산의 낭비요소를 제거해야 한다. 『미국 군사기본교리』(2013)와 중국의 『중국의 군사전략』(2015)에서는 합동전력 및 각 군의 전력 발전지침, 즉 양병에 관련된 사항을 명확하게 제시하고 있다. 한국군의 『군사기본교리』에서도 4차 산업혁명시대에 걸맞는 과학기술과 우주 및 사이버 전력을 포함하여 국가안보와 합동성을 최우선으로 한 군사력의 구축방향과 원칙을 명확하게 제시해 준다면, 불필요한 국방예산의 낭비를 방지함은 물론 군사력 건설의 효율성을 제고할 수 있을 것이다.

일곱째, 한국군의 윤리의식을 함양하기 위하여 군의 소명의식을 교리화 해야 한다. 특히, 그동안 사회문제로 대두되었던 직업군인들의 병역비리, 방산비리 등 일탈(逸脫) 행위를 방지하기 위하여 한국군의 윤리관 및 군인으로서의 가치관을 군사교리로 정립할 필요성이 있다. 일례로, 현재 국방부는 '청정국방'을 표방하고 있다. 청정국방이란 청렴한 국방, 정직하고 정의로운 국방, 국민을 위하고 국민들로부터 신뢰받으며 사기충천한 국방, 방위태세를 완벽히 구축하고 미래를 대비하는 국방을 건설한다는 것이다.

육·해·공군은 오래전부터 핵심가치를 정립하여 시행해 오고 있는데, 육군은 충성·용기·책임·존중·창의의 5대 가치관을 정립하고 있으며, 해군은 명예·헌신·용기의 3대 가치관을, 공군은 도전·헌신·전문성·팀워크의 4대 가치관을 핵심가치로 정립하고 있다. 따라서 국군의 최상위 교리인 『군사기본교리』에서도 청정국방과 같은 개념과 위국헌신군인본분(爲國獻身軍人本分), 충성, 헌신, 청렴, 정도(正道), 필승, 명예, 용기 등 군인으로서 요구되는 소명(召命)의식과 국군의 윤리관을 선별하여 교리화 하는 방안을 제시한다.

국방부는 2018년 7월 27일, 문재인 정부의 국방개혁 추진방향으로 전방위 안보위협 대응, 첨단과학기술 기반의 정예화, 선진화된 국가에 걸맞는 군대 육성 등을 골자로 하는 「국방개혁 2.0」을 발표하였다. 지금이 국방개혁을 속도감 있게 추진할 수 있는 골든타임(golden time)[1]이라고 생각한다. 국방개혁은 법과 제도의 정비도 중요하지만 한국군이 미래 전장에서 "어떻게 싸워 이길 것인가?"(용병) 또는 미래 안보환경 변화에 대비하여 "군사력을 어떻게 건설할 것인가?"(양병)에 대한 원리와 원칙을 담은 군사교리, 즉 군사기

---

1) '골든 타임(golden time)'이란 원래 TV 시청률이 가장 높은 황금시간대를 말하나, 사고나 사건에서 인명을 구조하기 위한 금쪽같은 시간을 말하기도 한다. 세월호사고 이후 우리 사회에서 널리 사용되고 있다. 저자(著者)는 지금이 만시지탄(晩時之歎)이지만, 「국방개혁 2.0」을 강도 높게 추진하기 위한 '골든 타임'이라고 보았다.

본교리의 정립이 선행되지 않으면 사상누각(沙上樓閣)이 될 수 있다. 왜냐하면 법과 제도만으로는 전투원들의 생각과 문화를 바꿀 수 없기 때문이다. 전투원들의 노력의 통합을 달성하고 전투원들의 강한 전투력과 전투의지는 군사교리로부터 달성되기 때문이다.

저자는 이와 같은 관점(觀點)에서, 이 책을 바탕으로 군사교리에 대한 많은 논의와 토론이 이어져 거대 담론을 형성함은 물론, 한반도를 넘어 국제적으로도 초미(焦眉)의 관심사가 되고 있는 한반도의 항구적인 비핵화와 지속 가능한 평화와 번영정책의 성공적 추진에도 기여했으면 하는 소망(所望)이다. 아울러 현재 국방부에서 강력하게 추진하고 있는 『국방개혁 2.0』의 성공과 미래 안보환경에 부합한 선진 정예 강군을 구축하는데 있어, 『군사기본교리』가 소프트 파워(soft power)[2]로서 일조(一助)할 수 있기를 소망한다.

[2] 군사력 중에서 무기체계, 장비 등 무형전력을 하드파워(hard power)라고 할 수 있으며, 군사교리, 군사전략, 정신력, 사기 등 무형전력을 소프트파워(soft power)라 할 수 있다.

참 고 문 헌

1. 국내 문헌

1) 단행본

· 권영근, 『한국군 국방개혁의 변화와 지속』, 서울 : 연경문화사, 2013.
· 권태영 외, 『미래전 양상 연구』, 서울 : 한국전략문제연구소, 2004.
· 길병옥 외, 『국가안보론』, 대전 : 충남대학교 출판문화원, 2013.
· 남보람, 『전쟁이론과 군사교리 : 군사-전쟁 현상의 이론적 탐구』, 서울 : 지문당, 2011.
· 박휘락, 『전쟁, 전략, 군사 입문』, 서울 : 법문사, 2005.
· 이근욱, 『왈츠 이후 : 국제정치이론의 변화와 발전』, 서울 : 한울 아카데미, 2014.
· 이명환·이성만 외 공저, 『항공우주시대 항공력 운용 : 이론과 실제』, 서울 : 도서출판 오름, 2010.
· 이종학, 『군사고전의 지혜를 찾아서』, 대전 : 충남대학교 출판문화원, 2012.
· ______, 『군사전략론』, 대전 : 충남대학교 출판부, 2009.
· ______, 『나의 학문과 인생』, 대전 : 충남대학교 출판부, 2009.
· 이종학, 편저, 『군사명언의 지혜를 찾아서』, 대전 : 충남대학교 출판문화원, 2018.
· 이종학·길병옥 공저, 『군사학 개론』, 대전 : 충남대학교 출판부, 2009.
· 이태규, 『군사용어사전』, 서울 : 일월서각, 2012.
· 공군대학, 『항공력이론의 진화』, 대전 : 공군대학, 1999.
· 공군본부, 『교리·교범 발전업무』, 계룡대 : 공군본부, 2011.
· 공군전투발전단, 『이라크전쟁(항공작전 중심으로 분석)』, 계룡대 : 전투발전단, 2003.
· 국가안보실, 『문재인 정부의 국가안보전략』, 서울 : 국가안보실, 2018.
· 국방군사연구소, 『걸프전쟁 분석』, 서울 : 국방군사연구소, 1992.
· 국방대학교, 『한국군 사이버전 대비방향 연구』, 서울 : 국방대학교, 2009.
· 국방부 군사편찬연구소, 『한국 군사역사의 재발견』, 대전 : 국군인쇄창, 2015.
· 국방부, 『2016 국방백서』, 서울 : 국방부, 2016.
· 국방부, 『2018 국방백서』, 서울 : 국방부, 2018.
· ______, 『합동교리발전업무훈령』(국방부 훈령 제1895호), 서울 : 국방부, 2016.

· 국방참모대학, 『군사기본교리(연구안)』, 서울 : 국방참모대학, 1994.
· 육군교육사령부, 『군사이론연구(용병체계 중심)』, 대전 : 육군교육사령부, 1987.
· 육군본부, 『교리발전업무 규정』, 계룡대 : 육군본부, 2013.
· 한국국방연구원, 『군사기본교리연구(Ⅰ)』, 서울 : 한국국방연구원, 1990.
· 한국전략문제연구소, 『2015 동아시아 전략평가』, 서울 : 한국전략문제연구소, 2015.
· 합동참모본부, 『군사기본교리(초안)』, 서울 : 합동참모본부, 1994.
· ________, 『군사기본교리』, 서울 : 합동참모본부, 1997.
· ________, 『군사기본교리』, 서울 : 합동참모본부, 2002.
· ________, 『합동기본교리』, 서울 : 합동참모본부, 2009.
· ________, 『군사기본교리』, 서울 : 합동참모본부, 2014.
· ________, 『비핵화에 대한 이해 I 』, 서울 : 합동참모본부, 2018.
· ________, 『아프가니스탄전쟁 종합 분석』, 서울 : 합동참모본부, 2002.
· ________, 『이라크전쟁 종합 분석』, 서울 : 합동참모본부, 2003.
· ________, 『코소보전쟁 종합 분석』, 서울 : 합동참모본부, 1999.
· ________, 『합동·연합작전 군사용어사전』, 서울 : 합동참모본부, 2014.
· ________, 『합동교리 발전업무 훈령』, 서울 : 합동참모본부, 2012.
· 해군본부, 『해군 교리발전업무 규정』, 계룡대 : 해군본부, 2012.

2) 논문

· 오스틴 롱, 「라인강에서 티크리스 강까지, 그리고 이를 넘어 : 미국 육군의 진화와 학습, 1990~2015」, 『21세기 한국과 육군력-역할과 전망』, 서강대학교 육군력연구소, 2016.
· 안재봉, 「한국군의 군사교리 발전방향 연구 : 합동교리를 중심으로」, 서울 : 국방참모대학, 1998.
· ____, 「한국군의 군사기본교리 정립방안에 관한 연구」, 대전 : 충남대학교 대학원 박사학위논문, 2017.
· 이근욱, 「21세기 한국과 미국의 군사적 경험 : 차이와 상호 교훈을 중심으로」, 『21세기 한국과 육군력-역할과 전망』, 서강대학교 육군력연구소, 2016.

3) 번역서

· 함메스 지음, 하광희 외 옮김, 『21세기 전쟁 : 비대칭의 4세대 전쟁』, 서울 : 국방연구원, 2010.

· 해리 섬머스 지음, 권재상·김종민 옮김, 『미국의 걸프전쟁 전략』, 서울 : 자작 아카데미, 1999.

2. 국외 문헌

1) Books

· Baylis, John. Smith, Steve and Owens, Patricia. *The Globalization of World Politics : An Introduction to International Relations*, United Kingdom : Oxford University Press, 2014.

· Clausewitz, Carl von.. *On War*, Edited and Translated by Michael Howard and Peter Paret, Princeton. New Jersey : Princeton University press, 1989.

· Douhet, Giulio. *The Command of the Air*, Trans. Dino Ferrari and ed. Richard H. Kohn and Joseph P. Harahan. Washington D.C. : US Government Printing Office, 1983.

· Drew, Dennis M. & Snow, Donald M.. *Making 21st Century Strategy : An Introduction to Modern National Strategy Processes and Problems*, Maxwell AFB : Air University Press, 2006.

· _____. *Making Strategy : An Introduction to National Security Processes and Problems*, Alabama : Air University Press, 1988.

· Joint Chiefs of Staff of the United States. *Department of Defense Dictionary of Military and Associated Terms* (Joint Publication 1-02), Washington DC : Joint Chiefs of Staff USA, 2010.

· ______. *Doctrine for the Armed Forces of the United States*(Joint Publication 1), Washington D.C. : Joint Chiefs of Staff USA, 2013.

· Kier, Elizabeth. *Imaging War : French and British Military Doctrine Between the Wars*, New Jersey : Princeton University Press, 1997.

· Lider, Julian. *Military Theory : Concept, Structure, Problems*, Swedish Institute of International Affairs, England : Gower Publishing Company Limited, 1983.

· Morgenthau, Hans. *Politics Among Nations : The Struggle for Power and Peace,* 2nd Ed., New York : Alfred A. Knopf, 1954.

· Posen, Barry R.. *The Sources of Military Doctrine : France, Britain, and Germany Between the World Wars*, New York : Cornell University Press, 1986.

· Royal Air Force. *Air Power Doctrine(AP 3000)*, London : Royal Air Force, 1993.

· The State Council Information Office of the People's Republic of China. *2015 Chinese Defense White Paper*, Beijing : The State Council Information Office of the People's Republic of China, 2015.

· The White House. *A National Security Strategy for a Global age*, Washington D.C. : U.S. Government Printing Office, 2003.

· Toffler, Alvin and Heidi. *War and Anti War : Survival at the Dawn of the 21st Century*, New York : Little, Brown and Company, 1993.

· UK Air Staff Ministry of Defence. *British Air and Space Power Doctrine*, London : UK for HMSO, 2009.

· United States Air Force HQ.. *Air Force Basic Doctrine, Organization, and Command*, Washington D.C. : United States Air Force HQ, 2011.

· Waltz, Kenneth N.. *Theory of International Politics*, New york : Mc Graw-Hill, 1979.

2) Articles

· Dugan, Michael J.. Quoted in David C. Morrison's. "Overestimating Air Power," *National Journal* (September 29), 1990.

· Grant, Rebecca. "The Afghan Escalation," *Air Force Magazine,* June 2009.

· Norman Schwarzkopf, Herbert. "A Tribute to the Navy-Marine Corps Team," *US Naval Institute Proceedings*, Annapolis : US Naval Institute, 1991.

3. 언론 및 인터넷 자료

· 국방홍보원, 『국방일보』, 서울 : 국방홍보원, 2018년 12월 21일자.

· 국방홍보원, 『국방일보』, 서울 : 국방홍보원, 2019년 1월 14일자.

· 뉴시스, 「NEWSIS」, 서울 : 뉴시스, 2014년 8월 25일자.

· 중앙일보사, 「중앙일보」, 서울 : 중앙일보사, 2015년 10월 17일자.

· 한국일보사, 「한국일보」, 서울 : 한국일보사, 2018년 12월 5일자.

· http://archives.go.kr/next/search/listSubjectDescription.do?id=006275&pageFlag, 818계획. (검색일 : 2016. 4. 23.)

· *Oxford English Dictionary*, "War", http://dictionary.oed.com.(검색일 : 2018. 10. 2.)

군사학 총서 발간 취지

군사학은 전쟁이란 무엇이며, 전쟁의 준비·수행 및 억제와 연구방법 등에 관한 지식의 체계이다. 전쟁은 오랫동안 인류 생존의 기본 요소이며 수단으로 등장하였고, 현재뿐만 아니라 앞으로도 형태를 달리하면서 존속하리라. 그리고 전쟁은 국민의 생사·국가의 존망과 직결되는 문제이기 때문에 신중히 대처하지 않을 수 없다. 한민족의 평화적 통일·생존권의 확보 및 번영의 초석이 되는 군사학의 연구·발전을 위해 군사학 총서를 발간하였다. 독자의 지도 편달과 육성, 그리고 동참을 기대한다. (**이종학** : leechoy@daum.net)

번호		책 명	저 자	발행연도	정가
1		군사학 개론	이종학·길병옥 편저	2009년 (4·6배판, 594쪽)	35,000
	내용	군사학이 우리나라에서 학문으로 공식적으로 인정된 것은 2002년 12월이다. 군사학의 간략한 정의는, "전쟁의 본질과 성격 및 무력전의 준비 및 수행에 관한 통일된 지식체계"라는 점에서 그 범위도 설정되었다. 이런 관점에서 군사학의 다양성, 다차원성, 다변화성을 포괄하는 학문적 개론서로서 새로운 학문영역으로 자리 잡고 있는 군사학의 학문체계를 정리하고자 각 분야의 전문가 13명의 공동집필로 출간되었다.			
2		군사전략론	이종학 편저	2009년 (신국판, 450쪽)	25,000
	내용	우리 국군은 6·25전쟁과 베트남전 참전을 통해 전투경험은 했지만 전쟁을 하지 않았다는 것을 잊어서는 안 된다. 즉, 군사전략을 수립하여 전쟁을 수행해 본 일이 없는 것이다. 그래서 이 책은 군사전략 수립을 위한, 제1편 군사전략의 기초, 제2편 군사전략의 이론, 제3편 군사전략의 실제로 구성되어 있다. 군사전략은 군사목표, 군사전략개념 그리고 군사자원으로 구성되어 있는 결심사항을 간략한 문장으로 표기하며, 이것은 세 가지 기준, 즉 적합성, 가능성 및 수락성에 의해 검토된다는 것을 상세히 설명하고 있다.			
3		나의 학문과 인생	이종학 편저	2009년 (4·6배판, 606쪽)	30,000
	내용	평생을 군사학 분야 발전을 위해 헌신해온 이종학 교수의 八旬을 맞이하여 펴낸 책이다. 제1편은 나의 학문과 인생(이종학), 제2편은 군사학의 학문체계 및 발전방향(교수 에세이), 제3편은 군사학의 발전방향으로 군사학과의 박사과정을 이수했거나 혹은 이수 중인 피교육자들의 학위논문 주제를 요약하거나 관심을 가진 분야에 대한 간략한 에세이를 수록했다. 부록에는 공군사관학교 57기생들에게 '군사학 특강'을 실시 후 그들의 소감문을 소개했다.			

4	한국군사사연구		이종학 지음	2010년 (4·6배판, 632쪽)	30,000
	내용	1981년 국방대학원에 재직할 때, 「현대 군사사의 연구방향」이라는 논문을 발표하면서 '군사사'에 대한 이론 정립을 시도했다. 즉, 군사사는 군사이론과 역사학이 결합된 학문인 동시에 군사학의 이론적 기초이며 근원이다. 이것을 기초로 하여 한국사 가운데 군사문제를 다루기 시작해 30년간의 연구 성과를 집대성한 것이며, 21편의 논문으로 구성되어 있다. 저자가 지난 반세기 동안 군사사 연구에서 얻은 결론과 기본철학을 소개하면 다음과 같다. 즉, "평화를 바란다면, 전쟁을 이해하고 이에 대비하라!"			
5	전략이론이란 무엇인가 —『손자병법』과 『전쟁론』을 중심으로—		이종학 편저	2012년(개정보완판) (신국판, 372쪽, 3판)	16,000
	내용	전략이론이란 무엇인가를 밝히면서, 원래 군사분야의 용어가 1960년대 이후 경영분야에도 활용되어 왔다는 것을 알아야 하고 군사전략뿐만 아니라, 국가전략 및 핵전략의 발전과정을 소개했다. 전략이론의 고전인 『손자병법』은 1972년 중국 산동성에서 『죽간 손자병법』이 나왔기에 그것을 삽입시켜 13편을 완역했다. 한편 클라우제비츠의 『전쟁론』은 초판본이 나왔고, 거기에서 내용이 너무 방대하기에 전술적 내용을 삭제한 抄譯을 했다. 직업군인과 최고 경영자들에게 전략이론을 알기 위한 필독서를 만들고자 꾸며 보았다.			
6	6·25전쟁이란 무엇인가		이종학 지음	2011년 (4·6배판, 623쪽)	30,000
	내용	이 책은 40여 년 간에 걸친 6·25전쟁 연구의 총 결산이자 집대성한 내용이다. 6·25전쟁에 대한 연구와 분석을 통해 그 원인을 밝혀내고 평시에 안보태세를 굳건히 하는 것이 가장 기본적인 대책이라고 해법을 제시한다. 이 책은 마치 6·25전쟁을 구석구석 현미경으로 확대해 들여다보는 듯하며 지금까지 나왔던 6·25전쟁 관련 서적과 다르게 새로운 사실들과 풍부한 사료들을 담고 있기 때문에 6·25전쟁을 연구하는 전문가들이나, 석·박사과정의 학생들에게 많은 도움이 될 것이다.			
7	현대 북한의 이해		박성규·길병옥 지음	2012년 (4·6배판, 336쪽)	25,000
	내용	탈냉전 이후 급변하는 국제상황 속에서 북한이라는 실체를 명확히 파악하고 한반도 평화통일의 기본 틀을 마련하는 데 기본적인 목적이 있다. 특히 남북한의 평화로운 통일과 기본적인 방향을 설정하는 데 있어서 가장 중요한 것은 북한을 제대로 이해하는 것이라는 점을 강조한다. 이 책은 현재 북한 관련 교재들이 북한의 실제를 제대로 파악하기에는 많이 부족하다는 점을 지적한다. 상식으로는 이해할 수 없는 북한이라는 체제 전체를 제대로 알 수 있는 교육이 절대적으로 필요하고 북한의 본질을 이해하여 그 대응책을 마련하는데 주요 초점을 두고 있다.			

<table>
<tr><td rowspan="2">8</td><td colspan="2">군사고전의 지혜를 찾아서</td><td>이종학 지음</td><td>2012년
(신국판, 537쪽)</td><td>25,000</td></tr>
<tr><td>내용</td><td colspan="4">인류의 역사는 투쟁사 혹은 전쟁사의 연속이라 할 수 있다. 그러한 급변하고 위태로운 정세하에서 어떻게 생존하며 또한 승리할 것인가 하는 그 방법과 지혜를 제시했으며, 동양의 손무가 저술한 『손자병법』(기원전 513?)과 서양의 클라우제비츠가 저술한 『전쟁론』(1832)이 군사고전에 속하며, 그것들의 시대적 배경과 철학적 기초를 밝히려고 지난 반세기 동안 시도한 에세이를 편집한 것이 이 책이다. 군사고전은 심오한 철학사상을 바탕으로 하고 있기 때문에 생명력과 실용성을 보유하고 있을 뿐만 아니라, 인생철학의 지침서요 또 경영전략의 참고서로써 최근에 와서 더 많은 각광을 받고 있다.</td></tr>
<tr><td rowspan="2">9</td><td colspan="2">군제 기본원리와 한국의 병역제도</td><td>나태종 편저</td><td>2012년
(신국판, 353쪽)</td><td>16,000</td></tr>
<tr><td>내용</td><td colspan="4">이 책은 크게 두 편으로 구성되어 있다. 제1편 군제기본원리에서는 군사제도의 중요성과 제도에 관한 역사적 교훈, 현대 국방사상이 군제에 미치는 영향, 군사제도 설정의 기본원칙을 포함하였다. 제2편 한국의 병역제도에서는 정부수립 이후로부터 현재까지의 한국의 병역제도 변화과정을 분석하고 스위스, 이스라엘의 병역제도와의 비교평가를 통해 미래 한국의 병역제도 발전방안을 제시하였다.</td></tr>
<tr><td rowspan="2">10</td><td colspan="2">현대전략론</td><td>이종학·노양규·이성만 지음</td><td>2013년
(신국판, 457쪽)</td><td>24,000</td></tr>
<tr><td>내용</td><td colspan="4">『現代戰略論』(1972)은 40여년 전, 전략 입문서가 없었던 시절에 출간되어 그동안 전략 입문서로서의 기능을 발휘했으나, '한글세대'의 등장으로 절판되었다가 이번에 '한글화'된 개정판이 나왔다. 이번 개정판에는 전략의 기본문제를 보완하면서 미국에서의 새로운 전략연구의 추세와 한반도의 정세를 감안해서 내용을 구성했는데, 주요 내용은 '전략이란 무엇인가', '현대전쟁의 성격', '국가전략', '군사전략', '작전술', '전술' 그리고 '북한의 핵무기와 한반도 안보' 등이다. 전략을 연구하고자 하는 사관생도·일반 대학교의 군사학 전공자뿐만 아니라, 국제정치 전공자에게는 필독서이다.</td></tr>
<tr><td rowspan="2">11</td><td colspan="2">군사학 입문</td><td>송영필 지음</td><td>2014년
(신국판, 339쪽)</td><td>16,000</td></tr>
<tr><td>내용</td><td colspan="4">군사분야에 대한 입문서이다. 군사학의 정의와 연구대상으로부터 전쟁, 군사제도의 발전과정, 전쟁준비 차원에서 군사력 건설에 필요한 국방기획관리제도와 전투발전체계를 다루었다. 또한 전쟁수행 차원에서 군사력 운용의 용병술 체계와 전투수행에 대하여 방법, 수행절차를 기술하였다. 군사학을 공부하고자 하는 사람이나 군인의 길을 걷고자 하는 사람에게 기초가 되는 분야를 알기 쉽게 설명한 책이다.</td></tr>
</table>

<table>
<tr><td rowspan="2">12</td><td colspan="2">웨드마이어 회고록과 논평</td><td>이종학 편저</td><td>2014년
(신국판, 323쪽)</td><td>20,000</td></tr>
<tr><td>내용</td><td colspan="4">이 책의 제1부 『웨드마이어는 보고한다!』는 웨드마이어 대장의 회고록이다. 그는 제2차 세계대전 당시 마셜 육군참모총장의 두뇌 역할을 수행했고, 당시 미국의 국가전략과 그 이면사를 솔직하게 밝혔다. 특히 1947년 트루먼의 특사로 중국과 한국을 방문하고 미국의 극동정책에 대해 건의한 「웨드마이어 보고서」가 수록되어 있다.
제2부는 '웨드마이어 회고록'에 대한 논평이 수록되어 있으며, 특히 6·25 전쟁의 복합적 원인에 대해 밝히고 있다. 그리고 평화적 남북통일에 대한 제안, 독도 영유권에 대한 해결방안, 한반도와 중국의 이해관계를 위한 단상 등이 수록되어 있다.
(※이 책은 대한민국학술원의 「2015년도 우수학술도서」로 선정되었다.)</td></tr>
<tr><td rowspan="2">13</td><td colspan="2">예비전력의 이론과 실제</td><td>이원희 지음</td><td>2015년
(신국판, 372쪽)</td><td>16,000</td></tr>
<tr><td>내용</td><td colspan="4">이 책은 한반도에서 전쟁이 발발시 승리하기 위해 군사력의 한 축인 예비전력에 대해 무엇을 어떻게 준비해야 할 것인가에 대한 방향을 제시하고 있다.
책의 구성은 「예비전력의 이론과 역사」, 「외국의 예비전력 운영」, 「예비전력의 운영사례와 효율적 운영방향」으로 되어 있고, 부록에는 「향토예비군 설치법」을 비롯한 관련 법령이 수록되어 있다.
장차 군의 간성이 되기를 원하는 학생은 물론 군의 주요 지휘관과 관련 참모, 지역 및 직장예비군 지휘관들에게 예비전력 운영에 관한 유용한 지침서가 될 것이다.</td></tr>
<tr><td rowspan="2">14</td><td colspan="2">작전술</td><td>노양규 지음</td><td>2016년
(신국판, 470쪽)</td><td>24,000</td></tr>
<tr><td>내용</td><td colspan="4">처음으로 발간된 작전술 관련 전문서적이며, 한국군의 변화와 발전을 위해서는 작전술이 가장 먼저 발전되어야 한다고 주장한다.
'작전술이란 무엇인가'에 대한 이론적인 배경을 설명한 후, 작전술이 소련군에서 태동하게 된 과정과 변화를 살펴보았고, 이어 현대 작전술의 중심인 '미군의 작전술' 변화과정을 1980년대부터 연대순으로 세밀하게 살펴보았다. 이어 '북한 작전술'을 살펴본 후, '한국군의 작전술'을 점검하고 미래 발전을 위한 방안을 제시하였다.
작전술은 한국군 변화와 발전의 관건關鍵이다.</td></tr>
</table>

15	동북아시아의 전쟁과 평화	이종학 지음	2016년 (신국판, 577쪽)	35,000
	내용	미수(米壽, 88세)를 맞이하여 제자·후배들에게 남겨줄 선물로 이 책을 꾸며 보았다. **제1부** 동북아시아의 전쟁과 평화 : 평생 전쟁을 연구대상으로 하는 군사학을 연구하게 된 동기를 밝혔고, 또한 이론정립을 시도했으며, 저자가 바라는 평화적 남북통일 등을 수록했다. **제2부** 군사사학으로 본 역사산책 : 군사사학의 관점에서 지난날의 군사와 관련된 역사를 살펴보았다. **제3부** 대학교육과 국방 : 국가의 안보와 발전·번영에 필요한 인재를 양성하는 대학교육은 문·무가 일치된 교육이 실시되어야 한다는 관점에서 살펴보았다. **제4부** 한 군사학도의 인생단상 : 인생전략의 수립방법과 절차를 소개했다. 그리고 **제5부**는 군사학에 의한 일본의 역사산책으로 일본어로 발표한 논문을 수록했다.		
16	군사명언의 지혜를 찾아서	이종학 편저	2018년 (신국판, 388쪽)	20,000
	내용	이 책은 편저자가 90세를 맞이하여, 군 지휘관 및 구성원들에게 전쟁의 준비·수행의 지침서가 될 뿐만 아니라, 우리들 인생의 지침서도 되고 또한 경영의 참고가 되는 명구(名句)로 꾸몄다. 제1장 국가안전보장, 제2장 전쟁, 제3장 지휘와 통솔, 제4장 전략·작전술 그리고 전술, 제5장 군사교육과 훈련, 제6장 전쟁의 원칙, 제7장 전략문화로 구성되어 있다. 전장(戰場)에서의 승패는 최고 지휘관의 자질에 의해 결정되어 왔기에 이 책의 제3장 지휘와 통솔에 역점을 두었다는 것을 밝히고, 군사전략의 수립뿐만 아니라, 인생전략의 수립방법도 소개했으니 60대 이후의 인생을 충실히 사는 방법을 제시했다. 부록으로 「나의 학문과 인생」을 첨부했으니 참고하기 바란다.		
17	동아시아 패권경쟁과 해양력	김경식 지음	2018년 (신국판, 406쪽)	23,000
	내용	이 책은 세계정치와 해양력과의 관계를 이해하고 동아시아 패권경쟁에서 해양력이 어떠한 역할을 수행하였는가를 분석하여 향후 한반도 주변에서 벌어질 강대국 간의 패권경쟁에 대비하는데 기여하고자 작성되었으며, 제1장 서론, 제2장 패권에 관한 이론적 배경, 제3장 패권경쟁과 해양력, 제4장 동아시아 패권경쟁과 한반도, 제5장 러일간 패권경쟁과 해양력, 제6장 미일간 패권경쟁과 해양력, 제7장 미중간 패권경쟁과 해양력, 제8장 결론 등 총 8개의 장으로 구성되었다. 해양력은 지구적 공공재에 대한 접근능력과 세계문제에 대한 개입 능력으로 말미암아 오래 전부터 패권경쟁의 핵심수단이 되어왔으며 이는 근대 동아시아 지역체제의 패권경쟁에서도 마찬가지였다. 이 책은 해양력이 국가안보와 번영·발전에 중요하다는 것을 알려주는 역저力著이다.		

• 펴낸곳 : 충남대학교출판문화원

• 전　화 : 042-821-6045

• e-mail : cnupress@cnu.ac.kr

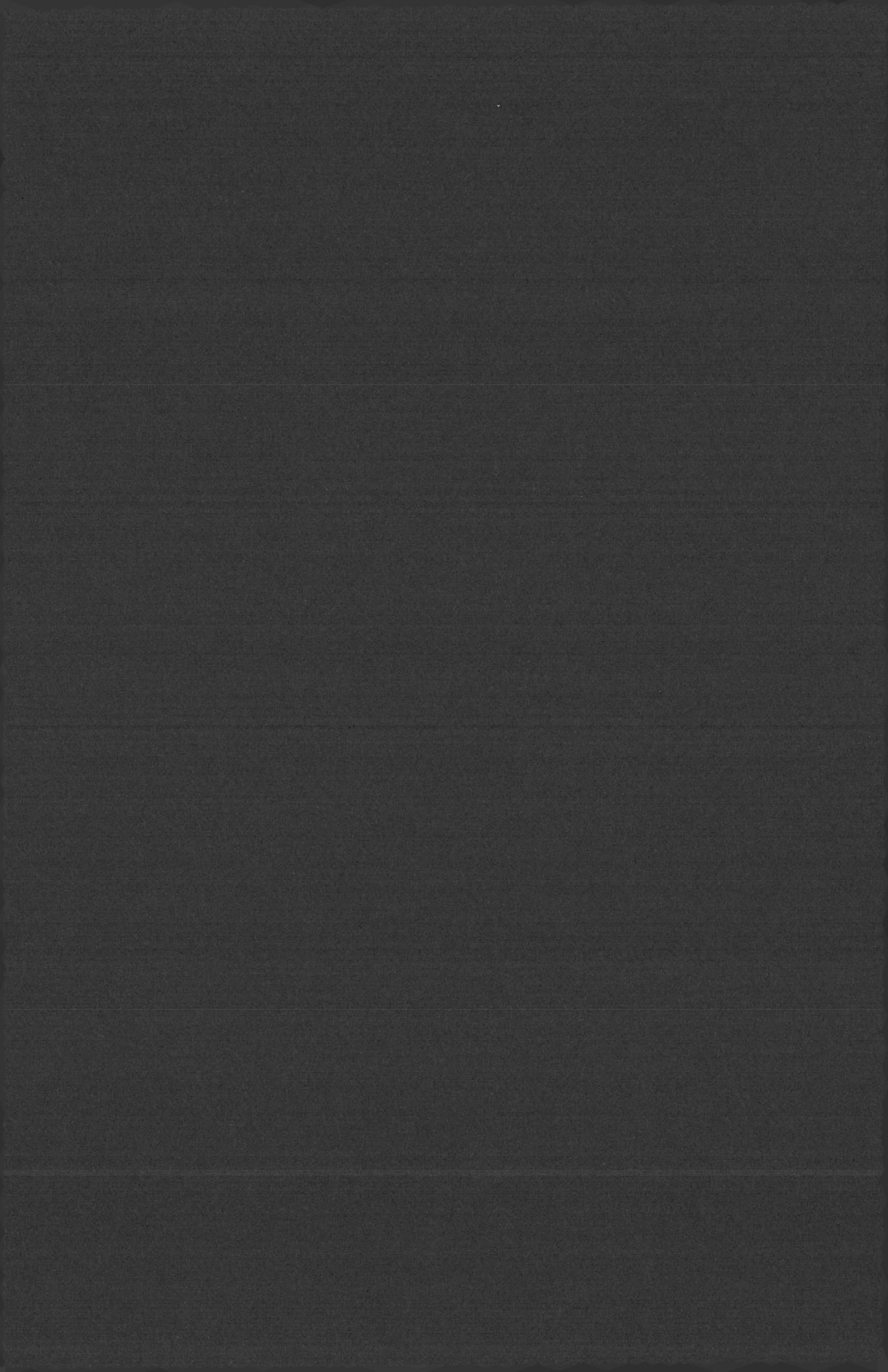